D1734015

Klingmüller · Bourgund

Sicherheit und Risiko
im
Konstruktiven Ingenieurbau

Sehr geehrter Herr Prof. Petersen!

Ihr Seminar 'Stabilitätstheorie'
1970/1971 war für mich eine
wesentliche Anregung zur
intensiveren Auseinandersetzung mit
den Grundlagen des Konstruktiven
Ingenieurbaus. Hierfür nach 20 Jahren
noch einmal herzlichen Dank.

O. Klingmüller

im Oktober 1992

Oswald Klingmüller
Ulrich Bourgund

Sicherheit und Risiko im Konstruktiven Ingenieurbau

vieweg

Die Deutsche Bibliothek – CIP-Einheitsaufnahme

Klingmüller, Oswald:
Sicherheit und Risiko im Konstruktiven Ingenieurbau /
Oswald Klingmüller; Ulrich Bourgund. – Braunschweig;
Wiesbaden: Vieweg, 1992
  ISBN 3-528-08835-4
NE: Bourgund, Ulrich:

Dr.-Ing. *Oswald Klingmüller*
KIBB – Klingmüller · Ingenieur Beratung im Bauwesen
GSP – Gesellschaft für Schwingungsuntersuchungen und dynamische Prüfmethoden mbH
Mannheim

Dr.-Ing. (A) *Ulrich Bourgund*
Leiter der Abteilung Computer Simulation
Konzern-Forschung, Hilti AG, Liechtenstein

Der Verlag Vieweg ist ein Unternehmen der Verlagsgruppe Bertelsmann International.

Druck und buchbinderische Verarbeitung: W. Langelüddecke, Braunschweig
Gedruckt auf säurefreiem Papier
Printed in Germany

ISBN 3-528-08835-4

Inhalt

Vorwort

Nachdem der Sonderforschungsbereich 96 "Sicherheit von Baukonstruktionen" nach 15jähriger erfolgreicher Tätigkeit, im Jahre 1986 aufgelöst wurde, ist es etwas still geworden um die Sicherheitstheorie und die wahrscheinlichkeitstheoretischen Implikationen des Konstruktiven Ingenieurbaues.

Groß waren die Hoffnungen, als das Anfang der sechziger Jahre von nur wenigen Ingenieurwissenschaftlern bearbeitete Forschungsthema durch Anregungen aus den USA wieder populärer wurde. Dort wurde von A.M. Freudenthal immer wieder auf die Bedeutung des Zusammenwirkens von Mechanik und Statistik hingewiesen. Seine Schüler beiderseits des Ozeans hatten die Hoffnung, daß sich auf Grund der Ableitung einer optimalen zulässigen Versagenswahrscheinlichkeit Sicherheit ganz rational und sozusagen zwangsläufig gewährleisten lassen müsse.

Die Vorstellung, durch wissenschaftliche Methoden der Statistik ließe sich Sicherheit von Baukonstruktionen herstellen und nachweisen, paßte sehr gut in die Fortschrittseuphorie der 60er und 70er Jahre. Für eine Fülle von Problemstellungen im Bereich des Konstruktiven Ingenieurbaues wurden *theoretische* Lösungen erarbeitet. Es zeigte sich aber, daß Statistik ein recht mühseliges Geschäft ist und nur, wenn genügend Daten vorliegen, zu brauchbaren Ergebnissen führen kann.

Es gelang allerdings, die praktisch tätige Fachwelt durch den Entwurf umfassend theoretisch begründeter Bemessungsvorschriften zu verunsichern und heftige Diskussionen zwischen Befürwortern und Gegnern der neuen Sicherheitskonzepte auszulösen.

Zwischenzeitlich hat sich die Aufregung gelegt. Das Thema kann wieder nüchtern betrachtet werden und auch dem deutschen Praktiker, der gemäß DIN 1045, im Gegensatz zu seinen Kollegen in andern Ländern, das Eigengewicht immer mit dem Faktor 1.75 vergrößern mußte, ist auch der Vorteil von Teilsicherheitsbeiwerten aus seiner täglichen Erfahrung klar geworden.

Um hier eine gewisse Unterstützung zu geben, hielten wir es für richtig, das im deutschen Sprachraum in Monographien nicht allzu üppig bedachte Thema in einem Buch aus unserer Sicht der interessierten Fachwelt näher zu bringen. Zusätzlich motivierend war, daß die Kenntnisse der Sicherheitstheorie in unserer jeweiligen praktischen Tätigkeit immer wieder sehr von Nutzen sind und außerdem die nicht abgeschlossene Entwicklung der Eurocodes dem Thema kontinuierlich Aktualität verleiht.

Das Buch ist im Verlauf einiger Jahre gewachsen und verdankt zahlreichen Kollegen der Firmen Bilfinger+Berger (Mannheim) und Hilti AG (Schaan, Liechtenstein), sowie den Universitäten Essen und Innsbruck und dem Urban Earthquake Hazard Research Center der Universität Kyoto wertvolle Anregungen.

Besonderer Dank der Verfasser gebührt Frau Christine Bourgund für die sorgfältige Über-arbeitung und redaktionelle Gestaltung des Textes.

Mannheim/Lindau, März 1992

1 Einleitung

1.1 Sicherheit und Versagenswahrscheinlichkeit

Was ist Sicherheit ?

Sicherheitsgurt und Sicherheitsabstand sind Begriffe, die einem spontan einfallen. Aber auch sonst ist Sicherheit ein Begriff, der im täglichen Leben eine Rolle spielt. Da er aber meist im Zusammenhang mit technischen Systemen gebraucht wird, scheint es sich um eine naturwissenschaftliche oder technische Kategorie zu handeln. Und dann stellt sich sofort die Frage: *Ist Sicherheit meßbar ?* Und wenn ja, in welchen Einheiten wird sie quantitativ erfaßt ?

Die Frage, wie die Sicherheit unterschiedlicher Aktivitäten auf einer Skala zwischen 1 und 10 bewertet wird, läßt sich wohl beantworten (zum Beispiel : Fallschirmspringen - 2, Fliegen im Charterflug - 5, Eisenbahnfahren - 7, im Büro Sitzen - 9, im Bett Liegen - 9.9). Eine solche Bewertung läßt sich aber nicht mit physikalischen Einheiten versehen. *Sicherheit ist nicht meßbar !*

Sicherheit hängt also einerseits von geplanten Aktivitäten und andererseits vom Zustand der Umwelt ab, aus der ein Einfluß auf die Aktivitäten erfolgen kann. Die Zuordnung der Sicherheit einer bestimmten Aktivität zu Werten auf einer Skala von 1 bis 10 ist von individuellen Erfahrungen und Einschätzungen abhängig. Ein Fallschirmspringer wird die Bewertung anders vornehmen als ein Beamter. Wenn Sicherheit also nicht meßbar ist und eine Bewertung von individuellen Erfahrungen und den geplanten Aktivitäten abhängt, kann es sich nicht um eine naturwissenschaftliche oder technische Kategorie handeln.

Sicherheit ist ein Gefühl !

Sicherheit ist das Gefühl, das sich aus den positiven (Hoffnung) oder negativen (Angst) Erwartungen der handelnden Menschen an die Umwelt einstellt.

Trotz der subjektiven Faktoren gibt es ein gesellschaftliches Einverständnis über den Anspruch, daß Bauwerke sicher sein sollen. Auf einer Skala von 1 bis 10 würde die Benutzung von Bauwerken eine Bewertung nahe bei 10 erhalten, mit lediglich geringfügigen individuellen Unterschieden oder auch Unterschieden bezüglich des Bauwerktyps (Brücke,

Tunnel, Wohnhaus). Um dem Anspruch der Sicherheit gerecht zu werden, werden im Konstruktiven Ingenieurbau naturwissenschaftliche Erkenntnisse (vor allem mathematische und mechanische) genutzt, und Sicherheit als Gefühl wird durch meßbare, quantitative Kategorien ersetzt. In der Entwicklung des Konstruktiven Ingenieurbaus wurde zuerst der *Sicherheitsfaktor* eingeführt, in neuerer Zeit die *Versagenswahrscheinlichkeit*. Mit der Einführung dieser meßbaren Größen kann Sicherheit im Konstruktiven Ingenieurbau durch die Bemessung der Bauwerke erreicht werden. Entwurf der Konstruktion und Dimensionierung der Bauteile bestimmen den Sicherheitsfaktor und die Versagenswahrscheinlichkeit.

In Naturwissenschaft und Technik wird versucht, Geschehen und Zustände unabhängig von den Gefühlen beteiligter Menschen zu beschreiben. Der Begriff *Sicherheit* wird dann bei der Beschreibung des Zustandes eines technischen Systems verwendet. In dieser Bedeutung wird der Begriff Sicherheit auch in diesem Text verwendet und bezeichnet den Zustand eines Bauwerks, dessen Gebrauch nicht mit einer Gefährdung von Menschen und Gütern verbunden ist. Sicherheit ist damit von der eigentlichen komplexen Bedeutung reduziert auf eine naturwissenschaftliche oder technische Kategorie.

Speziell für das Bauwesen wurde durch die International Standard Organisation - ISO (siehe Anhang B2) für den Begriff Sicherheit folgende Begriffsbestimmung mit Kommentar gegeben :

> "Bis jetzt ist diese Benennung ["Sicherheit", Anm. d.A.] allgemein im Sinne von Zuverlässigkeit verwendet worden. Im eingeschränkten Sinn bedeutet Sicherheit die Fähigkeit eines Tragwerks, all jenen Einwirkungen sowie bestimmten vorgegebenen außergewöhnlichen Ereignissen zu widerstehen, denen es während der Errichtung und seiner vorgesehenen Nutzung standhalten soll im Hinblick auf den Grenzzustand der Tragfähigkeit ."

Sicherheit ist gewährleistet, wenn die Beanspruchung eines Tragwerks kleiner ist als seine Beanspruchbarkeit. Wird die Frage nach der Sicherheit gestellt, interessiert hierbei nicht eine erfolgte Beanspruchung sondern eine geplante zukünftige.

Die Beanspruchung des Tragwerks liegt in der Zukunft und damit auch die Anforderung an die Beanspruchbarkeit. Wissenschaftliche Aussagen über die in der Zukunft liegenden Anforderungen lassen sich mit Hilfe der Wahrscheinlichkeitstheorie gewinnen. Voraussetzung ist die Auswertung des vorhandenen Wissens, bzw. der vorhandenen Daten mit Hilfe der Statistik.

Eine befriedigende Beschreibung der Sicherheit gelingt nur mit Hilfe von Wahrscheinlichkeitstheorie und Statistik, wie im folgenden ausgeführt wird.

In international gebräuchlicher ingenieurmäßiger Schreibweise ([1.1], [1.2], [1.3]) wird die Beanspruchbarkeit mit R (von resistance) bezeichnet, die Beanspruchung mit S (von stress). Sicherheit ist gegeben, wenn R größer ist als S. Im Sinne der Wahrscheinlichkeitstheorie ist der Zustand R>S ein Ereignis, dem eine bestimmte Auftretenswahrscheinlichkeit zugeordnet werden kann.

Wie in der Mechanik von unterschiedlich komplexen Beschreibungen des Gleichgewichts von äußeren und inneren Kräften und der Beziehung zwischen Lasten und Verformungen ausgegangen werden muß (ΣH, ΣV, gewöhnliche und partielle Differentialgleichungen, Matrizenformulierung etc.), so können auch in der Sicherheitstheorie unterschiedlich komplexe Modelle formuliert werden.

Als Grundaussage gilt:

Sicherheit ist gegeben für

$$R > S. \tag{1.1}$$

Eine nächste Stufe der Komplexität ergibt sich, wenn berücksichtigt wird, daß die Größen R und S nur mit Hilfe der Wahrscheinlichkeitstheorie beschrieben werden können. Die zugehörige Sicherheitsaussage ist :

Sicherheit ist gegeben für

$$p_f = P(R<S) < p_{f0}. \tag{1.2}$$

p_f: Versagenswahrscheinlichkeit
$P(R<S)$:   Wahrscheinlichkeit, daß R kleiner ist als S (Anhang A2)
p_{f0}:   zulässige Versagenswahrscheinlichkeit

Die Versagenswahrscheinlichkeit wird in einem komplexeren Modell zeitabhängig, da entweder die Beanspruchung über die Zeit nicht konstant ist, oder die Beanspruchbarkeit durch Abnutzung oder Ermüdung nicht konstant ist. Dann gilt:

Sicherheit ist gegeben für

$$p_f(t) = P(R(t) \leq S(t)) < p_{fo} \text{ für } t < T_o. \qquad (1.3)$$

mit T_o : Nutzungsdauer des Bauwerks.

Eine weitere Stufe der Komplexität erfährt das zeitabhängige Modell, wenn die Beanspruchbarkeit sich nicht nur kontinuierlich verändert, sondern durch Instandhaltung Sprünge auftreten (siehe Bild 1.1).

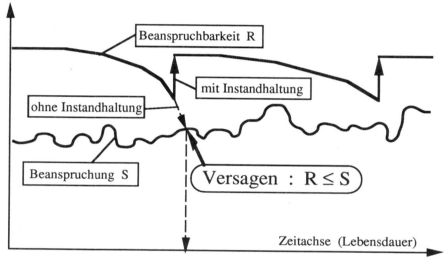

Bild 1.1: Sicherheit und Instandhaltung

Es zeigt sich, daß durch die Berücksichtigung des Zufallscharakters von Beanspruchbarkeit und Beanspruchung ein komplexes Geschehen verfolgt werden muß, das wie auch die Problemstellungen in anderen Bereichen des Bauingenieurwesens, durch jeweils angepaßte Vereinfachungen oder Näherungen erfaßt werden kann.

1.2 Wahrscheinlichkeitstheoretische Probleme der Datenbasis

Die Beanspruchbarkeit eines Bauteils oder Werkstoffs ist nur bekannt, wenn sie im Experiment bestimmt wurde. Das heißt aber, daß das Bauteil nach dem Experiment unbrauchbar ist und nicht in einer Konstruktion verwendet werden kann. Soll ein intaktes Bauteil eingebaut werden, muß die Beanspruchbarkeit indirekt bestimmt werden. Entweder werden vergleichbare Bauteile / Materialien dem Experiment unterzogen und bis zur Beanspruchbar-keitsgrenze geprüft, oder es werden vor oder nach dem Einbau Experimente durchgeführt, bei denen die Beanspruchbarkeitsgrenze nicht erreicht wird.

B25
43 45 44 46 41 40 38 40 40 41   45 45 46 37 38 43 43 44 42 41 36 47 45 46 39 45 45 42 38 43   41 40 41 40 42 40 38 40 39 38 33 36 33 38 43 37 42 40 41 40   38 37 38 37 39 40 38 39 39 41 39 34 36 35 39 37 38 36 35 37   37 36 32 34 39 37 42 40 44 39 41 40 42 40 42
B35
50 40 41 45 54 55 49 51 57 59   52 48 47 52 44 46 52 48 47 52 45 41 43 45 41 46 48 43 46 43   42 52 46 51 41 49 53 55 54 50 44 51 50 49
B45
51 53 58 54 55 57 56 54 54 52   52 59 60 62 56 57 57 61 59 63 54 59 61 58 62 60 52 61 60 64   59 50 50 51 50 50 57 54 54 55 54 52 52 52 54 50 55 51

Tabelle 1.1: Würfeldruckproben von Beton - Druckfestigkeiten in N/mm^2

Physikalische Experimente sind zwar qualitativ reproduzierbar oder sollten es zumindest sein, die quantitative Auswertung, bzw. die meßtechnische Erfassung eines Ergebnisses, ist aber nicht reproduzierbar. Bei jeder Messung ergibt sich je nach Meßgenauigkeit ein anderer Wert. Im Konstruktiven Ingenieurbau sind die bekanntesten Experimente der Zugversuch an Stahlproben und die Druckprüfung von Betonwürfeln oder -zylindern. Ergebnisse solcher Versuche sind in Tabelle 1.1 und im Bild 1.2 dargestellt.

Erst durch die Zusammenfassung einer großen Anzahl von Versuchen erschließt sich die quantitative Reproduzierbarkeit des Experiments, und zwar derart, daß sich die Meßwerte in einem bestimmten Bereich einer Merkmalsachse konzentrieren (siehe Bild 1.2).

Die Beschreibung der Eigenschaften des geprüften Materials ist also nur unter Berücksichtigung des Gesamtergebnisses vieler Versuche möglich. Für das geprüfte Material sind Aussagen möglich, derart, daß eine Anzahl der gemessenen Festigkeitswerte in einem bestimmten Wertebereich liegt. Zum Beispiel liegt die Druckfestigkeit bei 69 von 85 Proben eines untersuchten Betons B25 zwischen 35 und 45 MPa, oder 7 von 85 Proben liegen unterhalb von 35 MPa (vgl.Tabelle 1.1).

In der beschreibenden Statistik ([1.4] bis [1.6]) ist für diese Anzahl der Begriff *Häufigkeit*
eingeführt. Wird die Anzahl von Proben in einem bestimmten Wertebereich auf die Gesamtheit der geprüften Proben bezogen, so ergibt sich die *relative Häufigkeit*.. Häufigkeit und
relative Häufigkeit sind also Ergebnisse des Experiments.

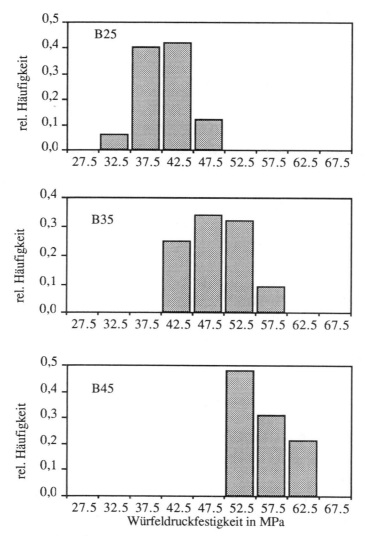

Bild 1.2: Histogramme für Würfeldruckprüfungen

Für gleiches, nicht geprüftes Material kann angenommen werden, daß die Beanspruchbarkeit irgendwo in dem im Experiment festgestellten Wertebereich liegt. Es wird also angenommen, daß es sich verhält wie gleiches, getestetes Material. Im Gegensatz zu dem siche-

ren Wissen, das sich durch die Angabe der relativen Häufigkeit ausdrückt, kann für Festigkeiten von nicht getestetem Material lediglich eine *Wahrscheinlichkeit* dafür angegeben werden, daß sie in einem bestimmten Wertebereich liegen. Das Maß für die Wahrscheinlichkeit ist dabei, wie die relative Häufigkeit, eine Zahl zwischen 0 und 1. Mit Bezug auf die Festigkeit von Beton B25 gilt z.B: Die Wahrscheinlichkeit, daß die Druckfestigkeit unter 25 MPa liegt, ist p=0.05 (d.h. 10 von 200, bzw. 5%). Es sei angemerkt, daß die in der Tabelle 1.1 bzw. in Bild 1.2 angegebenen Werte aufgrund von speziellen Anforderungen der Baustelle oberhalb der Anforderungen der Norm liegen.

Die relative Häufigkeit ergibt sich aus Experimenten, die stattgefunden haben, Wahrscheinlichkeit ist hingegen mit einer Schlußfolgerung verknüpft. Relative Häufigkeit ist also zu verstehen mit Bezug auf die Vergangenheit (das Gewisse, Sichere), Wahrschein-lichkeit mit Bezug auf die Zukunft (das Ungewisse, Unsichere).

Eine zusätzliche Verschärfung erfährt die Sicherheitsaussage, wenn die Zeitabhängigkeit der Beanspruchbarkeit berücksichtigt wird. Dies wird notwendig, wenn das Material durch Ermüdung, Korrosion oder Verschleiß im Laufe der Nutzungsdauer der Konstruktion an Festigkeit verliert.

Die Bestimmung der zeitabhängigen stochastischen Eigenschaften führt auf zusätzliche Probleme der Stichprobenauswahl und der Übertragbarkeit der Meßergebnisse, da Messungen für einen großen Zeitraum, der repräsentativ für die Nutzungsdauer der Bauwerke ist, vorliegen müssen. Eine besondere Schwierigkeit ergibt sich vor allem beim Einsatz neuartiger Materialien und Techniken (Faserverbundwerkstoffe, Klebeverbindungen).

Die Probleme, die Beanspruchbarkeit aus einer repräsentativen Stichprobe zu bestimmen, erhöhen sich noch, wenn berücksichtigt wird, daß durch Wartung und Instandhaltung sprunghafte Veränderungen der Beanspruchbarkeit herbeigeführt werden (vgl. Bild 1.1). Die Anzahl der Stichproben, die unter als gleich anzunehmenden Versuchsbedingungen gewonnen werden können, kann so sehr stark reduziert werden.

Die Zeitabhängigkeit der Beanspruchbarkeit führt dazu, daß auch für die Bauwerke eine *Lebensdauer* definiert werden muß. Lediglich bei korrosionsgefährdeten Stahlbauten wurde bislang eine Erhöhung der Blechdicke vorgesehen, um Korrosionsverlusten entgegenzuwirken. Wenn dieses zusätzliche Material der Korrosion zum Opfer gefallen ist, bzw. bei Instandhaltungsmaßnahmen (Sandstrahlen) verloren wurde, ist die Lebensdauer des Bauwerks erschöpft ([1.7]).

Bei Stahlbetonbauwerken wird angenommen, daß die Karbonatisierung der den Stahl schützenden Betonüberdeckung nach einer gewissen Zeit zum Stillstand kommt (vergleichbar einer Patina von Kupfer) und deswegen von einer unbegrenzten Lebensdauer bei endlich starker Überdeckung ausgegangen werden kann. Viele Sanierungsmaßnahmen in jüngerer Zeit zeigen aber, daß es auch für Stahlbetonbauwerke sinnvoll ist, von einer endlichen Lebensdauer auszugehen. Das Erzielen einer die Bewehrung dauerhaft schützenden Betonüberdeckung ist von vielen Faktoren (Betonzusammensetzung, Herstellung, Einbringung, Nachbehandlung) abhängig, die nicht immer ausreichend zu kontrollieren sind. Die Notwendigkeit der Durchführung von regelmäßigen Inspektionen und Instandhaltungsmaßnahmen sollte schon bei der Planung berücksichtigt werden.

Dies bedeutet aber eine wesentliche Abkehr von der bislang vorherrschenden Vorstellung, daß Bauwerke statisch sind und nach dem Beispiel der Pyramiden und ähnlicher historischer erhaltener Bauten 'für die Ewigkeit' errichtet werden. In einem konsistenten Sicherheitskonzept müssen Bauwerke, wie andere technische Systeme auch, mehr unter den Aspekten der begrenzten Lebensdauer, Inspektions-, Instandhaltungs- und Wartungsfreundlichkeit gesehen werden.

Ein anderes Problem der Datenbasis für die Ausführung des Sicherheitsnachweises ergibt sich daraus, daß die Beanspruchung der Konstruktion erst nach der Fertigstellung erfolgt. Zum Zeitpunkt der Bemessung ist sie unbekannt.

In einer ersten Differenzierung kann unterschieden werden nach Beanspruchungen, die aus *Eigengewicht* resultieren, Beanspruchungen, die aus *Nutzlasten* resultieren, und solchen, die aus allen *natürlichen Umweltbedingungen* auf die Konstruktion einwirken. Eine weitere Differenzierung ergibt sich aus der Erfassung von Beanspruchungen aus *Zwängungen*.

Für das Eigengewicht ergibt sich die Größe der Beanspruchung aus einer ähnlich elementaren Messung (Wiegen) wie bei der Festlegung zulässiger Festigkeiten. Gegenüber Festigkeitsmessungen ist der Unterschied der einzelnen Meßergebnisse bei Gewichtsmessungen gering.

Schwieriger ist die Erfassung der Nutzlast. Voraussetzung ist natürlich, daß zwischen der geplanten und der tatsächlichen Nutzung Übereinstimmung herrscht. So ist bei der planmäßigen Nutzung eines Bürogebäudes nicht für jeden Quadratmeter Nutzfläche von der Installation eines tonnenschweren Geldschranks oder der konzentrierten Stapelung von Papier auszugehen. Auch die Veränderung der Deckenbelastung durch Umbaumaßnahmen muß sich in dem durch die Planung vorgesehenen Rahmen halten. Bei Brücken wird von einer definierten Verkehrslast ausgegangen, die die Nutzungsmöglichkeiten bis hin zu Schwertransporten abdecken sollen.

Lastannahmen sind in Vorschriften mit Gesetzeskraft geregelt. Unter der Annahme, daß die Vorschriften eingehalten werden, kann auch eine Obergrenze der Belastung angegeben werden. Diese Obergrenze ist in der Regel nicht durch den möglichen Fall (z.B. Belastung einer Eisenbahnbrücke durch dicht stehende Lokomotiven auf allen Gleisen), sondern durch eine wahrscheinliche Höchstlast definiert.

Gegenüber Eigengewicht und Nutzlast werden bei der Erfassung der Beanspruchungen aus natürlichen Umweltbedingungen zusätzliche Betrachtungen notwendig, vor allem, da die Standzeit der Konstruktion eine Rolle spielt.

Natürliche Umweltbedingungen, die zu Beanspruchungen von Konstruktionen führen, sind unter anderen Wind, Schnee, Wasser (Wasserstände, Wellen), Erdbeben. Nicht nur bei der meßtechnischen Erfassung, sondern auch bei der Festlegung von erwarteten Beanspruchungen muß die Zeit als eine wesentliche Komponente mit einbezogen werden.

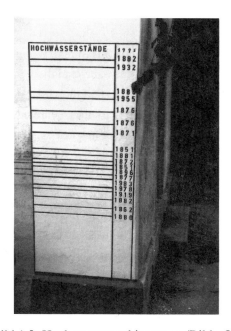

Bild 1.3: Hochwassermarkierungen (Bild : OK)

Die Zeitabhängigkeit natürlicher Umweltbedingungen ist am deutlichsten an den Hoch-
wasserständen zu sehen, die in vielen Orten, die an einem Fluß liegen, an gut sichtbaren
Stellen markiert sind (Bild 1.3, Reißinsel Mannheim).

Seit dem Bau des kleinen Jagdhauses auf einer Insel zwischen Rhein und Altrhein (Bild
1.3) gab es 19mal Hochwasserstände, die am Sockel des Bauwerks nach dem Absinken des
Wasser-spiegels zu sehen waren und daraufhin fixiert wurden. Die Jahre, in denen jeweils
eine Überschreitung erfolgte, erscheinen als vom Zufall bestimmt, die Jahreszahlen sind
somit stochastische Größen.

Aus dieser Zeitabhängigkeit der Wasserstände ergibt sich die Frage, welcher Wasserstand
für die Bemessung einer Konstruktion angenommen werden muß. Für ein festes Bauwerk
mit langer Nutzungsdauer (Brückenpfeiler, Kaimauer, Wehranlage) könnte wohl der größte
beobachtete Wert angesetzt werden; wobei natürlich die Gesamtzeit, für die Beobachtungen
dokumentiert sind, zu berücksichtigen ist. Für eine Konstruktion kürzerer Nutzungsdauer
(Anlegerponton, Baubehelf-Spundwandkasten) wird dieser Wasserstand in der Regel zu einer unwirtschaftlichen Lösung führen.

Die diesbezügliche Sicherheitsaussage muß also einerseits die Nutzungsdauer des Bauwerks, andererseits den Einfluß der Zeit bei der Beobachtung der Wasserstände einbeziehen.

Ein anderes Beispiel ist die Beanspruchung aus Wind. Wenn die Windstärke (Windgeschwindigkeit) gemessen wird, ist es sehr unwahrscheinlich, daß bei einer einzigen Messung der auslegungsbestimmende Maximalwert erfaßt wird. Wird während mehrerer Tage
gemessen, so ergibt sich ein größerer Wert; wird über mehrere Monate gemessen, so ergibt
sich ein noch größerer Wert. Wie lange soll aber nun gemessen werden?

Wenn für Bauwerke eine Lebensdauer nicht vorgegeben wird, könnte nun gefordert werden, daß ein maximal möglicher Wind bestimmt würde, zumindest sollte ein "stärkster"
Wind bekannt sein. Quantitative meteorologische Aufzeichnungen gibt es jedoch nur für den
verhältnismäßig kurzen Zeitraum nach der Industrialisierung je nach Standort der Wetterwarte. Ob aber in dieser Zeit Extremwerte festgestellt wurden, die in den nächsten 200 Jahren, also der etwaigen Nutzungsdauer einer jetzt errichteten Konstruktion, auftreten können,
steht dahin. Die Sicherheitsaussage erfordert also, daß festgestellt wird, ob das in einem
verhältnismäßig kurzen Zeitraum erfaßte Geschehen repräsentativ ist.

Ein zusätzliches Problem entsteht noch dadurch, daß die Fortentwicklung der Meß- und Auswertungstechnik eventuell die Qualität der Daten verändert und so der Zeitraum, über den vergleichbare Messungen vorliegen, noch kürzer wird.

Die Schwierigkeit bei der richtigen Beschreibung meteorologischer oder geophysikalischer Einwirkungen auf Baukonstruktionen wird noch deutlicher, wenn in Betracht gezogen wird, daß entsprechende Belastungen nur bei Entwicklung spezieller Konstruktionen von Bedeutung sind.

Für massive Bogenbrücken aus behauenem Werkstein ist Wind kein Lastfall, ebenso für die niedrige Wohnhausbebauung bis zum Beginn des 20.Jahrhunderts; allenfalls im Sturm gelöste Dachziegel konnten zu einer Gefährdung werden.

Mit der Entwicklung von weitgespannten Hängebrücken, schlanken Hochhäusern (siehe Bild 1.4), und hohen Fernsehtürmen aus Spannbeton wurde der Wind zum bemessungsbestimmenden Lastfall. Erst dann wurde begonnen, den Wind als solchen und in seiner Wirkung auf Bauwerke zu erfassen. Vorher spielte der Wind höchstens in der Seefahrt und der Wetterkunde eine Rolle.

Bild 1.4: Windwirkung auf ein Hochhaus - zerbrochene Fensterscheiben
(Bild : Keystone)

Ähnlich wie beim Wind verhält es sich mit der Wellenbelastung auf Offshorekonstruktionen. Wellenhöhen in der mittleren und nördlichen Nordsee, auf hoher See, waren bis 1960 nur im Zusammenhang mit der Schiffahrt interessant. Erst die Erkundung, Erschließung und Ausbeutung der Erdölvorkommen brachte das Problem, daß eine Wellenbelastung auf Offshorekonstruktionen definiert werden mußte und maximale Wellenhöhen für die Festlegung eines Freibords und der Belastung angegeben werden mußten.

Ebenso war die Wirkung von Erdbeben in Deutschland nicht als Belastung für Baukonstruktionen anzusehen. Erst die Errichtung von Bauwerken mit hohem Risikopotential (Kernkraftwerke, Flüssigerdgasbehälter) brachte es mit sich, daß auch unwahrscheinliche, aber eventuell kritische Belastungszustände untersucht werden müssen. Da auch in seismisch aktiveren Gebieten Deutschlands (z.B. Hohenzollerngraben, Eifel) nur selten Erdbeben mit einer nennenswerten Intensität zu registrieren sind, ist es erforderlich, aus entsprechenden Beschreibungen in historischer Zeit, sowie aus Vergleichen mit geotektonisch ähnlichen Gebieten Bemessungserdbeben abzuleiten [1.8].

1.3 Zulässige Versagenswahrscheinlichkeit

Als Grundproblem für eine Formulierung der Sicherheitsaussage über eine Wahrscheinlichkeitsvorgabe stellt sich die Festlegung der zulässigen oder erforderlichen Wahrscheinlichkeit für das Einhalten der Bedingung R>S dar. Wie groß soll die Wahrscheinlichkeit für das Ereignis (R>S) sein, so daß von "Sicherheit im Konstruktiven Ingenieurbau" gesprochen werden kann ?

Die Wahrscheinlichkeit ist definiert als eine Zahl zwischen 0 und 1, somit ist die Wahrscheinlichkeit für das Ereignis (R>S), im folgenden als P(R>S) bezeichnet, immer nahe bei 1. Da aber Zahlenangaben wie 0.999999 recht umständlich zu handhaben sind, auch in der Form $1.0-1.\cdot10^{-6}$, ist es üblich, nicht von R>S, sondern vom komplementären Ereignis R<S, also dem unsicheren oder Versagenszustand auszugehen.

> *Die Wahrscheinlichkeit P(R<S) ist die Versagenswahrscheinlichkeit.*
> *Sie wird mit p_f bezeichnet.*

Wie groß soll eine zulässige Versagenswahrscheinlichkeit p_{f0} sein ?

Naheliegend wäre die Forderung $p_{f0}=P(R<S)=0.0$ (bzw. $P(R>S)=1.0$), das heißt, es darf nur so gebaut werden, daß ein Versagen unter allen Umständen und für alle Zeiten ausgeschlossen ist. Als Forderung in einem ideellen Sinn ist $P(R<S)=0.0$ als zulässige Versagenswahrscheinlichkeit akzeptiert.

Der Bauingenieur beschäftigt sich nicht mit Kartenhäusern oder Reihen von Dominosteinen, deren Zweck und Reiz gerade der Einsturz nach Fertigstellung ist. An der Sicherheit einer Konstruktion ist ihm immer gelegen.

Gegenüber dem idealen Umfeld, in dem die Forderung $p_{f0} = 0.0$ ihre Gültigkeit besitzt, ist der Konstruktive Ingenieurbau aber dadurch gekennzeichnet, daß zur Errichtung von Konstruktionen nur eine begrenzte Auswahl von Material und Methoden zur Verfügung steht. So ergibt sich im Übergang vom Idealzustand zum realen Bauwerk ganz selbstverständlich eine Abschwächung der Forderung $p_{f0} = 0.0$ dahingehend, daß als $p_f=0.0$ die Versagenswahrscheinlichkeit verstanden wird, die mit den zur Verfügung stehenden Mitteln erreicht werden kann.

Eine weitere Abschwächung der idealen Forderung $p_{f0} = 0.0$ ergibt sich daraus, daß der Aufwand für die Errichtung einer Baukonstruktion in einem gesunden Verhältnis zum Nutzen stehen muß und weiterhin auch darin, daß der Zweck eines Bauwerks Anforderungen mit sich bringt, deren Beachtung Rückwirkung auf die Forderung nach absoluter Sicherheit hat.

Innerstädtische Wohnhäuser zum Beispiel haben mehrere Stockwerke, um verdichtetes Wohnen zu ermöglichen und dadurch vielen Menschen die Nähe zu Versorgungseinrichtungen und die Möglichkeit umfangreicher Kommunikation zu bieten. Decken-/Wandsysteme mit Fenster- und Türöffnungen sind aber als unsicherer einzuschätzen als z.B. Pyramiden oder andere fensterlose Bauwerke mit innenliegenden Gewölben als oberen Raumabschlüssen.

Der Zusammenhang zwischen Nutzung und Sicherheit wird auch deutlich, wenn die Widerstandsfähigkeit innerstädtischer Wohnhäuser gegen militärische Einwirkungen einbezogen wird.

Die Forderung $p_{f0} = 0.0$ würde nur erfüllbar sein, wenn alle Bewohner permanent in Bunkern oder bunkerähnlichen Bauwerken wohnen würden, da Ort und Zeit der Einwirkungen erst zu einem Zeitpunkt bekannt werden, zu dem die Erstellung entsprechend sicherer Bauwerke nicht mehr möglich ist. Die offensichtlich sinnlose Forderung nach absoluter Sicherheit wurde in dieser Beziehung aufgegeben, da mehr oder weniger berechtigte Hoffnungen in die Leistungen der Politiker bestehen, die Sicherheit zu gewährleisten.

Abgesehen von dieser Forderung an Bauwerke kann aber auch in Friedenszeiten eine extreme Belastung auftreten, die zum Bauwerksversagen führt. Hierzu gehören Gasexplosionen aufgrund fehlerhafter oder falsch benutzter Gasleitungen in Altbauten oder in neuerer Zeit auch durch Druckgasspeicher.

Soll auch für diese Fälle eine Sicherheit mit $p_{f0} = 0.0$ gegeben sein, müßten die Gebäude zumindest bunkerähnlich sein. Nicht nur, daß solche "sicheren" Gebäude nicht schön aussehen, die Nutzung wäre auch erheblich eingeschränkt und nicht den Bedürfnissen der Bewohner entsprechend. Es darf zudem bezweifelt werden, daß allgemein Bereitschaft bestünde, die Baukosten bzw. die Miete für ein dermaßen ertüchtigtes Gebäude aufzubringen.

Diese zugegebenermaßen etwas extremen Beispiele verdeutlichen, daß die Forderung $p_{f0}=0.0$, wiewohl als ideelles Postulat gültig, beim praktischen Nachweis der Sicherheit aufgehoben wird. Die Bedingungen, unter denen eine Konstruktion errichtet wird, führen dazu, daß $p_{f0} = P(R<S) > 0.0$ werden muß.

Wie klein muß aber die Versagenswahrscheinlichkeit sein, so daß von Sicherheit gesprochen werden kann?

Da der Größe der zulässigen Versagenswahrscheinlichkeit große Bedeutung, vor allem auch im Rahmen der Normen, beikommt, sollte die Bestimmung möglichst auf einer rationalen Grundlage erfolgen. Ein Bemessungswert, die zulässige Versagenswahrscheinlichkeit, kann nur in einem Kompromiß zwischen der Forderung nach absoluter Sicherheit $p_{f0} = 0.0$ auf der einen Seite und den technischen Möglichkeiten und den Nutzungsanforderungen auf der anderen Seite gefunden werden. Da beide Seiten nicht zugleich befriedigt werden können, ergibt sich die Frage nach einer *optimalen Versagenswahrscheinlichkeit.*.

An einem stark vereinfachten Beispiel, bei welchem lediglich sicherheitsabhängige Erstellungskosten und Kosten im Schadensfall einander gegenübergestellt sind, soll das Konzept einer *optimalen Versagenswahrscheinlichkeit* erläutert werden.

- Beispiel 1.1:

  Die Kosten eines Bauwerks steigen mit der Sicherheit, vereinfachend wird eine reziproke proportionale Abhängigkeit der Baukosten von der Versagenswahrscheinlichkeit angenommen.

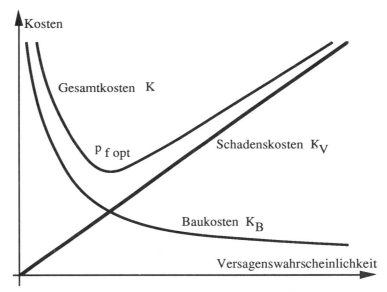

Bild 1.5: Optimale Versagenswahrscheinlichkeit

Die Kosten im Versagensfall werden als direkt proportional zur Versagenswahrscheinlichkeit angenommen.

Baukosten: $\quad\quad K_B \;=\; \dfrac{K_{B0}}{p_f}\,,$

Schadenskosten: $\quad K_V \;=\; K_{V0}\cdot p_f\,,$

Gesamtkosten: $\quad K \;=\; K_B + K_V$

Die *optimale* Versagenswahrscheinlichkeit ergibt das Minimum der Gesamtkosten (siehe Bild 1.5).

Bedingung: $\quad\quad \dfrac{dK}{dp_f} \;=\; 0.0 \;=\; K_{V0} \;-\; \dfrac{K_{B0}}{p_f^2}$

somit $\quad\quad P_{fopt} \;=\; \sqrt{\dfrac{K_{B0}}{K_{V0}}}\,.$

Die Ableitung einer optimalen Versagenswahrscheinlichkeit ist also nur möglich, wenn zusätzlich zur Versagenswahrscheinlichkeit auch eine weitere Kategorie betrachtet wird: die Schadensfolgen.

Das Konzept der Bestimmung einer optimalen Versagenswahrscheinlichkeit ist zwar klar und eindeutig, als zulässige Versagenswahrscheinlichkeit kann der abgeleitete Wert aber nur dann akzeptiert werden, wenn die beiden Funktionen $K_B(p_f)$ und $K_V(p_f)$ das Problem vollständig beschreiben können.

Gegenüber dem einfachen Modell des Beispiels wurden noch verschiedentlich vollständigere Problemformulierungen untersucht ([1.9], [1.10]). Diese gehen davon aus, daß ausreichend genaue Angaben über Baukosten, Renovierungskosten und Schadensfolgekosten gemacht werden können. Da es aber - glücklicherweise - nur wenige Schäden von Baukonstruktionen gibt, ist die zugehörige Datenbasis so unvollständig, daß berechnete *optimale* Versagenswahrscheinlichkeiten nicht eindeutig sind (siehe Kapitel 2).

Wenn das Versagen zudem eine Gefährdung von Menschen bedeutet, ist die widerspruchsfreie und eindeutige Angabe einer Kostenfunktion im Schadensfalle nicht möglich. Allenfalls im Rahmen der Versicherungsmathematik könnten Kosten eines Menschenlebens zahlenmäßig angegeben werden. Diese Angabe ist aber nicht nur aus moralischen Gründen so umstritten, daß eine mit ihrer Hilfe abgeleitet *optimale* Versagenswahrscheinlichkeit als Grundlage eines Sicherheitsnachweises unbrauchbar ist.

Die Schwierigkeit der Bestimmung einer allgemein anerkennungsfähigen zulässigen Versagenswahrscheinlichkeit kann dadurch umgangen werden, daß von dem Sicherheitsniveau ausgegangen wird, das durch die bestehenden Bemessungsvorschriften erreicht wird (Kalibrierung, bzw. *calibration*).

Da diese Bemessungsvorschriften in langjähriger Arbeit von Fachgremien entstanden sind, kann davon ausgegangen werden, daß ihre Vorgaben nicht nur den aktuellen Stand der Technik widerspiegeln, sondern auch Erfahrungen der langjährigen Technikentwicklung berücksichtigen, die nicht in festen Zahlen faßbar sind. Es handelt sich sozusagen um die Einbeziehung von Wissen um wahrscheinlichkeitstheoretische Zusammenhänge, die aber auf Grund der mangelnden Datenbasis nicht zahlenmäßig verarbeitet werden können.

Die Bestimmung der zulässigen Versagenswahrscheinlichkeit aus dem vorhandenen Sicherheitsniveau heraus ist von den derzeit mit Sicherheit im Konstruktiven Ingenieurbau befaßten Ausschüssen durchgeführt worden ([1.11], [1.12]).

Durch eine solche normative Festlegung wird die Versagenswahrscheinlichkeit allerdings zu einer *operativen Versagenswahrscheinlichkeit* . Das heißt, die zulässige und die vorhandene Versagenswahrscheinlichkeit sind nicht anschaulich als Wahrscheinlichkeiten zu sehen, mit denen Versagen eintritt, sondern sind Leitwerte, die es ermöglichen, in einem Sicherheitskonzept alle vorhandenen statistischen Daten konsequent zu berücksichtigen.

1.4 Vorteile des konsistenten Sicherheitskonzeptes

Mit Bezug auf die oben formulierte Sicherheitsbedingung R > S läßt sich festhalten, daß die Verarbeitung erheblicher Datenmengen auf der Grundlage der Wahrscheinlichkeitstheorie und ihre Einbindung in mechanische Zusammenhänge erforderlich wird, um einen Sicherheitsnachweis zu führen.

Da für einen großen Teil der Bauwerke und Bauteile jedoch gleichartige Rechnungen durchzuführen sind, bietet es sich an, den Sicherheitsnachweis zu standardisieren und problembezogen vereinfachte Nachweise zu entwickeln. Ein wesentliches Moment der Vereinfachung ist die Trennung der mechanischen und der wahrscheinlichkeitstheoretischen Problemstellung.

Bei der historischen Entwicklung der Sicherheitsnachweise für Konstruktionen in industrieller Zeit ist diese Trennung festzustellen. Die Materialkunde bestimmt die Beanspruchbarkeit, der Gesetzgeber oder ein entsprechendes Organ legt die Lastfälle und damit die Beanspruchung fest. So wird der Sicherheitsnachweis zu einer einfachen Rechenaufgabe, wie in folgendem elementaren Beispiel veranschaulicht wird.

- Beispiel 1.2:

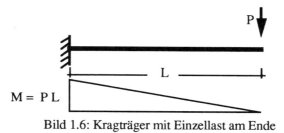

Bild 1.6: Kragträger mit Einzellast am Ende

P   =   1 kN

l   =   3 m

h   =   24 cm

d   =   8 cm

σ_{zul} = 8.0 MPa

$$\sigma_{vorh} = \frac{M}{W} = \frac{0.003}{\frac{0.08 \cdot 0.24^2}{6}} = 3.9 \text{ MPa}$$

$$\sigma_{vorh} = 3.9 = S \ < \ R = 8.0 = \sigma_{zul}$$

Da ein derartiger Sicherheitsnachweis überzeugend wirkt, übt er eine große Anziehungskraft aus, und nicht von ungefähr wurde diese Form Grundlage fast aller Normen, die sich mit Sicherheitsnachweisen befassen (zumindest im deutschsprachigen Raum).

Die Berechnungsvorschrift ist bekannt, die beteiligten Größen sind ebenfalls zahlenmäßig bekannt, der Sicherheitsnachweis bekommt den Charakter einer objektiven Wahrheit. Mit einem solchen gedanklichen Konzept eng verbunden ist die Reduktion des verantwortlichen Ingenieurs auf die Funktion eines "Rechenknechts". Dieser ist nur für die richtige Ausführung der Berechnungen zuständig, das Problem der Sicherheit oder Unsicherheit berührt ihn nicht.

Die Lösung dieser Rechenaufgaben ist aber doch nicht so einfach, wie es die abwertende Benennung "Rechenknecht" vermuten läßt. Der ingenieurmäßige Entwurf einer Konstruktion derart, daß sie die Chance hat, den vorstehenden Sicherheitsnachweis zu bestehen, ist außer in ganz einfachen Fällen (wie im obigen Beispiel) keine eindeutig lösbare Aufgabe und verlangt Erfahrung und Kreativität.

Ob der "Rechenknecht" nun tatsächlich existiert, oder ob es sich um Wunschdenken anderer handelt, demzufolge es einen Beruf gäbe, in welchem der Ausübende (der Statiker also) zwangsläufig das objektiv Richtige tut, sei dahingestellt. Fest steht, daß der Sicherheitsnachweis in der vereinfachten Form Arbeitsteilung zwischen den mit der Statistik befaßten Materialkundlern und den Statikern, die den Sicherheitsnachweis erbringen, mit sich bringt. Daß eine solche Trennung problematisch ist, kann an vorstehendem Beispiel demonstriert werden.

• Beispiel 1.2 - Fortsetzung:

Wird der Sicherheitsnachweis für die doppelte Belastung geführt, ergibt sich

$$S = \sigma_{vorh} = 7.8 < 8.0 = \sigma_{zul} = R.$$

Obwohl in beiden Fällen die Sicherheit durch Erfüllung der Ungleichung gewährleistet ist, wird jeder Beteiligte den Zustand "3.9 < 8.0" als sicherer ansehen als den Zustand "7.8 < 8.0" (von einem anderen Standpunkt aus betrachtet gilt der Zustand "3.9 < 8.0" als unwirtschaftlicher als der Zustand "7.8 < 8.0").

Soll dieser Unterschied zwischen beiden Nachweisen erfaßt werden, müssen zusätzliche Größen eingeführt werden, z.B.:

a) $\sigma_{zul} - \sigma_{vorh} = 8.0 - 3.9 = 4.1$ MPa,

bzw. $\sigma_{zul} - \sigma_{vorh} = 8.0 - 7.8 = 0.2$ MPa,

oder

b) $\dfrac{\sigma_{zul}}{\sigma_{vorh}} = \dfrac{8.0}{3.9} = 2.0513$,

bzw. $\dfrac{\sigma_{zul}}{\sigma_{vorh}} = \dfrac{8.0}{7.8} = 1.0256$.

Wird von der Berechnung der Reserven (Formulierung a)) ausgegangen, so ist die Sicherheit beim ersten Nachweis ($\sigma_{vorh} = 3.9$ MPa) zwanzigmal so groß (4.1/0.2) wie beim zweiten Nachweis ($\sigma_{vorh} = 7.8$ MPa).

Bei der Bildung des Quotienten ist die Sicherheit für den ersten Nachweis lediglich doppelt so groß (2.05/1.026). Das heißt aber, daß beide zusätzlichen Angaben keine einheitliche Bewertung der tatsächlich vorhandenen Sicherheit ermöglichen.

Die quantitative Abschätzung der Unterschiede bei beiden Sicherheitsnachweisen wird noch schwieriger, wenn als zusätzliche Information berücksichtigt werden soll, daß die Situation $\sigma_{vorh} = 3.9$ MPa sich aus einer Berechnung für Eigengewicht ergibt, die Situation $\sigma_{vorh} = 7.8$ MPa sich auf Eigengewicht und Verkehrslast bezieht.

Weder die Berechnung der Reserven noch der Quotienten würde zu einem befriedigenden Vergleich der unterschiedlichen Zustände führen.

Eine konsequente Bewertung ergibt sich erst dann, wenn trotz der Erfüllung des Sicherheitsnachweises ein Versagen für möglich gehalten wird. Vielleicht nicht in der Situation $\sigma_{vorh} = 3.9$ MPa, aber in der Situation $\sigma_{vorh} = 7.8$ MPa wäre ein Versagen zumindest denkbar.

Und schon ist der Sicherheitsnachweis seiner Unschuld als vermeintlich objektiver Wahrheit beraubt, und es wird in Betracht gezogen, daß die tatsächlichen zukünftigen Verhältnisse von Beanspruchung und Beanspruchbarkeit doch anders sein können, als es der Sicherheitsnachweis $R > S$ voraussetzt.

Zum Zahlenwert gehört also noch eine zusätzliche Angabe, wie oft (mit welcher Häufigkeit, Wahrscheinlichkeit) der Wert unterschritten wird. Der tatsächliche Wert der betrachteten Größe hängt mehr (z.B. Druckfestigkeit) oder weniger (z.B. Eigengewicht) vom Zufall ab (= stochastisch). Diese Eigenschaft der Zahlenwerte für physikalische Größen ist ihr *stochastischer Charakter*.

Im Konstruktiven Ingenieurbau ist der Wahrscheinlichkeitscharakter der Sicherheitsaussage in der Regel immer berücksichtigt worden, auch wenn er, wie im Beispiel 1.2 demonstriert, nicht durch den Sicherheitsnachweis explizit erfaßt wird.

Im handwerklichen Bauen konnten aus der Erfahrung konstruktive Regeln entwickelt werden, die den jeweiligen Gefahren einer Überlastung angepaßt waren. In den Bemessungsvorschriften, die im Zuge der Entwicklung des arbeitsteiligen industriellen Bauens erstellt wurden, wurde der Wahrscheinlichkeitscharakter der Sicherheitsaussage durch Einführung unterschiedlicher Sicherheitsfaktoren berücksichtigt. Hierzu gehört auch die Angabe verschiedener zulässiger Spannungen für Haupt- und Zusatzlasten.

Die konsequente Formulierung der Sicherheitsaussage als Wahrscheinlichkeitsaussage wurde für die Anwendung in Normen allerdings erst in jüngerer Zeit vorgeschlagen ([1.11], [1.12]).

Es kann vermutet werden, daß der Aufwand für statische Berechnungen auch ohne Wahrscheinlichkeitstheorie so groß war, daß er die vorhandene Ingenieurkapazität voll in Anspruch genommen hat. Erst nach der Einführung standardisierter Nachweise in Tabellenform und später mit dem Computer konnte mehr über Wirtschaftlichkeit und Sicherheit nachgedacht werden.

Insbesondere können mit einem Sicherheitskonzept auf der Grundlage einer zulässigen Versagenswahrscheinlichkeit unterschiedliche stochastische Charaktere, z.B. der Lastangaben (Eigengewicht, Nutzlast) und der Festigkeiten (Fließspannung, Bruchmoment), durch Teilsicherheiten erfaßt werden.

Zwischen den Sicherheiten, die aufgrund statistischer Daten bestimmt werden können und solchen, bei denen dies nicht möglich ist, z.B. Gefährdung aufgrund menschlichen Versagens, kann dann unterschieden werden, und aus der vorgegebenen zulässigen Versagenswahrscheinlichkeit können individuelle Anforderungen an Teilsicherheiten abgeleitet werden.

Zu der Anbindung der zulässigen Versagenswahrscheinlichkeit an das vorhandene Sicherheitsniveau gehört in einem konsistenten Konzept auch eine Einordnung der Bauwerke bezüglich der erwarteten Schadensfolgen. Dies ermöglicht eine weitere Differenzierung bei der Festlegung der Teilsicherheiten, so daß eine pragmatische "optimale" zulässige Versagenswahrscheinlichkeit vorgeschrieben werden kann.

Der Aufbau eines Sicherheitskonzeptes durch Kalibrierung der Versagenswahrscheinlichkeit am vorhandenen Sicherheitsniveau ist zwar nur für vergleichbare Bauwerke befriedigend. Die explizite Nennung der wahrscheinlichkeitstheoretischen Zusammenhänge ermöglicht aber die konsistente Erweiterung auch für neuentwickelte Konstruktionen (z.B. Kernkraftwerke, Offshorebohrinseln, auch den Kanaltunnel oder die diskutierte Brücke über die Straße von Messina), für die keine Erfahrungen vorliegen und bei denen somit eine Bestimmung der zulässigen Versagenswahrscheinlichkeit durch Kalibrierung nicht möglich ist.

Ein pragmatisches Vorgehen ist die Anwendung der in anderen Bereichen erfolgreichen Bemessungsvorschriften und die anschließende Überlagerung mit den speziellen Beanspruchungen dieser Konstruktion.

Die erreichte Sicherheit läßt sich nur mit Einschränkungen mit der üblicher Konstruktionen vergleichen. Die Sicherheitsaussage läßt sich aber durch eine Risikoanalyse noch weiter verschärfen.

1.5 Risikoanalyse

Risiko ist der Erwartungswert der Schadensfolgen, d.h. das Produkt aus der Wahrscheinlichkeit des Versagens und dem Schaden, den es verursacht. Eine *Risikoanalyse* verknüpft verschiedene Versagensmöglichkeiten und die jeweiligen Wahrscheinlichkeiten für das Auftreten mit den zugehörigen Folgen. Wenn die Beschränkung auf einen bestimmten Konstruktionstyp und eine Klasse von Konstruktionen vorgegeben ist, kann auch eine brauchbare Datenbasis aufgebaut werden.

Die unterschiedliche Qualität der Folgen (Material-, Wiederaufbaukosten, Menschenleben) führt nur dann zu Problemen, wenn sie in einer einzigen Kostenfunktion zusammengefaßt werden sollen. Die Schwierigkeit tritt nicht auf, wenn das Risiko als operativer Maßstab angesehen wird. Dieses *operative Risiko* ist dann lediglich eine zahlenmäßige Größe, welche mit anderen Zahlen - anderen operativen Risiken - verglichen werden kann. Eine anschauliche physikalische und/oder ökonomische Interpretation ist damit nicht verbunden.

Die tatsächliche Größe des Risikos bleibt unerheblich, wenn nach den Faktoren gefragt wird, die den größten Einfluß auf das Risiko haben *(Sensitivitätsanalyse)*. Die Beeinflussung dieser Faktoren zur Verminderung des Risikos ist dann das Ziel einer Auslegung/Bemessung zur Erhöhung der Sicherheit.

Als einzige Voraussetzung ist hierbei anzunehmen, daß die Verminderung des operativen Risikos auch zu einer Verminderung des tatsächlichen Risikos führt.

Durch die explizite Einführung der Kategorien Wahrscheinlichkeit und Risiko in das Sicherheitskonzept ist dem Statiker mehr Entscheidungsraum gegeben, und er ist sich der tatsächlich vorhandenen großen Verantwortung bewußt. Dies unterscheidet ihn vom "Rechenknecht". Es wird so gewährleistet, daß Sicherheit im Konstruktiven Ingenieurbau auch ohne Sanktionsandrohung nach Art des Codex Hammurabi (vgl. [1.13]) besteht.

Das "Auge-um-Auge-Zahn-um-Zahn"-Gesetz läßt sich auch so interpretieren, daß es verlangt, bei Entscheidungen, die andere betreffen, so zu entscheiden, wie wenn man selbst betroffen wäre. In diesem Sinne wird das Vertrauen der Mitmenschen in die Arbeit der Ingenieure vor allem dadurch gerechtfertigt, daß diese sich selbst als Benutzer der Bauwerke sehen und so ein Eigeninteresse haben, Sicherheit zu gewährleisten.

1.6 Zum Gebrauch des Textes

Die Bedeutung von Sicherheit und Risiko für den Konstruktiven Ingenieurbau wird in vorliegendem Text untersucht.

Zu Beginn wird die Versagenswahrscheinlichkeit als ein Maß für die Sicherheit besprochen (Kapitel 2). Darauf folgt eine Darstellung des Sicherheitskonzeptes auf der Grundlage der Versagenswahrscheinlichkeit und die konsequente Ableitung von Teilsicherheitsbeiwerten (Kapitel 3).

Anschließend wird die Verbindung von Wahrscheinlichkeitstheorie und Mechanik erörtert. Hierbei wird besonderes Gewicht auf die Bedeutung der Grenzzustandsfunktionen für die Berechnung der Versagenswahrscheinlichkeit gelegt. Spezielle geometrisch und physikalisch nichtlineare Grenzzustände werden betrachtet (Kapitel 4).

Im Kapitel 5 folgt dann die Darstellung der Ableitung zeitabhängiger extremer Belastungszustände mit dem Modell des stochastischen Prozesses sowie die Diskussion von Sicherheitslastfällen für spezielle Bauwerke.

Aus dem Bereich der Bemessungspraxis führt die Einführung in die Risikoanalyse (Kapitel 6) hinaus. In der Risikoanalyse wird auf die Berücksichtigung von Sonderlastfällen für spezielle Situationen und die zugehörige Beurteilung von Maßnahmen eingegangen.

Im Anhang werden Grundlagen der Statistik und auch spezielle Methoden, die in der Sicherheitstheorie angewendet werden, z.B. Simulation mit Zufallszahlen, zusammengestellt. Der Anhang ist damit zwar direkt auf den Text bezogen, kann aber auch wie ein Lehrbuch der Statistik und Wahrscheinlichkeitstheorie als Vorbereitung auf die Sicherheitstheorie selbständig gelesen werden.

Einige lexikographische Blätter sollen die Begriffe und Abkürzungen erklären, die im Zusammenhang mit der Sicherheitstheorie für Spezialisten zum allgemeinen Sprachgebrauch gehören, für den praktisch tätigen Ingenieur aber ungewohnt sind.

Literatur

[1.1]   Freudenthal, A.M.: Safety and the Probability of Structural Failure, Transactions
        of ASCE, Paper No. 2843, Vol. 121, 1956

[1.2]   Freudenthal, A.M.; Garretts, J.M.; Shinozuka, M.: The Analysis of Structural Sa-
        fety, Journal of SD, ASCE, Vol. 92, No. ST1, Proc.Paper No. 4682, Feb. 1966

[1.3]   Rüsch, H.; Rackwitz, R.: Die Grundlagen der Sicherheitstheorie, VDI-Berichte
        Nr. 142, 1970

[1.4]   Heinhold, J.; Gaede, K.W.: Ingenieurstatistik, Oldenbourg Verlag, München 1968

[1.5]   Kreyszig, E.: Statistische Methoden und ihre Anwendungen, Vandenhoeck und
        Ruprecht Verlag, Göttingen 1973

[1.6]   Benjamin, J.R.; Cornell, C.A.: Probability, Statistics and Decision for Civil En-
        gineers, McGraw Hill, New York 1970

[1.7]   Gerhards, K.: Die Restaurierung und Sanierung der Bahnsteighalle Köln Hbf.,
        Bauingenieur 64, 1989

[1.8]   Leydecker, G.: Erdbebenkatalog für die Bundesrepublik Deutschland mit Rand-
        gebieten für die Jahre 1000 - 1981, Geologisches Jahrbuch, Heft 36, Reihe E,
        Hannover 1986

[1.9]   Ravindra, M.K.; Lind, N.C.: Theory of Structural Code Optimization, Journal of
        the SD, Proc. of ASCE, Vol. 99, ST7, Paper No. 9864, July 1973

[1.10] Turkstra, C.J.: Choice of Failure Probabilities, Journal of the SD, Proc. of ASCE,
        Vol. 93, ST6, Paper No. 5678, December 1967

[1.11] DIN-NABau (Hrsg.): Grundlagen für die Festlegung von Sicherheitsanforderun-
        gen für bauliche Anlagen, Beuth Verlag, Berlin-Köln 1981

[1.12] Kommission der EG (Hrsg.): Eurocode Nr. 1 - Gemeinsame einheitliche Regeln
        für verschiedene Einheiten und Baustoffe, Entwurf, EGKS-EWG-EAG, General-
        direktion Binnenmarkt und Gewerbliche Wirtschaft, Brüssel 1984

[1.13] Originalhandschrift des Codex Hammurabi, Die Bautechnik, Heft 1, 1966

2 Sicherheitsanalyse

2.1 Berechnung der Versagenswahrscheinlichkeit

2.1.1 Grundlagen

Die wichtigste Zielsetzung des entwerfenden Ingenieurs ist die Sicherstellung der Funktionstüchtigkeit des erarbeiteten Tragwerksentwurfs (vgl. Kapitel 1). Der Begriff Funktionstüchtigkeit beinhaltet einerseits Gebrauchstauglichkeit, d.h. eine entsprechend der Planung uneingeschränkte Nutzung und andererseits die Tragwerkssicherheit, d.h. Zuverlässigkeit gegenüber Einsturz.

Die Quantifizierung von Sicherheit erfordert die Verknüpfung von Bemessung und Wahrscheinlichkeitsrechnung (vgl. Kapitel 1). Sicherheit ist dann die Wahrscheinlichkeit, mit der die Beanspruchbarkeit einer Konstruktion während der Lebensdauer nicht von der Beanspruchung überschritten wird. Variablen, die Beanspruchung und Beanspruchbarkeit charakterisieren, lassen sich nicht *exakt* festlegen. Diese Variablen (*Basisvariablen*) müssen als stochastische Variablen (zufällig streuende Variablen) modelliert werden. Basisvariablen sind im allgemeinen Einwirkungen (direkte und indirekte Lasten), mechanische Eigenschaften (Beanspruchbarkeit), geometrische Größen, Imperfektionen, etc. Stochastische Variablen werden nicht mit einem fixen Wert beschrieben, sondern mit Hilfe einer Dichtefunktion. Die detaillierte Erläuterung von statistischen Grundbegriffen, unterschiedlichen Verteilungsfunktionen, der Definition von Dichtefunktion und Verteilungsfunktion sowie deren mathematische Verknüpfung findet sich in Anhang A3.

Die Unsicherheit über die zu erwartende Größe von Basisvariablen *(physikalische Unsicherheit)* aufgrund *natürlicher* Streuungen kann mit Hilfe von statistischen Methoden beschrieben werden.

Darüber hinaus ist es jedoch wichtig, zwischen weiteren Quellen der Unsicherheit zu unterscheiden:

a) statistische Unsicherheit,

b) Modellunsicherheit,

c) grobe Fehler.

zu a)

Als statistische Unsicherheit bezeichnet man den Mangel an Daten (z.B. Messungen), der häufig beim Versuch der Festlegung einer Dichtefunktion für eine physikalische Größe auftritt.

zu b)

Bei der statischen Berechnung von Konstruktionen ist es notwendig, ein mechanisch-mathematisches Modell aufzustellen, das Eingangsparameter (Einwirkungen) in Beziehung zur Strukturantwort (Beanspruchung) setzt. Mathematische Modelle versuchen tatsächliche physikalische Beziehungen abzubilden, was aus praktischen Gründen mit vereinfachten Annahmen verbunden ist. Die Ungewißheit über die Qualität des verwendeten Modells bezeichnet man als Modellunsicherheit. Modellunsicherheiten können unter Umständen großen Einfluß auf die Zuverlässigkeit einer Struktur haben (z.B. lineares, nichtlineares Modell).

zu c)

Grobe Fehler bei Entwurf, Konstruktion und Ausführung von Ingenieurtragwerken sind eine weitere Quelle der Unsicherheit in der Zuverlässigkeitsbeurteilung eines Entwurfs oder fertigen Tragwerkes. Diese Art von Unsicherheit resultiert meist aus Fehlinterpretationen oder anderen menschlichen Irrtümern.

Die Unterscheidung zwischen den verschiedenen Unsicherheitsquellen ist wichtig, da sich hieraus unmittelbar verschiedene Maßnahmen und Methoden ergeben, die das Maß der Unsicherheit einschränken können. Bei der Planung und Ausführung einer Konstruktion liegt es in der Verantwortung des Ingenieurs, den genannten Unsicherheiten ggf. durch zusätzliche Messungen (a), verbesserte Modellierung (b) und Überwachungs- sowie Kontrollstrategien (c) entgegen zu wirken.

Die in diesem Kapitel behandelten Methoden der Zuverlässigkeitsanalyse beschränken sich auf die Erfassung der *physikalischen Unsicherheit* .

In der Sicherheitsbeurteilung mit Hilfe von Methoden der Wahrscheinlichkeitsrechnung tritt an die Stelle des Sicherheitsfaktors die Wahrscheinlichkeit P, mit der die Beanspruchbarkeit R größer als die Beanspruchung S ist (vgl. Kapitel 1):

$$p_S = P(R > S) \qquad\qquad\qquad (2.1)$$

Die Wahrscheinlichkeit P ist von den Dichtefunktionen und Parametern (vgl. Anhang A3) der stochastischen Variablen R und S abhängig. Einzuhaltende Mindestwerte der Wahrscheinlichkeit P sind in Abhängigkeit von möglichen Versagensfolgen festgelegt (vgl. Kapitel 1, 3 und 6).

Aus praktischen Erwägungen (vgl. Abschnitt 1.3) hat sich als Bezugswert der Sicherheitsbeurteilung die Versagenswahrscheinlichkeit p_f eingebürgert.

$$p_f = 1 - p_S = P(R < S) \tag{2.2}$$

Die Werte der zulässigen Versagenswahrscheinlichkeit p_f liegen im Ingenieurbau in der Regel zwischen 10^{-3} und 10^{-6}. Handelt es sich bei R und S um diskrete Zufallsvariablen, so wird die Versagenswahrscheinlichkeit mit

$$p_f = P(R < S) = \sum_{\text{alle } s} P(R < s)\, P(S = s) \tag{2.3}$$

berechnet (vgl. Anhang A2 und A3). In Gl. (2.3) ist vorausgesetzt, daß R und S unabhängige Zufallsvariablen sind, was im Bauwesen meist zutrifft.

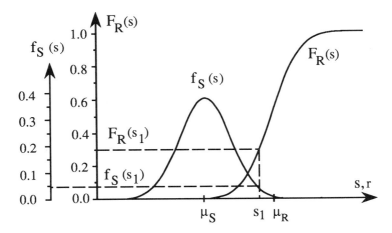

Bild 2.1: Schematische Darstellung des Faltungsintegrals

Analog ergibt sich der entsprechende Ausdruck für kontinuierliche Basisvariablen:

$$p_f = \int_0^\infty F_R(s)\, f_S(s)\, ds \tag{2.4}$$

Hierin bezeichnet F_R die Häufigkeitsverteilung von R und f_S die Dichtefunktion von S. Die rechte Seite von Gl. (2.4) wird Faltungsintegral genannt und ist in Anhang A3 näher erläutert (vgl. Bild 2.1).

Aus Bild 2.1 wird deutlich, daß die Versagenswahrscheinlichkeit von der relativen Position der beteiligten Dichte- und Verteilungsfunktion sowie von der Größe der Streuungen abhängig ist. Die relative Position der Dichte- bzw. Verteilungsfunktion wird durch die untersuchte Grenzzustandsfunktion (Bemessungsgleichung) beschrieben. Grenzzustandsfunktionen dienen als Kriterium, um zwischen einer sicheren und unsicheren Kombination der Basisvariablen R und S zu unterscheiden (vgl. Abschnitt 2.2).

In der deterministischen Bemessungspraxis ist der Grenzzustand durch den Sicherheitsfaktor von 1.0 gekennzeichnet oder durch gleiche Werte von z.B. zulässiger und vorhandener Spannung. Grenzzustandsfunktionen für die Variablen R und S können z.B. in folgenden Formulierungen auftreten:

$$g(R,S) \equiv z_1 = R - S \tag{2.5}$$

$$g(R,S) \equiv z_2 = \frac{R}{S} \tag{2.6}$$

Es ist zu beachten, daß in Gl. (2.5) Versagen für $z_1 < 0$ und in Gl. (2.6) für $z_2 < 1$ definiert ist. Interpretiert man z als neue Zufallsvariable, deren Dichtefunktion $f_Z(z)$ mit Hilfe der Dichten von R und S bestimmbar ist (vgl. Anhang A3), so ergibt sich die Versagenswahrscheinlichkeit für die Formulierung aus Gl. (2.5) zu:

$$p_f = \int_{-\infty}^{0} f_Z(z_1)\, dz_1 = F_{z_1}(0) \tag{2.7a}$$

und Gl. (2.6):

$$p_f = \int_{0}^{1} f_Z(z_2)\, dz_2 = F_{z_2}(1) \tag{2.7b}$$

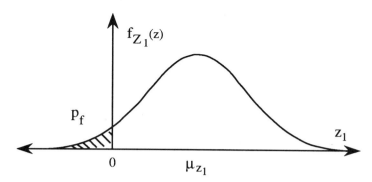

Bild 2.2a: Dichtefunktion von z_1

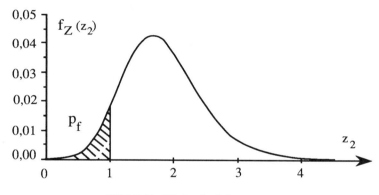

Bild 2.2b: Dichtefunktion von z_2

Die Dichtefunktionen für z_1 und z_2 sind in Bild (2.2) dargestellt. Der Unterschied zwischen beiden Dichtefunktionen reflektiert den Formulierungsunterschied in der Versagensdefinition, wobei die berechnete Versagenswahrscheinlichkeit jedoch gleich ist (vgl. Beispiel 2.2b).

- Beispiel 2.1:

  Von einem Seilelement einer Hängebrücke müssen verschiedene Einwirkungen (Lasten) aufgenommen werden. Die Einwirkungen können als normalverteilte Variablen beschrieben werden. Die Parameter sind wie folgt festgelegt:

  $$\mu_1 = 80 \text{ MN} ; \quad \sigma_1 = 5 \text{ MN}$$
  $$\mu_2 = 100 \text{ MN} ; \quad \sigma_2 = 10 \text{ MN}$$
  $$\mu_3 = 50 \text{ MN} ; \quad \sigma_3 = 5 \text{ MN}$$

Die Seilbeanspruchung berechnet sich nach den Regeln aus Anhang A3 mit:

$$\mu_S = 80 + 100 + 50 = 230 \text{ MN}$$

$$\sigma_s = \sqrt{(5^2 + 10^2 + 5^2)} = 12.25 \text{ MN}$$

Wenn die Beanspruchbarkeit 1.5-fach über der Beanspruchung liegend angesetzt werden muß und über einen Variationskoeffizienten von 0.05 verfügt, wie groß ist die Versagenswahrscheinlichkeit des Seiles?
Versagen tritt also ein, wenn $Z < 0$ für $Z = R - S$.

$$\mu_Z = \mu_R - \mu_S = 1.5 \cdot 230 - 230 = 115.0 \text{ MN}$$

$$\sigma_Z = \sqrt{(0.05 \cdot 1.5 \cdot 230)^2 + 12.25^2} = 21.16 \text{ MN}$$

$$P(Z < 0) = F_Z(0) = \Phi\left(\frac{0 - 115.0}{21.16}\right) = \Phi(-5.43)$$

Der Ausdruck $\Phi(\cdot)$ bezeichnet die Werte der standard–normalen Häufigkeitsverteilung (vgl. Anhang A3).

Mit Hilfe von Tabelle A3.1 ergibt sich somit die Versagenswahrscheinlichkeit des Seiles zu

$$p_f = P(Z < 0) = 2.9 \cdot 10^{-8}$$

Verändert man den Wert der Beanspruchbarkeit auf das 2-fache der Beanspruchung bei sonst gleichbleibenden Parametern, so ergibt sich die Versagenswahrscheinlichkeit mit $p_f = 5.49 \cdot 10^{-19}$. Nimmt man an, daß der Variationskoeffizient für die μ_1 und μ_2 auf 0.15 steigt, so ergibt sich bei 2-fachem Wert der Beanspruchbarkeit eine Versagenswahrscheinlichkeit von $p_f = 1.87 \cdot 10^{-14}$. Aus dieser Parameterstudie läßt sich erkennen, über welchen maßgeblichen Einfluß auf die Versagenswahrscheinlichkeit die Streuung neben der relativen Position der Mittelwerte zueinander verfügt.

Das Verhältnis von μ_Z/σ_Z wird als Sicherheitsindex β bezeichnet. Die Einführung des Sicherheitsindex' geht auf A.M. Freudenthal ([2.1] und [2.2]) zurück. Eine geometrische Interpretation des Sicherheitsindex' β ist in Bild 2.3 dargestellt.

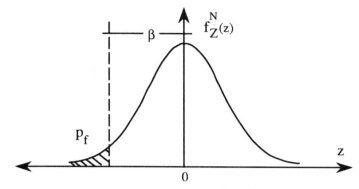

Bild 2.3: Sicherheitsindex β

β	p_f	β	p_f	β	p_f
1.5	$6.68 \cdot E\text{-}2^*$	2.7	$3.47 \cdot E\text{-}3$	3.9	$4.8 \ \cdot E\text{-}5$
1.6	$5.48 \cdot E\text{-}2$	2.8	$2.55 \cdot E\text{-}3$	4.0	$3.17 \cdot E\text{-}5$
1.7	$4.46 \cdot E\text{-}2$	2.9	$1.87 \cdot E\text{-}3$	4.1	$2.06 \cdot E\text{-}5$
1.8	$3.59 \cdot E\text{-}2$	3.0	$1.35 \cdot E\text{-}3$	4.2	$1.33 \cdot E\text{-}5$
1.9	$2.87 \cdot E\text{-}2$	3.1	$9.68 \cdot E\text{-}4$	4.3	$8.54 \cdot E\text{-}6$
2.0	$2.27 \cdot E\text{-}2$	3.2	$6.87 \cdot E\text{-}4$	4.4	$5.41 \cdot E\text{-}6$
2.1	$1.78 \cdot E\text{-}2$	3.3	$4.84 \cdot E\text{-}4$	4.5	$3.39 \cdot E\text{-}6$
2.2	$1.39 \cdot E\text{-}2$	3.4	$3.37 \cdot E\text{-}4$	4.6	$2.11 \cdot E\text{-}6$
2.3	$1.07 \cdot E\text{-}2$	3.5	$2.33 \cdot E\text{-}4$	4.7	$1.30 \cdot E\text{-}6$
2.4	$8.2 \ \cdot E\text{-}3$	3.6	$1.59 \cdot E\text{-}4$	4.8	$7.93 \cdot E\text{-}7$
2.5	$6.21 \cdot E\text{-}3$	3.7	$1.08 \cdot E\text{-}4$	4.9	$4.79 \cdot E\text{-}7$
2.6	$4.661 \cdot E\text{-}3$	3.8	$7.2 \ \cdot E\text{-}5$	5.0	$2.86 \cdot E\text{-}7$

($*$) E-2 bedeutet 10^{-2})

Tabelle 2.1a: Sicherheitsindex und Versagenswahrscheinlichkeit

$f_Z^N(z)$ bezeichnet die Dichtefunktion der Standard-Normalverteilung mit $\mu_Z = 0$, $\sigma_Z = 1$ (vgl. Anhang A3). Wie aus Bild 2.3 ersichtlich, besteht ein direktes Verhältnis zwischen Versagenswahrscheinlichkeit p_f und Sicherheitsindex β.

$$p_f = \Phi \left(\frac{-\mu_Z}{\sigma_Z} \right) = \Phi(-\beta) = 1 - \Phi(\beta) \tag{2.8}$$

Die Relation zwischen der Versagenswahrscheinlichkeit p_f und dem Sicherheitsindex β ist für den wichtigsten Bereich in den Tabellen 2.1 zusammengestellt.

p_f	β
0.1	1.282
0.01	2.326
0.001	3.090
0.0001	3.719
0.00001	4.265
$1. \cdot E-6$	4.7534
$1. \cdot E-7$	5.199
$1. \cdot E-8$	5.612
$1. \cdot E-9$	5.998
$1. \cdot E-10$	6.3613

Tabelle 2.1b: Versagenswahrscheinlichkeit und Sicherheitsindex β

Im allgemeinen setzen sich die Beanspruchungs- und Beanspruchbarkeitskomponente aus mehreren Variablen zusammen, z.B. $R(x_1...x_n)$, $S(x_{n+1}...x_{n+m})$. Der funktionale Zusammenhang zwischen allen Basisvariablen wird in einer Grenzzustandsfunktion der Form

$$g(\underline{x}) = g(X_1, X_2,... X_n,...X_{n+m}) \tag{2.9}$$

formuliert, wobei $g(\underline{x}) < 0$ den Versagenszustand und $g(\underline{x}) = 0$ die Grenzzustandsfläche definiert. Folglich ergibt sich die Versagenswahrscheinlichkeit - durch Verallgemeinerung von Gl. (2.4) (siehe auch Anhang A3) - als Integration der gemeinsamen Verbunddichte aller Variablen über den Versagensbereich (Gl. 2.10):

$$p_f = \int\limits_{g(\underline{x})<0} f_{\underline{X}}(\underline{x}) \, d\underline{x} \tag{2.10}$$

Wie in Anhang A3 ausführlicher dargestellt, bereitet die Integration der Verbunddichte insbesondere bei komplizierten Grenzzustandsfunktionen häufig Schwierigkeiten. Auch die in

Beispiel 2.1 demonstrierte Möglichkeit zur Berechnung der Versagenswahrscheinlichkeit über die Bestimmung der Dichtefunktion und Parameter der Variablen Z gelingt nur in Sonderfällen (vgl. Anhang A3). Für allgemeine Sicherheitsanalysen (Berechnung der Versagenswahrscheinlichkeit) werden daher meist Näherungsverfahren oder Simulationstechniken (Integration durch Simulation) verwendet.

Unter Näherungsverfahren versteht man Methoden, die sich mit Hilfe von Reihenentwicklungen auf die Berechnung der ersten und zweiten Momente von $f_Z(z)$ beschränken. Die Grundlagen dieser Verfahren sind in Anhang A3 Abschnitt 6 ausführlich dargestellt.

Die Wahl des geeignetsten Verfahrens wird durch die betrachtete Grenzzustandsfunktion und die beteiligten Verteilungen der Basisvariablen bestimmt. In den folgenden Abschnitten werden daher einige Näherungsverfahren einschließlich der Monte-Carlo-Simulation in ihren wichtigsten Grundzügen vorgestellt und diskutiert, um die anschließend behandelten unterschiedlichen Grenzzustandsformulierungen bearbeiten zu können.

Für weiterentwickelte effizientere Verfahren (Varianzreduzierende Simulationstechnik) sei auf Abschnitt 4.3 hingewiesen.

2.1.2 Näherungsverfahren zur Berechnung der Versagenswahrscheinlichkeit

Näherungsverfahren zur Berechnung der Versagenswahrscheinlichkeit beruhen auf einer Reihen-Approximation der Grenzzustandsfunktion zur Bestimmung der ersten beiden statistischen Momente (vgl. Anhang A3). In der Literatur werden diese Verfahren auch als Methode der zweiten Momente bezeichnet.

Da die Reihenentwicklung bereits nach den linearen Gliedern abgebrochen wird, handelt es sich um eine Approximation erster Ordnung. Vorschläge zu dieser Form der Berechnung der Versagenswahrscheinlichkeit wurden in jüngster Vergangenheit abgeleitet und zu konsistenten Formulierungen entwickelt ([2.1] - [2.4]).

Zur anschaulichen Darstellung des Konzeptes nach [2.4] wird zunächst eine lineare Grenzzustandsfunktion der Form

$$g(R,S) = Z = r - s \tag{2.11}$$

gewählt. Die Basisvariablen R und S seien normalverteilt und durch ihre Mittelwerte m_R, m_S und Standardabweichung σ_R, σ_S charakterisiert.

Einfache Aufgabenstellungen dieser Art (lineare Grenzzustandsfunktion und normalverteilte Basisvariablen) lassen sich natürlich direkt über die Berechnung von μ_Z, σ_Z und des entsprechenden Sicherheitsindex β lösen (vgl. Abschnitte 2.1 und A3.5). Aus Gründen der Übersichtlichkeit in der Darstellung wird jedoch diese Problemstellung zur einführenden Erläuterung der Methode der zweiten Momente verwendet. Insbesondere der Zusammenhang zwischen dem Sicherheitsindex β und dem zu ermitteln den Bemessungspunkt für das Verfahren der zweiten Momente läßt sich hierdurch anschaulich erläutern.

Zunächst werden die beteiligten Basisvariablen in die Standard-Normalverteilung transformiert, so daß die Mittelwerte m_R und m_S im Ursprung des neuen Bezugssystems y_R, y_S liegen.

$$y_R = \frac{r - m_R}{\sigma_R}; \quad y_S = \frac{s - m_S}{\sigma_S}; \tag{2.12}$$

Die neuen Variablen y_R, y_S bezeichnen die standardisierten Basisvariablen, die gleichzeitig das veränderte Koordinatensystem kennzeichnen (vgl. Bild 2.4).

Somit können die folgenden Rechenoperationen im Raum der standardisierten Normalverteilung vorgenommen werden. Die ebenfalls transformierte Grenzzustandsfunktion lautet damit:

$$g(y_R, y_S) = y_R \cdot \sigma_R - y_S \cdot \sigma_S + m_R - m_S = 0 \tag{2.13}$$

Unter den vorab getroffenen Annahmen einer linearen Grenzzustandsfunktion ist eine analytische Umformung von Gl. (2.13) in die Hessesche Normalform der Geradengleichung möglich.

$$-\frac{\sigma_R}{\sqrt{\sigma_R^2 + \sigma_S^2}} y_R + \frac{\sigma_S}{\sqrt{\sigma_R^2 + \sigma_S^2}} y_S - \frac{m_R - m_S}{\sqrt{\sigma_R^2 + \sigma_S^2}} = 0 \tag{2.14}$$

Das absolute Glied der Hesseschen Normalform stellt den kürzesten lotrechten Abstand zwischen der Grenzzustandsgeraden und dem Ursprung des transformierten Koordinatensystems y_R, y_S dar. Der entsprechende Punkt auf der Grenzzustandsfunktion wird auch als Bemessungspunkt (BP) bezeichnet (vgl. Bild 2.4).

Auf Grund der Regeln über die Addition von normalverteilten Zufallsvariablen (siehe Anhang A3) und der Definition von Gl. (2.8) entspricht das absolute Glied in Gl. (2.14) gleichzeitig dem Sicherheitsindex β.

$$\beta = \frac{m_Z}{\sigma_Z} = \frac{m_R - m_S}{\sqrt{\sigma_R^2 + \sigma_S^2}} \qquad (2.15)$$

Bei weiterer Interpretation von Gl. (2.14) läßt sich erkennen, daß die Koeffizienten von y_R und y_S die Richtungscosini der Normalen auf die Grenzzustandsfunktion darstellen (vgl. Bild 2.4).

$$\cos \psi_R = \frac{\sigma_R}{\sqrt{\sigma_R^2 + \sigma_S^2}} = \alpha_R \qquad (2.16)$$

$$\cos \psi_S = \frac{\sigma_S}{\sqrt{\sigma_R^2 + \sigma_S^2}} = -\alpha_S \qquad (2.17)$$

Durch Rücktransformation in den ursprünglichen Variablenraum (r,s) ergibt sich der Bemessungspunkt (r*,s*) mit:

$$r^* = m_R - \alpha_R \, \beta \cdot \sigma_R \qquad (2.18)$$

$$s^* = m_S + \alpha_S \, \beta \cdot \sigma_S \qquad (2.19)$$

Aus der bisherigen Darstellung läßt sich erkennen, daß der kürzeste lotrechte Abstand zwischen Grenzzustandsfunktion und dem Koordinatenursprung des transformierten Koordinatensystems y_R, y_S den Sicherheitsindex β darstellt. Zur Berechnung des Sicherheitsindex' bzw. der Versagenswahrscheinlichkeit allgemeiner Fragestellungen muß somit dieser Abstand ermittelt werden. Dies ist gleichbedeutend mit der Auffindung des sogenannten Bemessungspunktes.

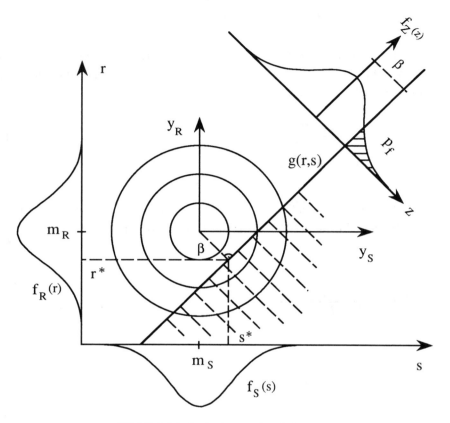

Bild 2.4: Methode der zweiten Momente

Für den hier dargestellten zweidimensionalen Fall lassen sich die Gleichungen (2.15) - (2.18) auch geometrisch darstellen (Bild 2.4). Es läßt sich leicht erkennen, daß die Methode der zweiten Momente der Integration von

$$P_f = \iint_{g(R,S)<0} f_{RS} \,(r,s) \, dr \, ds \qquad\qquad (2.20)$$

entspricht. Der Integrationsbereich der Verbunddichte $f_{RS}(r,s)$ ist in Bild 2.4 schraffiert dargestellt.

Unter den bisher formulierten Annahmen entspricht die Methode der zweiten Momente exakt der Integration. Bei nichtlinearen Grenzzustandsfunktionen wird jedoch eine Linearisierung mittels Taylor-Reihenansatz am Bemessungspunkt vorgenommen, womit die Lösung nur in erster Näherung genau ist.

Zusammenfassend ergibt sich die Lösung mit Hilfe der Methode der zweiten Momente in folgenden Schritten:

a) Transformation der Grenzzustandsfunktion in den Raum der Standard-Normalverteilung,

b) Auffinden des Bemessungspunktes,

c) Linearisierung der Grenzzustandsfunktion im Bemessungspunkt,

d) Berechnung des Abstandes zum Ursprung des transformierten Koordinatensystems (β-Wert).

Bei der Methode der zweiten Momente handelt es sich im Grunde genommen um ein beschränktes Optimierungsproblem ([2.5], [2.6]). Gesucht wird der Punkt auf der Grenzzustandsfunktion, der über den kürzesten Abstand zum Ursprung des transformierten Koordinatensystems verfügt. Die allgemeine mehrdimensionale Formulierung der entsprechenden Optimierungsaufgabe lautet:

$$\text{Minimiere } \beta = \left(\underline{y}^T \, \underline{y} \right)^{1/2} \tag{2.21}$$

unter der Bedingung, daß

$$g(\underline{y}) = 0 \tag{2.22}$$

Hierin bezeichnet $\underline{y}$ den Vektor zum Bemessungspunkt und $\underline{y}^T$ dessen transponierte Darstellung.

Die in [2.5] gewählte Lösung über Langrange-Multiplikatoren führt zu den folgenden Gleichungen in Komponentenschreibweise

$$y_i^* = - \alpha_i^* \, \beta \, , \tag{2.23}$$

$$\alpha_i^* = \frac{(\partial g^*/\partial y_i)}{\sqrt{\sum_{i=1}^{n} (\partial g^*/\partial y_i)^2}} \qquad . \qquad (2.24)$$

Hierin bedeutet *, daß die entsprechende Operation am Bemessungspunkt durchgeführt werden muß. Für lineare Problemstellungen ergibt sich die Lösung in einem Schritt, während nichtlineare Grenzzustandsfunktionen eine iterative Vorgehensweise verlangen.

Mit Hilfe des nun vorliegenden Formelwerkes berechnet sich die Versagenswahrscheinlichkeit in folgender Weise:

a) Formulierung der Grenzzustandsfunktion im Raum der standardisierten Normalverteilung und Berechnung der partiellen Ableitungen in Bezug auf die standardisierten Variablen

b) Schätzung der Koordinaten des Bemessungspunktes,

c) Berechnung der Koordinaten im standardisierten Raum (Gl. (2.12)),

d) Berechnung der α-Faktoren (Gl. (2.24)),

e) Berechnung des β-Wertes für $g(y) \overset{!}{=} 0$ unter Verwendung von Gl. (2.23),

f) Mit dem ermittelten β-Wert ergibt sich ein neuer Startwert für die weitere Iteration (Gl. (2.23)).

g) Fortsetzung der Berechnung mit d)

Die iterative Berechnung wird abgebrochen, wenn sich keine weitere Verbesserung für den β-Wert ergibt.

Das folgende Beispiel demonstriert die Berechnung der Versagenswahrscheinlichkeit für zwei Grenzzustandsformulierungen (linear, nichtlinear) der gleichen Aufgabenstellung.

•   Beispiel 2.2:
    Die Versagenswahrscheinlichkeit eines Querschnitts soll berechnet werden. Beanspruchung und Beanspruchbarkeit seien normalverteilt mit den Parametern

$$\mu_R = 40 \text{ kN} \qquad \sigma_R = 4 \text{ kN}$$
$$\mu_S = 25 \text{ kN} \qquad \sigma_S = 5 \text{ kN}$$

a) Die Formulierung der Grenzzustandsfunktion laute:

$$g(R,S) = r - s = 0$$

Transformation der Grenzzustandsfunktion

$$g(y_R, y_S) = y_R \cdot \sigma_R + \mu_R - y_S \cdot \sigma_S - \mu_S = 0$$

$$\frac{\partial g}{\partial y_R} = 4 \qquad \frac{\partial g}{\partial y_S} = -5$$

Die Berechnung für lineare Problemstellungen erfolgt direkt - d.h. ohne Iteration - daher ist keine Abschätzung des Bemessungspunktes erforderlich.

$$\alpha_R = \frac{4}{\sqrt{4^2 + (-5)^2}} = 0.6247$$

$$\alpha_S = \frac{-5}{\sqrt{4^2 + (-5)^2}} = -0.7809$$

mit Gl. (2.23) wird dann durch Einsetzen in die transformierte Grenzzustandsfunktion

$$-0.6247 \cdot 4.0 \cdot \beta + 40 - 0.7809 \cdot 5.0 \cdot \beta - 25 \stackrel{!}{=} 0$$

$$\beta = 2.34$$

Der Bemessungspunkt im ursprünglichen Raum ergibt sich somit zu

$$r^* = \mu_R - \alpha_R \cdot \sigma_R \cdot \beta = 34.1 \text{ kN}$$

$$s^* = \mu_S - \alpha_S \cdot \sigma_S \cdot \beta = 34.1 \text{ kN}$$

b) Formuliert man für das gleiche Beispiel die Grenzzustandsfunktion als

$$g(R,S) = \frac{r}{s} - 1,$$

so ergibt sich ein nichtlineares Problem, dessen iterative Lösung ebenfalls demonstriert werden soll.

$$g(y_R, y_S) = \frac{4y_R + 40}{5y_S + 25} - 1$$

$$\frac{\partial g}{\partial y_R} = \frac{4}{5y_S + 25} \qquad\qquad \frac{\partial g}{\partial y_S} = \frac{-5(4y_R + 40)}{(5y_S + 25)^2}$$

Ausgangspunkt für die Iteration ist eine erste Abschätzung für den Bemessungspunkt.

Annahme:
$$r^* = 40 ; \qquad\qquad s^* = 25$$

hieraus ergibt sich

$$y_R^* = 0 ; \qquad\qquad y_S^* = 0$$

$$\frac{\partial g^*}{\partial y_R} = 0.16 ; \qquad\qquad \frac{\partial g^*}{\partial y_S} = -0.32$$

$$\alpha_R = \frac{0.16}{\sqrt{0.16^2 + (-0.32)^2}} = 0.4472$$

$$\alpha_S = \frac{-0.32}{\sqrt{0.16^2 + (-0.32)^2}} = -0.8944$$

$$g(\underline{y}) = \frac{-4 \cdot 0.4472 \cdot \beta + 40}{5 \cdot 0.8944 \cdot \beta + 25} - 1 \stackrel{!}{=} 0$$

$$\beta = 2.39$$

2. Iteration: Mit dem ermittelten β-Wert ergibt sich der Startwert für die nächste Iteration:

$$y_R^* = -\alpha_R \cdot \beta = -0.4472 \cdot 2.39 = -1.071$$

$$y_S^* = - \alpha_S \cdot \beta = 0.8944 \cdot 2.39 = 2.142$$

$$\frac{\partial g^*}{\partial y_R} = 0.112 \; ; \qquad \frac{\partial g^*}{\partial y_S} = - 0.14$$

$$\alpha_R = 0.6246 \; ; \qquad \alpha_S = - 0.7808$$

$$\beta = 2.34$$

3. Iteration:

$$y_R^* = - 1.4634 \; ; \qquad y_S^* = 1.829$$

$$\frac{\partial g^*}{\partial y_R} = 0.117 \; ; \qquad \frac{\partial g^*}{\partial y_S} = - 0.146$$

$$\alpha_R = 0.6246 \; ; \qquad \alpha_S = - 0.7808$$

$$\beta = 2.34 \; \equiv \; p_f = 9.6 \cdot 10^{-3}$$

Für komplexere Grenzzustandsfunktionen und mehrdimensionale Problemstellungen ist zur Berechnung des Sicherheitsindex' β ein entsprechendes EDV-Programm erforderlich ([2.6]). Nicht normalverteilte Basisvariablen können in den bestehenden Rechenablauf einbezogen werden. Hierzu muß eine Transformation in Gaußsche Komponenten vorgenommen werden (Gl. (2.25)).

$$y_i = \Phi^{-1} [F_i(x_i)] \tag{2.25}$$

$F_i(x_i)$ bezeichnet die ursprüngliche Verteilungsfunktion der nicht normalverteilten Variablen x_i und $\Phi^{-1}[\cdot]$ die Inverse der Standard-Gaußverteilung. Weitere Vorschläge zur Transformation von nicht normalverteilten Variablen sind in [2.7] und [2.8] vorgeschlagen.

Auch korrelierte Basisvariablen können in der bestehenden Formulierung berücksichtigt werden ([2.5], [2.6]).

Durch Linearisierung der Grenzzustandsfunktion im Bemessungspunkt sind Ergebnisse aus Methoden der zweiten Momente bei nichtlinearen Grenzzustandsfunktionen z.T. fehlerhaft. Dieser Nachteil des Verfahrens und die nicht vorhandene Möglichkeit zur Fehler- abschätzung sowie weitere kritische Betrachtungen sind in [2.9] umfassend dargestellt.

Für zahlreiche Problemstellungen des Konstruktiven Ingenieurbaues ist die Methode der zweiten Momente jedoch häufig ausreichend genau.

Auch für die Erstellung probabilistischer Normen wird die Methode der zweiten Momente als ausreichend genau angesehen, da in diesem Zusammenhang zusätzliche Vereinfachun- gen vorgenommen werden müssen, um ein breites Spektrum von Tragwerken zu erfassen.

2.1.3 Monte-Carlo-Simulation

Die Simulation ist eine seit langem bekannte Rechentechnik. Zur Anwendung gelangte diese Technik allerdings erst durch moderne Computeranlagen, mit denen *numerische Experi- mente* durchgeführt werden können ([2.10]). Die Monte-Carlo-Methode ist eine Form der Simulation, definiert als wiederholte Simulation mit einem Datensatz von Zufallsvariablen, die entsprechend ihrer Wahrscheinlichkeitsverteilung erzeugt worden sind (Anhang A4). Ergebnisse von Monte-Carlo-Simulationen können statistisch in Form von Histogrammen etc. ausgewertet werden (vgl. Anhang A1).

Da in der Zuverlässigkeitsanalyse die Intergration der Verbunddichte im Versagensbereich oft weder geschlossen noch numerisch mit vertretbarem Aufwand durchgeführt werden kann, wird auch hier die Monte-Carlo-Simulation angewendet ([2.11], [2.12]). Mit endli- cher Simulationszahl läßt sich die Versagenswahrscheinlichkeit für einen bestimmten Grenzzustand $g(\underline{x})$ mit gewisser Genauigkeit berechnen.

Als einführendes Beispiel zum prinzipiellen Verständnis der Monte-Carlo-Simulation wird das folgende Beispiel zur Integration durch Simulation dargestellt.

- Beispiel 2.3:
  Die in Bild 2.5 schraffiert markierte Fläche soll berechnet werden.

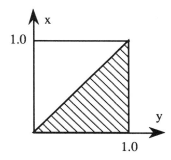

Bild 2.5: Integration durch Simulation

Der definierte Bereich der Variablen x und y wird durch die Gerade $g(x,y) \equiv x-y = 0$ in zwei Hälften geteilt.

x	y
0.14	0.18
0.91	0.08
0.02	0.91
0.39	0.47
0.45	0.39
0.22	0.33
0.10	0.01
0.30	0.15
0.95	0.60
0.55	0.47

Tabelle 2.2: Gleichverteilte Zufallszahlen

Zur Berechnung der Fläche unter der Geraden $g(x,y)$ werden nun für x und y jeweils 10 standard-gleichverteilte Zahlen erzeugt (vgl. Tab. 2.2). Durch Auswertung der Geradengleichung $g(x,y)$ für jedes Zahlenpaar (x,y) findet man die Zahlenkombinationen, für die die erzeugten Punkte unterhalb der Geraden, d.h. im schraffierten Bereich von Bild 2.5, liegen.

Die Anzahl der Punkte unterhalb der Geraden ist $N_e = 4$. Setzt man diese Zahl ins Verhältnis zur Simulationszahl $N = 10$, so ergibt sich der Schätzwert der Fläche mit

$$A = \frac{N_e}{N} = 0.4$$

Da die Anzahl der Simulationen recht klein ist, bleibt das Ergebnis vergleichsweise ungenau. Ein recht genaues Ergebnis erhält man allerdings schon mit ca. 100 Simulationen.

Die formale Notation zur Berechnung der Versagenswahrscheinlichkeit mit Hilfe der Monte-Carlo-Simulation lautet:

$$p_f = \int_{\text{alle } \underline{x}} I[\,g(\underline{x}) \le 0\,]\; f_{\underline{X}}(\underline{x})\; d\underline{x} \tag{2.26}$$

I[·] wird als Indikatorfunktion bezeichnet, die den Wert 1 annimmt, wenn der Punkt $\underline{x}$ im Versagensbereich liegt und 0 in allen übrigen Fällen. $f_{\underline{X}}(\underline{x})$ stellt die Verbunddichtefunktion der beteiligten Basisvariablen dar. Für die numerische Durchführung reduziert sich Gl. (2.26) zu:

$$p_f = \frac{1}{N} \sum_{i=1}^{N} I[\,g(\underline{x}_i) < 0\,] \tag{2.27}$$

Hierin bedeutet $\underline{x}_i$ den i-ten Vektor der generierten Zufallszahlen und N die Gesamtzahl der Vektorsimulationen. Zur Ermittlung der Versagenswahrscheinlichkeit wird also lediglich die Anzahl der Versuche mit $g(\underline{x}_i) < 0$ ins Verhältnis zur Gesamtversuchszahl gesetzt. Die numerische Berechnung der Varianz der Versagenswahrscheinlichkeit ergibt sich zu (vgl. Anhang A3, Gl. A3.9 und [2.13]):

$$S_I^2 = \frac{1}{N\text{-}1} \left(\left\{ \sum_{i=1}^{N} I^2 \,[g(\underline{x}_i) < 0] \right\} - N \left\{ \frac{1}{N} \sum_{i=1}^{N} I\,[g(\underline{x}_i) < 0] \right\}^2 \right) \tag{2.28}$$

Der sogenannte Standardfehler von p_f ist definiert mit:

$$S_{IE} = \sqrt{\frac{S_I^2}{N}} \tag{2.29}$$

Mit Hilfe der Varianz aus Gl. (2.28) ergibt sich ferner der statistische Fehler einer Monte-Carlo-Simulation zu:

$$\text{Fehler [\%]} = \frac{S_I}{p_f} \cdot 100 \tag{2.30}$$

Ist bei einer Sicherheitsanalyse die Größenordnung der Versagenswahrscheinlichkeit bekannt, so läßt sich die notwendige Anzahl von Simulationen für einen bestimmten Fehler des Ergebnisses abschätzen ([2.12], [2.13]).

$$N = \frac{1 - p_f^*}{p_f^* \, (\text{Fehler } [\%] \, / \, 100)^2} \qquad (2.31)$$

Hierin bedeutet p_f^* die Größenordnung der zu erwartenden Versagenswahrscheinlichkeit und N die Anzahl der Simulationen.

Beispiel 2.2 wurde mit verschiedener Simulationszahl bearbeitet. In Tabelle 2.3 sind die *berechneten* Versagenswahrscheinlichkeiten und statistischen Fehler zusammengestellt. Die exakte Lösung ist $p_f = 9.642 \cdot 10^{-3}$.

Simulationszahl	Versagenswahr- scheinlichkeit (Gl. 2.27)	Fehler in [%] (Gl. 2.30)
500	$8.0 \cdot 10^{-3}$	49.8
1000	$9.0 \cdot 10^{-3}$	33.2
10000	$9.5 \cdot 10^{-3}$	10.2

Tabelle 2.3: Simulation für Beispiel 2.2

Aus Tabelle 2.3 läßt sich erkennen, daß eine Verdoppelung der Simulationszahl den zu erwartenden Fehler um ca. $\sqrt{2}$ reduziert, während der Faktor 10 eine Reduktion um $\sqrt{10}$ bewirkt.

Die Qualität eines Simulationsergebnisses läßt sich außerdem mit Hilfe des Konfidenzintervalls (Anhang A1)

$$\langle p_f \rangle = p_f \pm k_{\alpha/2} \, \sqrt{\frac{p_f \, (1 - p_f)}{N}} \qquad (2.32)$$

beurteilen. Hierin bedeutet $\langle p_f \rangle$ den Erwartungswert der Versagenswahrscheinlichkeit, N die Anzahl der Simulationen und $k_{\alpha/2}$ einen Faktor, der sich für ein gewähltes Signifikanzniveau (häufig auch Konfidenzniveau) ergibt (vgl. Anhang A1). Aus Gl. (2.32) läßt sich erkennen, daß die Größe des Konfidenzintervalls - bei festgelegtem Signifikanzniveau - sowohl vom Erwartungswert der Versagenswahrscheinlichkeit als auch von der Anzahl der Simulationen abhängig ist. D.h. für kleine Erwartungswerte der Versagenswahrscheinlichkeit ist die Anzahl der Simulationen erheblich zu vergrößern, um noch vertretbare Konfidenzintervalle zu erzielen.

Bei der numerischen Durchführung der Simulation wird meist einer Fehlerabschätzung mit Gl. (2.30) der Vorzug gegeben.

Eine weiterführende Diskussion und Vergleiche zwischen Monte-Carlo-Simulation und numerischen Integrationstechniken ist in [2.12] dargestellt.

2.2   Grenzzustandsfunktionen

2.2.1   Vorbemerkungen

In einem Sicherheitskonzept (vgl. Kapitel 3) auf der Grundlage einer vorhandenen und einer zulässigen Versagenswahrscheinlichkeit wird vorausgesetzt, daß zwischen den Größen mit bekannter statistischer Eigenschaft ein funktionaler Zusammenhang besteht. Damit kann die Versagenswahrscheinlichkeit als Wahrscheinlichkeit für das Auftreten vorgegebener Funktionswerte berechnet werden.

Es muß also eine mathematische Bedingung formuliert werden, deren Erfüllung die Sicherheit einer Konstruktion garantiert.

Diese Bedingung wurde in Abschnitt 2.1 (vgl. Gleichungen (2.1) und (2.5)) als

$$R - S > 0 \tag{2.33}$$

mit S als Beanspruchung (Einwirkung), und R als Beanspruchbarkeit (Widerstand) formuliert.

Im speziellen Fall sind R und S voneinander im statistischen Sinn unabhängig und können durch Normalverteilungen beschrieben werden. Die Versagenswahrscheinlichkeit

$$p_f = P(R - S < 0)$$

kann dann aus einfachen Formeln errechnet werden. Dieses Vorgehen führt zur *Methode der Zweiten Momente* (vgl. Abschnitt 2.1).

Unter der Annahme, daß die stochastischen Eigenschaften der Beanspruchung S und die stochastischen Eigenschaften der Beanspruchbarkeit R bekannt sind, lassen sich auch die stochastischen Eigenschaften der Funktion Z = R - S in Form einer Verteilungsfunktion angeben. Die Wahrscheinlichkeit für das Ereignis (S>R) ist dann der Wert der Verteilungsfunktion F(Z) an der Stelle "0". Die Funktion Z ist die elementare Form einer *Grenzzustandsfunktion* .

Bei der Berechnung der Versagenswahrscheinlichkeit ist ein solches Vorgehen aber nur im Sinne eines Näherungsverfahrens möglich. Deswegen hat die Sicherheitsbedingung (2.33) eher den Charakter einer symbolischen Beschreibung der Sicherheit.

Die Existenz der Grenzzustandsfunktion wird in den neuen Sicherheitskonzepten vorausgesetzt. Im folgenden wird gezeigt, daß nur in Sonderfällen geschlossene Funktionen angegeben werden können. Bei praktischen Anwendungen ergeben sich häufig Funktionen, die weder analytisch formuliert noch geschlossen ausgewertet werden können.

Die Beanspruchung ist eine Funktion der Belastung, die auf die Oberfläche der Konstruktion wirkt oder als innere Beanspruchung durch Temperatur oder Beschleunigung der Tragwerksmasse erzeugt wird (Eigengewicht), während die Beanspruchbarkeit durch die Tragwerkseigenschaften gegeben ist. Die Verknüpfung beider Größen in einer Ungleichung, die die Sicherheit gewährleistet, erfordert die Anwendung von Methoden der (Bau-)Mechanik oder (Bau-)Statik. Diese Ungleichung ist allgemein in der Form

$$g(R,S) \geq 0 \qquad (2.34)$$

gegeben. Gleichung (2.33) ist in diesem Zusammenhang entweder als Sonderfall oder als Näherung anzusehen. Mit g(R,S) ≥ 0 als sicherer Zustand ergibt sich die Versagenswahrscheinlichkeit als

$$p_f = P(g < 0). \qquad (2.35)$$

In den folgenden Abschnitten soll die Verbindung von Statik und Statistik, die für die Berechnung der Versagenswahrscheinlichkeit mit Hilfe von Grenzzustandsbedingungen herzustellen ist, näher beschrieben werden.

Mit Bezug auf die Sicherheit von Konstruktionen wird als Grenzzustand nur von Tragfähigkeitskriterien ausgegangen. Verformungskriterien werden nicht behandelt. Diese können in der Regel direkt formuliert werden.

2.2.2 Zulässige Spannungen

Die Überprüfung, daß die Gleichgewichtsbedingungen in jedem Punkt eines Tragwerks eingehalten sind, gelingt mit der Einführung der sogenannten inneren Kräfte oder *Schnittgrößen* (vgl. Schnittprinzip - z.B. in [2.14], S. 62).

Die Ermittlung der Schnittgrößen erfordert für statisch bestimmte Tragwerke lediglich die Kenntnis der geometrischen Abmessungen des Bauwerks. Für das Biegemoment von Einfeldträgern zeigt sich diese Abhängigkeit von den Lasten und geometrischen Abmessungen in den bekannten einfachen Formeln (siehe Bild 2.6).

Für größere Tragwerke ergeben sich zwar etwas komplizierte Formeln, jedoch jeweils Produkte zwischen geometrischen Größen und den Lasten.

Die Beanspruchbarkeit R ist für Fachwerkstäbe (vgl. [2.14], S.53)

$$R = A \cdot \sigma \tag{2.36}$$

    mit A: Querschnittsfläche,
           σ: aufnehmbare Spannung.

Für Durchlaufträger aus homogenem elastischen Werkstoff (also nicht für Stahlbetonbalken) ergibt sich die verallgemeinerte Beanspruchbarkeit R als (vgl. [2.14], S.63)

$$R = W \cdot \sigma \tag{2.37}$$

    mit W: Widerstandsmoment.

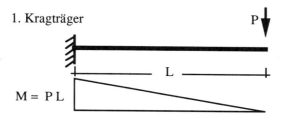

1. Kragträger

$M = P L$

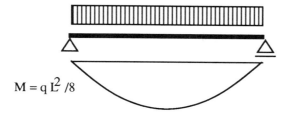

2. Einfeldträger mit Gleichlast

$M = q L^2 / 8$

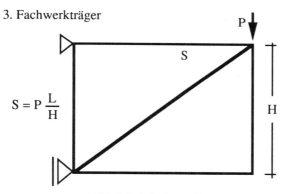

3. Fachwerkträger

$S = P \dfrac{L}{H}$

Bild 2.6: Schnittgrößen

Sind R und S in der gezeigten Weise definiert, so läßt sich die Bedingung R-S≥0 für jeden Punkt des Tragwerks überprüfen.

Für die Beispiele in Bild 2.6 gilt als Sicherheitsungleichung:

1. Kragträger : $W \cdot \sigma - P L \geq 0$

2. Einfeldträger : $W \cdot \sigma - \dfrac{q \cdot L^2}{8} \geq 0$

3. Fachwerk : $A \cdot \sigma - \dfrac{P \cdot L}{H} \geq 0$

Zur Berechnung der Wahrscheinlichkeit, ob die Bedingung R-S ≥ 0 eingehalten ist, müssen die stochastischen Eigenschaften von R und S berücksichtigt werden. Es wird davon ausgegangen, daß Lasten, aufnehmbare Spannungen, Tragwerksabmessungen und Querschnittswerte (Querschnittsfläche und Widerstandsmoment) mit den Methoden der beschreibenden Statistik erfaßt wurden und ihre Verteilungsfunktionen gegeben sind. Diese Größen werden als unabhängige stochastische Variablen angesehen (*Basisvariablen*, vgl. Abschnitt 2.1). Die Verteilungsfunktionen der abhängigen stochastischen Variablen R und S ergeben sich durch Anwendung der Transformationsregel für Verteilungsfunktionen (siehe Anhang A3.5).

Der stochastische Charakter der geometrischen Größen der Tragwerke, Länge der Stäbe bzw. Lage der Knotenpunkte ist bislang nur wenig untersucht worden. Allgemein wird angenommen, daß die Abmessungen bei üblichen Bauwerken während des Bauens so genau kontrolliert werden können, daß die Abweichungen vom Sollwert gering sind. Untersuchungen zum Einfluß stochastischer Abmessungen auf die Verteilung der Schnittgrößen gehen von geschätzten Variationskoeffizienten aus ([2.15], [2.16]).

In [2.17] wird ein pauschaler Variationskoeffizient V=0.05 eingeführt, der die Unsicherheiten bei der Ermittlung der Schnittgrößen und somit auch die Streuungen in den Abmessungen abdeckt. Die Variationskoeffizienten der Lasten und somit auch der Schnittgrößen werden durch geometrische Addition mit dem pauschalen Wert vergrößert.

Die statistischen Eigenschaften der Abweichungen von der planmäßigen Geometrie sind vor allem im Stahlbau genauer untersucht worden, da sie hier als Imperfektionen einen wesentlichen Einfluß auf die Schnittgrößen haben ([2.18]). Bezogen auf den Mittelwert der Imperfektionen sind die Streuungen als hoch anzusehen, bezogen auf die Gesamtabmessungen eines Tragwerks sind die Streuungen aber sehr gering (unter 1 cm), so daß für lineare Berechnungen von konstanten Abmessungen ausgegangen werden kann.

Entsprechend ist aus dem statistischen Material über Querschnittsabmessungen (vgl.[2.19], S.93) von Betonbauteilen abzulesen, daß geometrische Abweichungen gering sind im Vergleich zu den Ungenauigkeiten bei den Lastangaben.

Im Rahmen einer ingenieurmäßigen Näherung lassen sich somit abmessungsbezogene Angaben für eine lineare Schnittgrößenermittlung als konstant annehmen.

Da die Variationskoeffizienten von Querschnittsabmessungen (Blechdicken, Trägerhöhen, Trägerbreiten im Stahlbau ([2.18]), oder Schalmaßen im Stahlbetonbau ([2.19])) kleiner sind als die der aufnehmbaren Spannungen, werden die Querschnittswerte in einer ingenieurmäßigen Näherung als konstant angenommen.

Die Größen R und S sind damit jeweils linear abhängig von den stochastischen Variablen σ und P. Die Transformation der Verteilungsfunktionen vereinfacht sich dadurch erheblich. Insbesondere für die Parameter der Normalverteilung ergeben sich elementare analytische Formeln (siehe Anhang A3).

Eine verschärfte Erfassung von Querschnittsvariationen führt dazu, daß die Sicherheitsbedingung nicht mehr in der expliziten Form (2.33), sondern lediglich implizit entsprechend Gleichung (2.34) aufgestellt werden kann. Weder im Stahlbau noch im Massivbau lassen sich dann geschlossene analytische Formeln für die Versagenswahrscheinlichkeit angeben (vgl.[2.18], [2.19]). Für die Bestimmung der Versagenswahrscheinlichkeit muß eine Lösung durch stochastische Simulation gefunden werden (Monte-Carlo-Simulation, vgl. Abschnitt 2.1.3 und Anhang A4).

Aus der Annahme, daß auch die Querschnittsabmessungen als stochastische Variablen zu betrachten sind, folgt eine besondere Schwierigkeit auch bei linearem Tragwerksverhalten. R und S sind nicht voneinander stochastisch unabhängig, da die Querschnittsabmessungen über das Eigengewicht die Beanspruchung bestimmen sowie über die Querschnittswerte die Beanspruchbarkeit. Für solche Fälle sind besondere Rechenregeln anzuwenden oder in einfachen Fällen gegebenenfalls Umformungen derart vorzunehmen, daß die Sicherheitsbedingung in Abhängigkeit der unabhängigen stochastischen Variablen formuliert wird (z.B. Produkt von stochastischem spezifischem Gewicht und Bauteilvolumen anstelle von stochastischen Lasten).

Bei Rahmentragwerken besteht eine kombinierte Beanspruchung aus Normalkraft N und Biegemoment M. Zur Aufstellung der Bedingung (2.33) werden die maximalen Randspannungen berechnet:

$$\sigma = \frac{M}{W} + \frac{N}{A} \; . \tag{2.38}$$

Dieser Wert der vorhandenen Spannung entspricht nunmehr der Beanspruchung S, die mit der aufnehmbaren Spannung als Beanspruchbarkeit R zu vergleichen ist:

$$R - S = \sigma_{zul} - \sigma_{vorh} \geq 0 \tag{2.39}$$

Da bei einer ingenieurmäßigen Näherung W und A als konstant angesehen werden können, ist σ_{vorh} als lineare Funktion der unabhängigen stochastischen Variablen in P gegeben. Die Transformation der Verteilungsfunktion ist also auch für diesen Fall in einfacher Weise möglich.

2.2.3 Finite-Elemente-Berechnung und Grenzzustandsbedingungen

In einer systematischen Formulierung in Matrizenschreibweise, wie sie in der Methode der Finiten Elemente üblich ist, läßt sich die funktionale Abhängigkeit der Schnittgrößen von stochastischen Variablen in einer zusammengefaßten Darstellung verdeutlichen.

In einer Matrizenformulierung sind die Gleichgewichtsbedingungen durch

$$\underline{N}\ \underline{F} = \underline{P} \tag{2.40}$$

mit $\underline{F}$:   Vektor der Schnittgrößen,

$\underline{P}$:   Vektor der äußeren Kräfte,

$\underline{N}$:   Koeffizientenmatrix

(Gleichgewichtsmatrix)

gegeben (vgl. [2.20], [2.21]).

Die Gleichgewichtsmatrix $\underline{N}$ kann allein aufgrund der Kenntnis der Tragwerksgeometrie aufgestellt werden. Bei der Formulierung der Gleichgewichtsmatrix für Kontinua im Rahmen eines Finite-Element-Modells sind allerdings Annahmen über die Dehnungsverteilung im Element zu treffen.

Durch Auflösung der Gleichgewichtsbedingungen nach den Schnittkräften ergibt sich eine lineare Transformation der Belastung auf die Schnittkräfte

$$\underline{F} = (\underline{N})^{-1}\ \underline{P}. \tag{2.41}$$

Diese Transformation ist für statisch bestimmte Tragwerke eindeutig.

Die Ausführung des Matrizenprodukts ergibt für jede Komponente eine Summe der Form

$$F_i = \sum_{k=1}^{n} (n_{ik}) P_k \, , \tag{2.42}$$

mit n_{ik}: Elemente von $(\underline{N})^{-1}$.

Für Fachwerke (nur Normalkräfte) und Durchlaufträger (nur Biegemomente) entsprechen die Schnittkräfte F_i einer verallgemeinerten Beanspruchung S im Sinne von (2.33). Bei Rahmen und allgemeinen Flächentragwerken ist aus den Schnittkräften erst ein Spannungswert zu berechnen, der mit der aufnehmbaren Spannung verglichen werden kann.

Gegebenenfalls müssen vor Anwendung der Transformationsregel noch Umformungen durchgeführt werden, so daß die funktionale Abhängigkeit der Basisvariablen voneinander erkennbar ist. So ergeben sich zum Beispiel die Schnittkräfte F (bzw. die Beanspruchung S) als Summe von Kräften, die jeweils Freiheitsgraden zugeordnet sind. Durch Umordnung der Summanden läßt sich eine Summe bilden, in der die einzelnen Summanden jeweils stochastisch unabhängigen Belastungsgrößen zugeordnet sind.

Bei statisch unbestimmten Tragwerken mit linear-elastischem Werkstoffverhalten müssen für die Berechnung der inneren Schnittkräfte die Verträglichkeitsbedingungen berücksichtigt werden. Hierzu ist die Kenntnis der elastischen Eigenschaften des Tragwerks (z.B. Elastizitätsmodul, Trägheitsmomente) erforderlich (was übrigens bei einer Anwendung des Weggrößenverfahrens auch für statisch bestimmte Tragwerke unumgänglich ist).

Die Schnittkräfte werden bei statisch unbestimmten Tragwerken als Summe aus den Schnittkräften am statisch bestimmten Hauptsystem F_o und gewichteten Eigenspannungszuständen F_{xi} dargestellt :

$$F_i = F_{oi} + X_i \cdot F_{xi}$$

Die Wichtungsfaktoren X_i werden üblicherweise als statisch Unbestimmte bezeichnet. Bei einer Matrizenformulierung des Kraftgrößenverfahrens ergeben sich die Schnittkräfte zu

$$\underline{F} = \underline{B}_o \, \underline{P} + \underline{B}_x \, \underline{X}, \tag{2.43}$$

mit $\underline{B}_o$:   Einheitsspannungszustände am statisch bestimmten Hauptsystem,

$\underline{B}_x$:   Eigenspannungszustände,

$\underline{X}$:   statisch Unbestimmte.

Die statisch Unbestimmten werden aus den Verträglichkeitsbedingungen berechnet :

$$\underline{X} = (\underline{B}_x^T \, \underline{f} \, \underline{B}_x)^{-1} \cdot \underline{B}_x^T \, \underline{f} \, \underline{B}_0 \, \underline{P} \tag{2.44}$$

mit $\underline{f}$: Flexibilitätsmatrix.

Nach Zusammenfassung von Gleichung (2.44) und (2.45) ergibt sich für die Schnittkräfte F_i eine lineare Abhängigkeit von den Lasten P_k in der Form

$$\underline{F} = (\underline{B}_0 + \underline{B}_x \, (\underline{B}_x^T \, \underline{f} \, \underline{B}_x)^{-1} \cdot \underline{B}_x^T \, \underline{f} \, \underline{B}_0 \,) \, \underline{P},$$

oder in Komponentenschreibweise

$$F_i = \sum_{k=1}^{n} (n_{ik}^*) \, P_k \, , \tag{2.45}$$

wobei in die Berechnung der Größen n_{ik}^* gegenüber den Größen n_{ik} aus Gl.(2.42) nunmehr auch die Steifigkeitswerte eingehen.

Die Berechnung nach dem Weggrößenverfahren führt auf eine lineare Transformation der Lasten in die Knotenverschiebungen :

$$\underline{K} \, \underline{u} = \underline{P} \tag{2.46}$$

mit $\underline{K}$: Steifigkeitsmatrix

$\underline{u}$: Vektor der Knotenverschiebungen.

Die Auflösung dieses Gleichungssystems ergibt die Knotenverschiebungen

$$\underline{u} = \underline{K}^{-1} \underline{P} \, , \tag{2.47}$$

aus denen sich die Schnittkräfte mit

$$\underline{F} = \underline{N}^* \underline{u} \quad \text{bzw} \quad \underline{F} = \underline{N}^* \, \underline{K}^{-1} \underline{P} \tag{2.48}$$

als linear abhängig von den Lasten $\underline{P}$ darstellen lassen. Die Matrix $\underline{N}^*$ enthält hierbei die Zuordnung zu den Elementen sowie die Elementsteifigkeitsbeziehungen.

Die Elemente der Koeffizientenmatrix werden dabei, wie bei der Berechnung der statisch unbestimmten Systeme, nach dem Kraftgrößenverfahren aus den geometrischen Daten und den Materialeigenschaften der Konstruktion ermittelt. In einer ingenieurmäßigen Näherung können diese Größen als konstant angenommen werden.

Es kann also auch für statisch unbestimmte Tragwerke von einer linearen Transformation der unabhängigen stochastischen Variablen in die verallgemeinerte Beanspruchung S und die verallgemeinerte Banspruchbarkeit R ausgegangen werden. In besonderen Fällen sind genauere Betrachtungen sinnvoll ([2.16], [2.21]).

2.2.4 Fließbedingungen

Bei mehrachsigen Spannungszuständen läßt sich das Versagen oder Nichtversagen nur beurteilen, wenn das Zusammenwirken aller Spannungskomponenten erfaßt wird. In Abhängigkeit von den speziellen Materialeigenschaften sind Fließbedingungen formuliert worden, die die lokalen Grenzen der Tragfähigkeit definieren. Die bekanntesten Fließbedingungen sind die von von Mises und die von Tresca für homogenes Material, Mohr-Coulomb für Boden (vgl. [2.22], [2.23], [2.24]).

In der Fließbedingung von von Mises (auch Huber/Mises/ Hencky genannt) für homogenen und isotropen Werkstoff wird aus den Spannungskomponenten eine Vergleichsspannung als Funktion der zweiten Invarianten des Spannungsdeviators I2' errechnet ([2.22], S.203)

$$\sigma_v^2 = 3 \cdot I2'$$

$$\sigma_v^2 = \frac{1}{2}\left[(\sigma_{11}-\sigma_{22})^2 + (\sigma_{22}-\sigma_{33})^2 + (\sigma_{33}-\sigma_{11})^2\right] + 3(\sigma_{12}^2 + \sigma_{23}^2 + \sigma_{31}^2) \qquad (2.49)$$

mit $\sigma_{11}, \sigma_{22}, \sigma_{33}, \sigma_{12}, \sigma_{23}, \sigma_{31}$ als Komponenten des Spannungstensors.

Die Festigkeit des Materials gilt als nicht überschritten, wenn diese Vergleichsspannung kleiner ist als die im einachsigen Zugversuch ermittelte aufnehmbare Spannung

$$\sigma_F^2 - \sigma_v^2 \geq 0. \tag{2.50}$$

Mit Bezug auf die Sicherheitsungleichung (2.33) ergibt sich für dieses Kriterium folgende Zuordnung :

Beanspruchung   : $S = \sigma_v^2$

Beanspruchbarkeit : $R = \sigma_F^2$.

Im einachsigen Fall (nur Normalspannung σ_{11} und Schubspannung σ_{12}) wird durch die Fließbedingung (2.50) eine Ellipse als zulässiger Bereich definiert (siehe Bild 2.7).

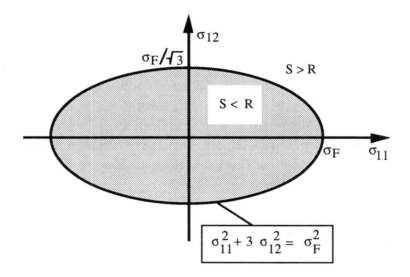

Bild 2.7: Fließbedingung nach von Mises für einachsigen Spannungszustand

Bei deterministischer Betrachtung ist ein Spannungszustand sicher, der im Innern der Fließbedingung (Ellipse) liegt. Bei stochastischer Fließspannung und Beanspruchung wird die Wahrscheinlichkeit, daß der durch die Belastung verursachte Spannungszustand im Innern der Fließbedingung liegt, berechnet.

Für die Berechnung der Wahrscheinlichkeit, daß die Spannungen im zulässigen Bereich sind, müssen die Verteilungsfunktionen von R und S bekannt sein. Aus dem Ausdruck für die Vergleichsspannung und mit Berücksichtigung der funktionalen Abhängigkeit der Spannungen von den Lasten läßt sich erkennen, daß die Bestimmung der Verteilungsfunktion für S nur in wenigen Sonderfällen geschlossen möglich sein wird.

Während bei Anwendung der von Misesschen Fließbedingung Beanspruchung und Beanspruchbarkeit so zugeordnet werden können, daß die Sicherheitsbedingung auch in der Form (2.33) geschrieben werden kann, ist dies bei der Verwendung der Mohr-Coulombschen Fließbedingung (siehe z.B.[2.25]) nicht möglich.

Mit der maximalen und der minimalen Hauptspannung σ_I und σ_{III} lautet diese

$$f(\sigma) = \frac{(\sigma_I - \sigma_{III})}{2} - \frac{c \cot \rho + (\sigma_I + \sigma_{III})}{2} \sin \rho < 0 \qquad (2.51)$$

mit ρ : Winkel der inneren Reibung,

$\quad$ c : Kohäsion.

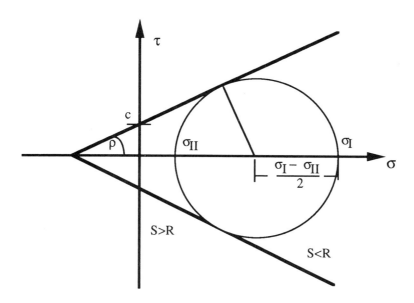

Bild 2.8: Fließbedingung nach Mohr-Coulomb

In dieser Form ist das Kriterium für das Nichtüberschreiten der Festigkeit als implizite Funktion gegeben. Der zulässige Bereich für eine sichere Spannungsverteilung ist abhängig von der Größe der Spannungen selbst (siehe Bild 2.8).

Wird auch für Probleme des Grundbruchs, bzw. der Böschungsrutschung angenommen, daß geometrische Größen, Abmessungen konstant sind, so ist in der Fließbedingung eine Verknüpfung der stochastischen Variablen *Last* mit den stochastischen festigkeitsbestimmenden Größen ρ und c gegeben.

2.2.5 Schnittkraftinteraktionen

Die Formulierung eines Versagenskriteriums über Spannungen in Tragwerkspunkten kann eine Lastumverteilung bei Erreichen der Beanspruchungsgrenze nicht erfassen. Als Beispiel sei angeführt, daß die Tragfähigkeit von Stahlbetontragwerken nach dem Auftreten eines Risses nicht erschöpft ist, sondern die Zugspannungen durch die Bewehrung aufgenommen werden. Ebenso können auch Stahlträger nach Erreichen der Fließgrenze am Rande durch Spannungserhöhung im inneren elastischen Bereich noch höher belastet werden (Bild 2.9).

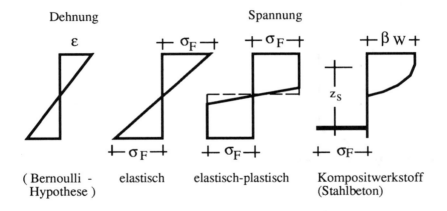

Bild 2.9: Elastische und nichtelastische Spannungsverteilung im Querschnitt

Die aufnehmbaren Biegemomente ergeben sich für die verschiedenen Werkstoffeigenschaften zu

$$M_{elastisch} = \sigma_F \, W, \tag{2.52}$$

$$M_{duktil} = M_{pl} = \sigma_F \, W_{pl} \, . \tag{2.53}$$

Hierbei ist W_{pl} das plastische Widerstandsmoment, das größer ist als das elastische W.

Für Stahlbeton ergibt sich das Bruchmoment im Zustand II zu

$$M_U = \sigma_F \, A_S \, z_S, \tag{2.54}$$

mit A_S : Querschnittsfläche der Biegebewehrung,

z_S : Hebelarm der inneren Kräfte.

Diese Tragfähigkeitsreserve gegenüber einem rein elastischen Bruchmoment ($\sigma_{FZug} = 0$!) kann erst durch die Formulierung eines Versagenskriteriums in Abhängigkeit von den Schnittgrößen erfaßt werden.

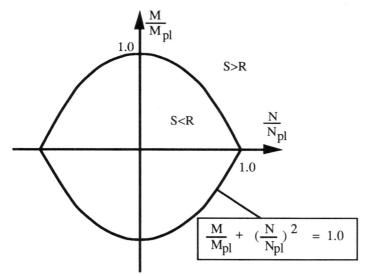

$$\frac{M}{M_{pl}} + \left(\frac{N}{N_{pl}}\right)^2 = 1.0$$

$M_{pl} = \sigma_F \, W_{pl}$ und $N_{pl} = \sigma_F \, A$: aufnehmbare Schnittkräfte bei alleiniger Biegemomenten- oder Normalkraftbeanspruchung

Bild 2.10: Interaktionsdiagramm für Rechteckquerschnitt
mit ideal elastisch-plastischem Werkstoff

Sind die vorhandenen Schnittgrößen kleiner als die aufnehmbaren Schnittgrößen und mit den äußeren Lasten im Gleichgewicht, so ist dieser Zustand im Sinne der Ungleichung R>S als sicher zu bezeichnen. Die Größe der aufnehmbaren Schnittgrößen ist durch die Fließgrenze oder auch bei sprödem Material durch eine Bruchgrenze (aufnehmbare Spannung) und die Querschnittsform vorgegeben.

Während sich bei elastischem Werkstoff eine eindeutige Beziehung zwischen den angreifenden und den aufnehmbaren Schnittgrößen auf Grund der Dehnungs- und Spannungsverteilung ergibt, wird bei nichtelastischen Werkstoffen aus möglichen kinematisch zulässigen
Dehnungs- und statisch zulässigen Spannungsverteilungen eine jeweils zulässige Schnittgrößenkombination bestimmt (vgl. Bild 2.9). Diese Schnittgrößenkombination kann für den
homogenen Werkstoff Stahl bei einfachen Querschnittsformen analytisch angegeben werden (Bild 2.10, siehe [2.29]).

Bei komplizierten Querschnittsformen und für Kompositbaustoffe wie Stahlbeton ist eine
zulässige Schnittgrößenkombination jedoch nur punktweise für bestimmte gegebene Dehnungszustände bestimmbar (Bild 2.11, vgl.[2.27], [2.28], [2.29]).

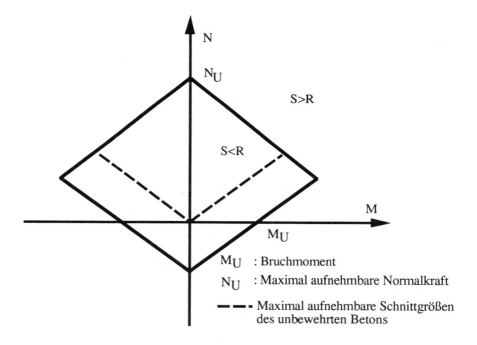

Bild 2.11: Schnittkraftinteraktion für Stahlbetonquerschnitt - qualitativ

Bei der Anwendung des Traglastverfahrens im Stahlbau wird davon ausgegangen, daß das
duktile Material nach Erreichen der Fließgrenze weiteren Dehnungen keinen Widerstand ent-
gegensetzt und daß die Dehnungen beliebig groß werden können, ohne daß ein Bruch eintritt. Die Dehnungen können zwar nicht beliebig groß werden, aber es kann durch die Bemessung (vor allem die Wahl der Querschnittsform) gewährleistet werden, daß die Dehnungen für übliche Tragwerke im Bereich duktilen Verhaltens bleiben.

Für die Ermittlung einer aufnehmbaren Schnittgrößenkombination ist somit allein die Spannungsverteilung maßgebend, bei der in jedem Punkt eines Querschnitts die Fließbedingungen eingehalten sind.

Für den Rechteckquerschnitt unter Biegemoment M, Normalkraft N und Querkraft Q ergibt sich so die Bedingung (siehe Bild 2.10, vgl. [2.22])

$$\frac{M}{M_{pl}} + \left(\frac{N}{N_{pl}}\right)^2 + 3 \cdot \left(\frac{Q}{Q_{pl}}\right)^2 < 1 \tag{2.55}$$

(Die mit "pl" indizierten Größen sind die aufnehmbaren Schnittgrößen bei alleinigem Kraftangriff)

Für die praktische Berechnung mit stahlbauüblichen Querschnitten kann eine linearisierte Bedingung verwendet werden ([2.29]), da die aktuellen Querschnittsabmessungen (Flanschdicke, Stegdicke, Ausrundungsradien) für jedes Profil eine andere Formel ergeben würden.

Durch die Näherung ergeben sich zwar einfachere Ausdrücke, die auch in Berechnungen mit statistischen Größen verwendet werden können (Transformation von Verteilungsfunktionen), anstelle der Sicherheitsbedingung R > S (Gl.(2.55)) treten nun aber 10 Sicherheitsbedingungen. Versagen ist gegeben, wenn irgendeine dieser 10 Bedingungen verletzt ist. Bei der Berechnung der Versagenswahrscheinlichkeit muß also vom Durchschnitt (siehe Anhang A2) ausgegangen werden.

In Bild 2.12 ist die Linearisierung der genauen Lösung (Rechteckquerschnitt) für einen Querschnitt mit geringem Querkraftangriff (Q< 1/3 Q$_{pl}$) gegenübergestellt. Übliche I-Profile liegen zwischen den beiden angegebenen Linien.

Bei der Berechnung der Versagenswahrscheinlichkeit (vgl. Abschnitt 2.1) führt diese Linearisierung dadurch zu Schwierigkeiten, daß die Differenz zwischen der genauen Lösung und der Näherung vom aktuellen Spannungszustand abhängt. Somit ist durch die Linearisierung, die eigentlich lediglich eine Rechenhilfe darstellt, schon eine unterschiedliche Sicherheit vorgegeben (siehe Bild 2.12). Dies muß vor allem bei der Bestimmung kleiner Wahrscheinlichkeitswerte berücksichtigt werden.

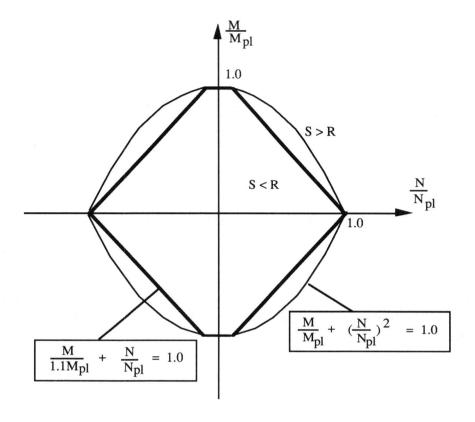

Bild 2.12: Lineare Näherung der Schnittkraftinteraktion für I-Träger

Für Platten aus homogenem duktilen Material läßt sich auch eine Interaktion der zulässigen Schnittgrößen ableiten ([2.30])

$$m_x^2 - m_x \cdot m_y + m_y^2 + 3 \cdot m_{xy}^2 \leq 1 , \tag{2.56}$$

m_x, m_y, m_{xy} :   Plattenschnittkräfte(Kirchhoff), bezogen auf die jeweils
                      maximalen einachsigen Schnittgrößen $M_{xpl}, M_{ypl}, M_{xypl}$

$$m_x = \frac{M_x}{M_{xpl}} \qquad \text{usw.}$$

Neben der Anwendung auf Stahlplatten kann eine solche Bedingung auch beim Nachweis von Stahlbetonplatten nach dem Bruchlinienverfahren Verwendung finden, da angenommen werden kann, daß sich das Material außerhalb der gerissenen Zone elastisch verhält (vgl. [2.30]).

Die Berechnung der Versagenswahrscheinlichkeit, also der Wahrscheinlichkeit, daß die Plattenschnittkräfte die Bedingung (2.56) (bzw. die Balkenschnittkräfte die Bedingung (2.55)) verletzen, ist nicht analytisch möglich, da die stochastischen Variablen jeweils im Nenner stehen.

Können die aufnehmbaren Plattenschnittgrößen M_{xpl}, M_{ypl}, und M_{xypl} auf konstante Querschnittswerte bezogen werden, so gelingt wiederum eine explizite Darstellung der Form $R > S$:

Mit $\qquad M_{xpl} = W_{xpl} \cdot \sigma_{zul}$ etc. und $m_{qx} = \dfrac{M_x}{W_{xpl}}$

ergibt sich $\qquad m_{qx}^2 - m_{qx} \cdot m_{qy} + m_{qy}^2 + 3\, m_{qxy}^2 \leq \sigma_{zul}^2$. $\qquad\qquad$ (2.57)

Die linke Seite von Gl.(2.57) steht dann für die verallgemeinerte Beanspruchung S, die rechte Seite für die verallgemeinerte Beanspruchbarkeit R. Eine entsprechende Näherungsform läßt sich auch für die Balkenschnittkräfte (Gl.(2.55)) ableiten.

Während es im Stahlbau die Möglichkeit gibt, eine Bemessung elastisch mit zulässigen Spannungen oder mit Interaktionsdiagrammen vorzunehmen, ist es für Stabtragwerke aus Stahlbeton immer erforderlich, die aufnehmbaren Schnittgrößen unter Berücksichtigung der gerissenen Zugzone zu bestimmen. Damit ist die Bemessung ohne Interaktionsdiagramme oder entsprechende Beziehungen zwischen den angreifenden und den aufnehmbaren Schnittkräften (k_h-Verfahren) nicht möglich.

Zudem kann üblicherweise nicht davon ausgegangen werden, daß die Dehnungen unbegrenzt anwachsen können. Es werden bei der Bemessung mögliche zulässige Dehnungszustände zugrunde gelegt, zu denen sich bei entsprechender Bewehrung eine aufnehmbare Schnittkraftkombination des gerissenen Querschnitts ergibt (vgl.[2.28]).

Da der Beton auf Zug nicht mitträgt, führen Druckkräfte bei bestimmten Schnittkraftkombinationen zu einer Erhöhung der aufnehmbaren Biegemomente (siehe auch Bild 2.11). Eine Überprüfung der Sicherheitsbedingung R>S und Berechnung der Versagenswahrscheinlichkeit P(R≤S) ist somit nur anhand implizit vorgegebener Zusammenhänge möglich (siehe [2.17]).

Für Probleme der Bodenmechanik führt eine Überprüfung der Sicherheitsbedingung ebenfalls zu impliziten Verknüpfungen von Lasten und Festigkeiten ([2.31]). Für das Problem der Böschungsrutschung ergibt sich aus dem Gleichgewicht der Momente M_r (haltendes Moment = Beanspruchbarkeit) und M_{ab} (angreifendes Moment = Beanspruchung) folgende Beziehung:

$$g = M_r - M_{ab}$$

$$= r_0 \sum \frac{(c_k + \tan \varphi_k) \cdot (\gamma_k \cdot h_k - v_k)}{(\cos \alpha_k + \sin \alpha_k \cdot \tan \varphi_k)} - r_0 \sum (b_k \, h_k \, \gamma_k \sin \alpha_k) \qquad (2.58)$$

mit r_0 = Radius des Bruchkreises,
      c_k = Kohäsion,
      φ_k = Reibungswinkel,
      γ_k = Wichte,
      v_k = Porenwasserdruck,
      h_k = repräsentative Höhe,
      b_k = Breite,
      α_k = Neigung der Lamellenunterseite.

Der Index "k" bezieht sich auf die k-te Lamelle.
Die Summation $\sum$ erstreckt sich über alle Lamellen.

Für einen gewählten Radius sind die Größen h_k, b_k und α_k als konstant anzusehen. Die Größen c_k, φ_k, γ_k, und v_k, die das Bodenverhalten beschreiben, sind stochastische Variablen und müssen über Verteilungs- bzw. Dichtefunktionen beschrieben werden. Als besondere Schwierigkeit muß bei Problemen der Bodenmechanik noch die räumliche Korrelation zwischen den Basisvariablen beachtet werden (vgl.[2.31]).

2.3   Kontrollpunkte und Tragwerksversagen

Durch die Formulierung der Sicherheitsbedingung f(R,S)>0 kann das Versagen oder Nicht-versagen eines Konstruktionspunktes beurteilt werden. Die Berücksichtigung des stochasti-schen Charakters der Basisvariablen führt konsequent zur Berechnung einer Wahrschein-lichkeit des Versagens für diesen Punkt. Mit Bezug darauf, daß dieser Punkt nur einer von unendlich vielen Punkten des Tragwerks ist, für den eine endliche Wahrscheinlichkeit des Versagens errechnet werden kann, stellt sich die Frage, welcher Zusammenhang zwischen dem Versagen in diesem Punkt und dem Versagen des Tragwerks besteht.

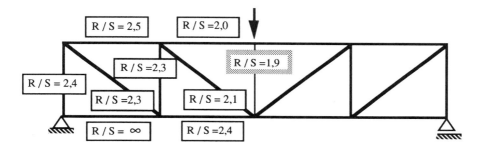

Bild 2.13: Das "schwächste" Glied - deterministisch

Als ein einfaches Tragwerk wird eine Kette mit "n" Gliedern betrachtet (oder vergleichs-weise ein statisch bestimmtes Fachwerk mit "n" Stäben - Bild 2.13). Die Kette steht unter einer gewissen Belastung mit Beanspruchung "S_i" im Glied "i". Für jedes einzelne Ketten-glied "i" kann eine Beanspruchbarkeit "R_i" angegeben werden. Die Kette versagt, wenn in irgendeinem Glied die Beanspruchbarkeit durch die Beanspruchung überschritten wird. Die Kette versagt, wenn das Ereignis eintritt, daß Kettenglied "i" oder Kettenglied "i-1" oder Kettenglied "i+1" versagt. Dieses Ereignis des Versagens irgendeines Kettengliedes ergibt sich somit als die "oder"-Verknüpfung (Vereinigung) der Einzelereignisse (siehe Anhang A2).

Für zwei Ereignisse mit den Auftretenswahrscheinlichkeiten p_{f1} und p_{f2} gilt als Wahrschein-lichkeit für das Auftreten des einen oder des anderen Ereignisses

$$p_f = p_{f1} + p_{f2} - p_{f1} \cdot p_{f2} \cdot$$

Da diese Formel für viele Einzelereignisse unhandlich wird, wird von der Wahrschein-lichkeit $p_{\ddot{u}i}$ ausgegangen, daß Versagen nicht eintritt (Überleben) :

$$p_{\ddot{u}i} = 1 - p_{fi} \, . \tag{2.59}$$

Ein Nichtversagen der Kette ist dann gegeben, wenn alle Kettenglieder überleben. Das Ereignis, daß alle Glieder überleben, ist durch die "und"-Verknüpfung (Durchschnitt) gegeben. Für stochastisch unabhängige Einzelversagenswahrscheinlichkeiten ergibt sich die Wahrscheinlichkeit für den Durchschnitt aus dem Produkt der Einzelversagenswahrscheinlichkeiten

$$p_{\ddot{u}} = \cup_i (1 - p_{fi}) \, . \tag{2.60}$$

Aus der Überlebenswahrscheinlichkeit der Konstruktion $p_{\ddot{u}}$ ergibt sich die Versagenswahrscheinlichkeit zu

$$p_f = 1 - p_{\ddot{u}} \tag{2.61}$$

$$p_f = 1 - \cup_i (1 - p_{fi}) \, . \tag{2.62}$$

Das Modell beschreibt also das Versagen der Kette über das Versagen des schwächsten Gliedes ("weakest link").

In der deterministischen Bemessungspraxis ist es üblich, die Einhaltung der Spannungsnachweise nur in wenigen für kritisch erkannten Punkten zu überprüfen. Diese Punkte ergeben sich üblicherweise als die Punkte mit der Maximalbeanspruchung (Bild 2.14). Es ist nicht erforderlich, an Punkten mit geringerer Beanspruchung die Einhaltung der zulässigen Spannungen nachzuweisen, wenn der Spannungsverlauf eindeutig vorgegeben ist und die Beanspruchbarkeit in den anderen Punkten nicht kleiner ist als im Nachweispunkt.

Die Berücksichtigung des stochastischen Charakters der Basisvariablen ergibt für den Nachweispunkt eine bestimmte Wahrscheinlichkeit, daß die zulässige Spannung eingehalten ist, bzw. überschritten wird. Das Versagen des Tragwerks folgt dann, wenn in irgendeinem Nachweispunkt der Nachweis nicht erbracht werden kann. Die Versagenswahrscheinlichkeit des Tragwerks ergibt sich aus der "oder"-Verknüpfung der Versagenswahrscheinlichkeiten der Nachweispunkte und ist somit vergleichbar dem Versagensmodell einer Kette.

Gegenüber der deterministischen Betrachtungsweise ist bei probabilistischem Vorgehen davon auszugehen, daß eine Verletzung der Sicherheitsbedingung ([2.32] oder [2.33]) prinzipiell in jedem Punkt des Tragwerks möglich ist. Beanspruchung und Beanspruchbarkeit sind als stochastische Größen durch ihre Verteilungsfunktionen beschrieben und können innerhalb gewisser Grenzen (eine Querschnittsfläche kann nicht negativ werden) jeden reellen und physikalisch sinnvollen Wert annehmen.

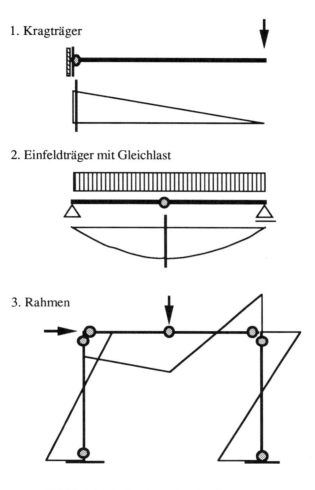

1. Kragträger

2. Einfeldträger mit Gleichlast

3. Rahmen

Bild 2.14: Nachweispunkte für Spannungen

In einem Modell, das das Tragwerksversagen für gegeben ansieht, wenn in irgendeinem Punkt des Tragwerks Versagen eintritt, müssen somit unendlich viele Versagenswahrscheinlichkeiten miteinander verknüpft werden. Diese theoretische Problemstellung ist allerdings in praktischen Fällen nicht lösbar, so daß auch bei einer probabilistischen Beschreibung der Tragwerkssicherheit von einer endlichen Anzahl von Nachweispunkten ausgegangen wird. Dies sind üblicherweise die Punkte mit den deterministischen Maximalbeanspruchungen (Bild 2.15).

1. Einfeldträger mit Einzellast

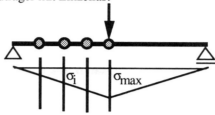

2. Einfeldträger mit Gleichlast

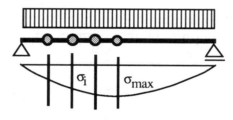

deterministisch : $\sigma_i < \sigma_{max} < \sigma_{zul}$

stochastisch   : $p_{fi} = P(\sigma_i > \sigma_{zul}) < p_{fmax} = P(\sigma_{max} > \sigma_{zul})$

Bild 2.15: Nachweispunkte - Versagenswahrscheinlichkeit

Die Reduktion der Überprüfung unendlich vieler Sicherheitsungleichungen und Bestimmung der zugehörigen Versagenswahrscheinlichkeit ist gleichbedeutend mit der Annahme,
daß die stochastischen Festigkeiten (bzw. auch die anderen stochastischen Parameter) in
einem Bauelement vollkorreliert sind. Dadurch ist ein Versagen an einem anderen Punkt als
an dem mit der deterministischen Maximalbeanspruchung ausgeschlossen.

Diese Reduktion auf endlich viele Nachweispunkte ermöglicht auch einen einfachen An-
schluß an Berechnung mit Elementverfahren (siehe Bild 2.16). Die Spannungsverteilung in
Stabwerks- und auch Flächenelementen ist durch die Spannungs-, bzw. Verschiebungs-
ansätze vorgegeben. Bei linearer Spannungsverteilung von Balkenelementen sind als Punkte
maximaler Beanspruchung die Elementknotenpunkte von vornherein festgelegt. Bei Flächenelementen wird die Spannung je nach Ansatzfunktion im Elementinnern oder/und in
Integrationspunkten angegeben. Diese Punkte sind dann als Kontrollpunkte für die Berechnung der Versagenswahrscheinlichkeit vorgesehen.

a) Biegesteifes Stabelement ohne Querlast

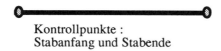

Kontrollpunkte :
Stabanfang und Stabende

b) Dreieckselement :
Konstante Dehnungen, konstante Spannungen

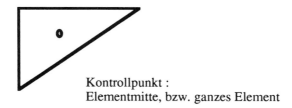

Kontrollpunkt :
Elementmitte, bzw. ganzes Element

c) Höhere Elemente (Platte, Schale)

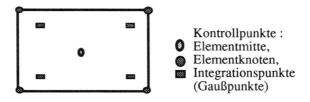

Kontrollpunkte :
Elementmitte,
Elementknoten,
Integrationspunkte
(Gaußpunkte)

Bild 2.16: Nachweispunkte bei Berechnung mit Elementverfahren

Selbst diese Reduktion auf endlich viele Nachweispunkte kann bei größeren Tragwerken noch zu einem sehr hohen Rechenaufwand führen. Es wird deswegen oftmals durch eine Sortierung der Einzelversagenswahrscheinlichkeiten in den Nachweispunkten eine weitere Reduktion durchgeführt, so daß lediglich die Nachweispunkte mit den größten Versagenswahrscheinlichkeiten bei der Berechnung der Tragwerksversagenswahrscheinlichkeit nach (2.43) berücksichtigt werden.

Die Reduktion auf eine geringere Anzahl von Nachweispunkten ergibt eine zu kleine Versagenswahrscheinlichkeit. Für die Abschätzung des Fehlers sowie zur Angabe oberer und unterer Schranken werden mehrere Verfahren vorgeschlagen (vgl.[2.32] und [2.33]).
Der statistische Nachweis, daß die Annahme der Korrelation von Festigkeiten gerechtfertigt ist und die Reduktion auf endlich viele Nachweispunkte zulässig ist, gelingt zwar für Bau-

teile des Konstruktiven Ingenieurbaus. Im Grundbau bedeutet die Annahme der Korrelation aber in der Regel eine sehr grobe Näherung.

Für einige Problemstellungen des Grundbaus wurden deswegen andere Lösungen vorgeschlagen (z.B. [2.34], [2.35]). Die probabilistische Berechnung von Grundbauproblemen bereitet oftmals auch dadurch Schwierigkeiten, daß die Belastung (Bodengewicht) von der Beanspruchbarkeit (Kohäsion, Reibungswinkel) nicht unabhängig ist.

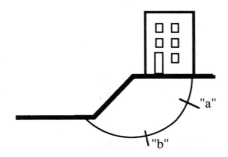

Bild 2.17: Grundbruch

Bei der Formulierung des Problems des Grundbruchs (Bild 2.17) ist zu beachten, daß auch bei deutlich niedrigerem Spannungsniveau im Punkt "a" die Versagenswahrscheinlichkeit p_{fa} aufgrund der geringeren Druckspannungen nicht kleiner sein muß als die Versagenswahrscheinlichkeit p_{fb} im Punkt "b".

Um die Reduktion auf eine begrenzte Anzahl von Kontrollpunkten zu rechtfertigen, muß für den betreffenden Boden nachgewiesen sein, daß die Festigkeit in "b" gleich ist der Festigkeit im Punkt "a". Weiterhin muß bei der Überprüfung der Sicherheitsbedingung (vgl. Abschnitt 2.1) und Berechnung der Versagenswahrscheinlichkeit berücksichtigt werden, daß die Druckspannung (aus Eigengewicht) einen wesentlichen Einfluß auf die Höhe der Vergleichsspannung und damit auf die Einhaltung der Sicherheitsgrenzen hat.

Wird die Bestimmung des Tragwerksversagens vom mechanischen Standpunkt aus betrachtet, so ist als statisches Kriterium für das Tragwerksversagen anzusehen, daß die Gleichgewichtsbedingungen nicht erfüllt werden können. Die Kontrolle der Spannungen oder Schnittkräfte in den Nachweispunkten gewährleistet gerade dies, nämlich, daß Gleichgewicht zwischen aufnehmbaren und vorhandenen inneren Kräften besteht.

Versagen eines Tragwerks bedeutet auch, daß bei einer Festigkeitsüberschreitung ein kinematisch zulässiger Mechanismus möglich sein muß (Bild 2.18). Ist kein Mechanismus
möglich, kann nicht von Versagen gesprochen werden.

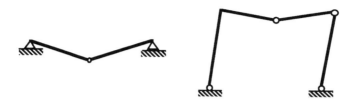

Bild 2.18: Mechanismus

Statisch bestimmte Tragwerke gehen in einen Mechanismus über, wenn an einer einzigen
Stelle die Festigkeitsgrenze überschritten ist. Ein Einfeldträger unter Einzellast wird sich bei
Überlastung solange plastisch durchbiegen, bis er auf dem Boden aufschlägt.

Bei anderen statisch bestimmten Tragwerken mit vielen Elementen, z.B. Fachwerkträgern
ist ein Versagen nicht so klar als kinematischer Mechanismus zu beobachten, da sie nur in
der mechanischen Idealisierung für die Berechnung statisch bestimmt sind. Tatsächlich
können aber in den Verbindungselementen Kraftübertragungen stattfinden, die das offen-
sichtliche Einstürzen verhindern. Der Versagenszustand ist bei diesen Systemen gleichbedeutend mit dem Erreichen nicht tolerierbarer großer Verschiebungen.

Bei statisch unbestimmten Tragwerken ergibt sich ein kinematisch zulässiger Mechanismus
erst, wenn die Anzahl der Festigkeitsüberschreitungen die Anzahl der statisch Unbestimmten übersteigt. Hierbei muß allerdings berücksichtigt werden, daß lokale Mechanismen
gebildet werden können. Ein mehrstöckiger Rahmen ist als Tragwerk vielfach statisch
unbestimmt. Die jeweiligen eingespannten Balken sind als Tragsysteme für sich für Quer-
belastung immer nur zweifach statisch unbestimmt (Bild 2.19).

Auch Durchlaufträger über mehrere Felder haben eine höhere statische Unbestimmtheit. Als
Versagenskriterium wird lediglich der Einsturz eines einzelnen Feldes angesehen, somit
gleichzeitiges Versagen in drei benachbarten Kontrollpunkten eines Feldes (Bild 2.19).

Bei statisch unbestimmten Tragwerken aus verformungsfähigem duktilen Material kann
nach dem Erreichen einer Festigkeitsgrenze eine kontinuierliche Lastumlagerung auf noch

nicht ausgenutzte Elemente stattfinden. Es sind weitere Lasterhöhungen möglich, bis ein Mechanismus entsteht (siehe Abschnitt 4.2).

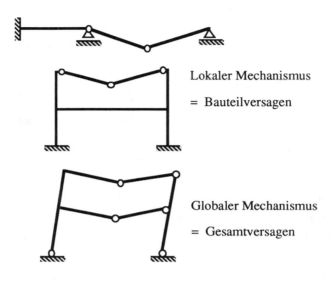

Lokaler Mechanismus

= Bauteilversagen

Globaler Mechanismus

= Gesamtversagen

Bild 2.19: Lokaler und Globaler Mechanismus

Bild 2.20: Statisch unbestimmtes Tragwerk mit unklarer Standsicherheit
(Bild : K.P.Holer, München)

Reale Tragwerke haben in der Regel so große Reserven, daß die vollständigen Mechanismen nicht ausgebildet werden. Auch bei extremer Belastung (Erdbeben Mexiko, siehe Bild 2.20 und 2.21) bleiben die Tragwerke nach Lastumlagerungen in verschobener Stellung stehen. Bei Rettungs- und Aufräumungsarbeiten ergibt sich die zusätzliche Schwierigkeit, daß die Standsicherheit der zerstörten Gebäude beurteilt werden muß.

Bild 2.21: Statisch unbestimmtes Tragwerk nach extremer Belastung
(Bild : W.Frenzel, Allianz-München)

Bei statisch unbestimmten Tragwerken aus sprödem Material, welches also nach dem Erreichen der Festigkeitsgrenze reißt, so daß in diesem Punkt ein plötzliches Versagen eintritt, bedeutet dieser plötzliche Bruch eine dynamische Zusatzbelastung auf andere, nicht ausgenutzte Elemente. Diese Zusatzbeanspruchung führt zum Versagen der benachbarten Elemente und des gesamten Tragwerks.

Da baustatische Berechnungen immer von idealisierten und nicht von realen Systemen ausgehen, wird in Sicherheitsbetrachtungen nur zwischen den zwei Kategorien unterschieden:

- Kettenmodell: Bei statisch bestimmten Tragwerken und Tragwerken aus sprödem Material ist keine Lastumlagerung möglich. Versagen tritt ein, wenn in irgendeinem Punkt des Tragwerks die Festigkeitsgrenze überschritten ist.

- Traglastmodell: Bei statisch unbestimmten Tragwerken aus duktilem Material müssen die Festigkeitsüberschreitungen einen kinematisch zulässigen Mechanismus ermöglichen.

Da das Kettenmodell die Lastumlagerungen nicht berücksichtigt, ergibt sich eine geringere Sicherheit für statisch unbestimmte Tragwerke aus duktilem Material und somit eine untere Schranke. Es wird deswegen auch häufig näherungsweise für Tragwerke angewendet, bei denen der Nachweis der Lastumlagerung durch nichtlineare Berechnung zu aufwendig ist. Die Näherung liegt auf der sicheren Seite (siehe Abschnitt 4.2).

2.4   Grenzzustände bei dynamischer Belastung

Wird die Zeitabhängigkeit der Belastung bei der Spannungsermittlung berücksichtigt, so ist nicht nur das Erreichen der Festigkeitsgrenze des Materials anhand der in Abschnitt 2.2 erläuterten Grenzzustandsbedingungen zu überprüfen, sondern auch die Dauer der Einwirkung zu beachten.

Elastizitätsmodul und Festigkeitsgrenze der Werkstoffe nehmen bei dynamischer Beanspruchung gegenüber den Werten bei statischer Beanspruchung mehr oder weniger stark zu. Da diese Zunahme aber von der aktuellen individuellen Belastungsgeschichte abhängt, also vor allem von der Dehnungsgeschwindigkeit, ist eine Standardangabe im Sinne *"dynamischer E-Modul"* oder *"dynamische Festigkeit"* nicht möglich.

Während bei sprödem Materialverhalten das Erreichen des Grenzzustandes dem Versagen gleichzusetzen ist, wird bei duktilem Materialverhalten eine bleibende Verformung verursacht. Die Größe dieser bleibenden Verformung richtet sich nach der Dauer der Belastung, bzw. nach der Zeitdauer, in der die Beanspruchung in dem betrachteten Punkt die Grenzzustandsbedingung zu Null erfüllt.

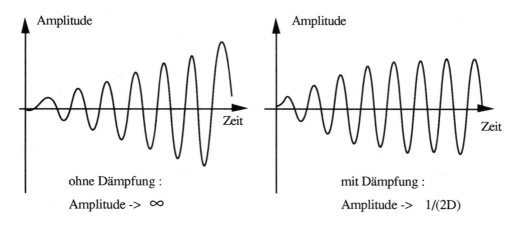

Bild 2.22: Harmonische Belastung im Resonanzbereich

Elastische Tragwerke besitzen charakteristische Eigenfrequenzen, bei denen eine infinitesimal kleine Anregung mit derselben Frequenz zu unendlich großen Verformungen und den zugehörigen Spannungen führt. Dieser "Resonanzfall" ist somit theoretisch dem Versagen gleichzusetzen.

Bei harmonischer Belastung wird daher als Versagenszustand das Verhältnis der Erregerfrequenz zur Eigenfrequenz oder zu den Eigenfrequenzen des Tragwerks überprüft, um Resonanz auszuschließen.

Die Gefahr, die von einer Resonanz ausgeht, zeigt sich bei der Berechnung der Vergrößerungsfunktion (Verhältnis von dynamischer Verformung zu statischer Verformung, vgl. [2.36]):

$$V = \frac{1}{\sqrt{\left(1 - \left(\frac{\Omega}{\omega}\right)^2\right)^2 + 4 \left(\frac{D\Omega}{\omega}\right)^2}} \qquad (2.63)$$

mit Ω: Erregerfrequenz,

       ω: Eigenfrequenz des Tragwerks,

       D: Lehrsches Dämpfungsmaß.

Bei Annäherung der Erregerfrequenz Ω an die Eigenfrequenz des Systems ω (Resonanz, Frequenzverhältnis $\Omega/\omega=1$) wächst der Wert der Vergrößerungsfunktion für ein ungedämpftes System über alle Grenzen. Dieses Anwachsen der Verformungen geschieht jedoch nicht plötzlich, sondern durch ein sukzessives Aufschaukeln (Bild 2.22).

Dauert die harmonische Belastung nur kurze Zeit an, so sind Spannungen und Verformungen begrenzt. Anregung im Resonanzbereich bedeutet somit nicht immer eine Überschreitung von Festigkeitsgrenzen.

In Bild 2.23 ist die Anregung eines schwingungsfähigen Systems durch eine Maschine mit rotierenden Teilen dargestellt. Wie zu erkennen ist, wird durch das Anfahren der Maschine eine Erregung verursacht, bei der die Frequenz, von Null ausgehend, bis zur Arbeitsdrehzahl der Maschine stetig ansteigt. Hierbei wird auch die Eigenfrequenz des schwingungsfähigen Systems durchlaufen, und es kommt zur Anregung im Resonanzbereich.

Die Amplituden durch diese Anregung liegen deutlich über denen der erzwungenen Schwingungen außerhalb des Resonanzbereiches.

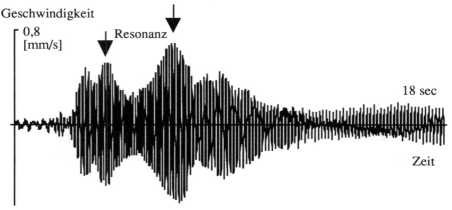

Bild 2.23: Durchfahren des Resonanzbereiches -
Anfahren eines Vibrationsrammgerätes

Bei einem gedämpften System ergibt sich für die Vergrößerungsfunktion (Gl. 2.63) zwar ein endlicher Wert, die Amplituden deuten jedoch trotzdem auf ein Versagen hin.

Für den Resonanzfall ist der Wert der Vergrößerungsfunktion für ein bei Baukonstruktionen übliches Dämpfungsmaß von D=0.02

$$V = \frac{1}{2D} = 25.$$

Da die Dämpfung von einer großen Anzahl von Faktoren abhängt, muß sie als stochastische Größe angesehen werden. Der stochastische Charakter (Verteilungsfunktion, Parameter der Verteilungsfunktion, Variationskoeffizient etc.) ist bislang jedoch wenig bekannt.

Die Bedeutung, die der Dämpfung zukommt, soll durch Zahlenwerte erläutert werden:

Bei einem Variationskoeffizient von V=0.2 für einen Mittelwert des Dämpfungsmaßes D=0.02 liegen 95.45% der Werte zwischen D=0.016 und D=0.024. Für die Vergrößerungsfunktion ergibt sich damit

20.8 < V < 31.25.

Im Resonanzbereich ergibt sich also eine erhebliche Unsicherheit bezüglich der zu erwartenden Amplitude.

Während die Erregerfrequenz in der Regel nicht beeinflußt werden kann, wird durch die Bemessung die Eigenfrequenz des Systems festgelegt. Dadurch kann der Resonanzfall vermieden werden.

DIN 4024, Teil 1 - Maschinenfundamente, elastische Stützkonstruktionen für Maschinen mit rotierenden Massen - empfiehlt, zwischen Erregerfrequenz und Eigenfrequenz einen Abstand einzuhalten:

Hohe Abstimmung: $\omega > 1.25 \cdot \Omega$,

Tiefe Abstimmung: $\omega < 0.8 \cdot \Omega$.

Gegenüber dem Resonanzfall reagiert das abgestimmte System nicht in gleichem Maße empfindlich auf Unsicherheiten im Dämpfungsmaß, wie sich aus einer Auswertung der Vergrößerungsfunktion für ein nach DIN 4024 hoch abgestimmtes System ermitteln läßt:

Für $0.016 < D < 0.024$
ergibt sich $1.7733 > V > 1.7767$.

Bei der Verwendung der Ungleichung der Abstimmung als Sicherheitsbedingung entsprechend R>S in einem probabilistischen Sicherheitssystem ist zu beachten, daß die Wahrscheinlichkeit, daß Resonanz auftritt $P(\Omega=\omega)$, nicht gleichbedeutend sein muß mit der Versagenswahrscheinlichkeit eines dynamischen Systems. Untersuchungen zu diesem Problemkreis sind in [2.37] beschrieben.

Während bei der harmonischen Erregung eine Anregung der Eigenschwingungen durch Abstimmung vermieden werden kann, ist dies bei einer breitbandigen Erregung durch einen stochastischen Prozeß nicht möglich. Die Bewegung des Tragwerks wird wesentlich durch seine Eigenfrequenz bestimmt (Bild 2.24).

Zu dieser Erregungsform gehören die wesentlichen, aus den Umgebungsbedingungen resultierenden dynamischen Belastungsarten, wie Wind, Wellen und Erdbeben.

Im Rahmen der Zufallsschwingungstheorie werden diese regellosen Erregungsformen durch ihre Amplitudenspektren oder spektralen Dichten beschrieben ([2.38], [2.39], [2.40], [2.41]).

Bei regelloser Erregung kommt es immer zu einer Anregung von Eigenschwingungen, und deswegen hat die Dämpfung einen ganz besonderen Einfluß auf die Größe der Amplituden. Da es zur vollständigen Formulierung eines probabilistischen Konzepts aber bislang zu wenige Daten gibt, werden Dämpfungswerte üblicherweise aufgrund eines Expertenkompromisses auf der sicheren Seite liegend angesetzt (siehe [2.42]).

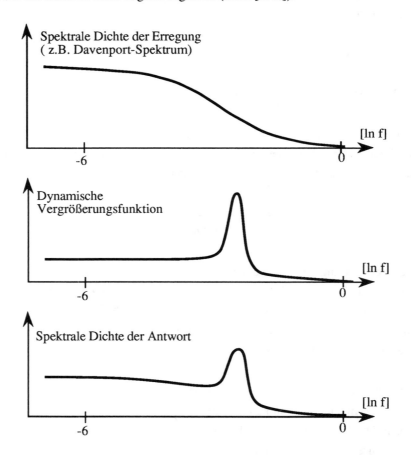

Bild 2.24: Anregung durch den stochastischen Prozeß "Wind" -
Darstellung im Frequenzbereich

Wenn die Tragwerksdämpfung bei extremer dynamischer Anregung nicht ausreicht, um resonanzbedingte Spannungsspitzen zu reduzieren, kann die Wirkung durch verschiedene Maßnahmen reduziert werden:

1. Energiedissipation durch das Tragwerk selbst,
2. Einbau von energieaufnehmenden Bauteilen,
3. Einbau von Schwingungstilgern,
4. aktive Kontrolle.

zu 1.

Durch die Verwendung duktilen Materials, bzw. den Einbau verformungsfähiger, zäher Bauteile gelingt es, bei Erreichen der Festigkeitsgrenzen eine Umverteilung der Lasten auf andere Bereiche des Tragwerks herbeizuführen (siehe [2.43]) und die Sicherheit gegen Einsturz auch für extreme Einwirkungen nachzuweisen. Bleibende Verformungen werden als sanierbar angesehen und in Kauf genommen.

Eine besondere Schwierigkeit bei der Formulierung dieses Konzepts für die Bemessung besteht in der quantitativen Festlegung sanierbarer Dehnungs- oder Verformungsmaße.

zu 2.

Soll die Tragkonstruktion selbst keine bleibenden Verformungen erleiden, so gelingt es durch speziell konstruierte Wandscheiben, eine Energiedissipation herbeizuführen und so die Wirkung extremer Belastungen zu entschärfen ([2.44]).

Bei der Konkretisierung eines solchen Konzepts für die Bemessung zeigen sich auch die Schwierigkeiten in quantitativen Festlegungen für die energieverzehrenden Elemente bei Berücksichtigung stochastischer Eigenschaften.

Wird die in der Berechnung angesetzte Festigkeit durch einen Materialsicherheitsfaktor abgemindert, so ist der tatsächlich auftretende Wert gegebenenfalls zu hoch, und es findet kein oder nur geringer Energieverzehr statt, die Spannungen in den elastischen Bauteilen können dadurch ungewollt hoch werden.

Wird die in der Berechnung angesetzte Festigkeit als Mittelwert gewählt, so kann der tatsächlich auftretende Wert zu gering sein, und es kann bei Anforderung eine Zerstörung der energieverzehrenden Elemente und damit Verlust der energieverzehrenden Funktion stattfinden.

zu 3.

Der Einbau von Schwingungstilgern verspricht immer dann Erfolg, wenn die Erregung schmalbandig ist und keinen großen stochastischen Schwankungen unterliegt, bzw. wenn das Bauwerk lediglich in einer bestimmten Eigenfrequenz (meist in der Grundfrequenz) zu Resonanzschwingungen angeregt wird. Durch die Zusatzmasse im Tilger wird eine Teilung der Eigenfrequenz bewirkt. Diese "Verstimmung" des Systems führt schon zu einer maßgeblichen Reduzierung der Bewegungen. Durch energieverzehrende Elemente (z.B. Reibelemente, Stoßdämpfer) wird zusätzlich eine hohe Dämpfung eingebracht.

Der Einsatz solcher Tilger ist vor allem bei sehr schlanken leichten Bauwerken (Fußgängerbrücken, Stahlmaste, Stahlschornsteine) sinnvoll.

zu 4.

Aktive Kontrolle über die Bewegungen wird dadurch erreicht, daß den durch die Belastung erzwungenen Bewegungen durch einen Mechanismus erzeugte Bewegungen in Gegenphase überlagert werden. Hierzu muß aber in das System eine große bewegliche Zusatzmasse integriert werden, die bei Ausfall des Systems oder bei Anregungen, auf die die Regelung nicht reagiert, mit bewegt wird.

Zu dem Problem der stochastischen Eigenschaften des Tragwerks muß hierbei noch zusätzlich die Zuverlässigkeit des Regelungsmechanismus betrachtet werden. In einer konservativen Sicherheitsphilosophie führt dies dazu, daß eine Bemessung auch für den Ausfall der Regelung bei gleichzeitiger dynamischer Belastung erforderlich ist. Die aktive Kontrolle ist somit nur selten eine wirtschaftliche Methode zur Bemessung bei dynamischer Anregung. Lediglich einige Hochhäuser in den USA sind für die Unterdrückung von extensiven Bewegungen aus Windbelastung in den oberen Stockwerken und somit zur Verbesserung der Gebrauchsfähigkeit mit einem solchen System ausgerüstet (Citicorp Center New York, vgl.[2.49]).

Die genannten Verfahren werden bislang meist in einem deterministischen Sicherheitskonzept verwendet, da für probabilistische Betrachtungen das Datenmaterial nicht ausreicht.

Zur Bestimmung der Duktilität von Konstruktionen sind immer aufwendige Bauteilversuche erforderlich (siehe z.B. [2.45]), so daß eine Festlegung von statistischen Parametern mit befriedigend kleinem Vertrauensintervall mit hohen Kosten verbunden ist.

Eine besondere Schwierigkeit bei der Erstellung eines probabilistischen Sicherheitskonzeptes für die dynamische Belastung und Formulierung der dafür notwendigen Grenzzustandsbedingungen entsteht dadurch, daß die Verformbarkeit von Bauteilen begrenzt ist und diese Grenze als zusätzliche stochastische Variable beachtet werden muß (vgl.Bild 2.25).

Die Grenze der Verformbarkeit der Bauteile wird durch eine Vielzahl von Faktoren beeinflußt. Bei Stahlbetonbauteilen spielt neben dem Werkstoffverhalten von Bewehrungsstahl und Beton der Bewehrungsgrad sowie die Umschnürung der Betondruckzone durch die Bügelbewehrung eine entscheidende Rolle.

Bei Stahlprofilen ist die Rotationsfähigkeit durch das lokale Beulen von Flansch oder Steg begrenzt.

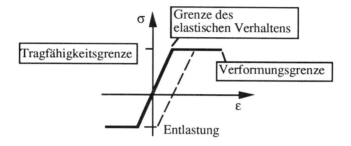

Bild 2.25: Festigkeits- und Verformungsgrenze
für ideal elastisch-plastisches Werkstoffverhalten

Wird bei einer dynamischen Belastung die Tragfähigkeit eines Tragwerks aus duktilem Material erreicht, so sind Verformungszuwächsen keine Spannungszuwächse zugeordnet. Das Anwachsen der Verformungen dauert jedoch eine gewisse Zeit. Wird die Belastung vor dem vollständigen Versagen wieder reduziert, so verbleibt das Tragwerk im verformten Zustand.

Durch die Berechnung des Zeitverlaufs der Verformung wird es möglich, auch eine Überlastung des Tragwerks zu verfolgen (vgl.[2.46], [2.47]).

Bild 2.26 zeigt den Verformungszeitverlauf für die Wand eines Kontrollgebäudes einer petrochemischen Anlage unter dem Lastfall Gaswolkenexplosion, untersucht als eingespannter Balken.

Zu Beginn reagiert das Tragwerk elastisch bis zum Erreichen der ersten Tragfähigkeitsgrenze, nach dem Erreichen der zweiten Tragfähigkeitsgrenze erfolgen die weiteren Verformungen gegen den konstanten Widerstand. Der Zeitverlauf ist in diesem Bereich also parabelförmig. Wenn die Belastung auf Null abfällt, ergibt sich eine Entlastung im elastischen Bereich. Das Tragwerk schwingt aus und verbleibt im verformten Zustand.

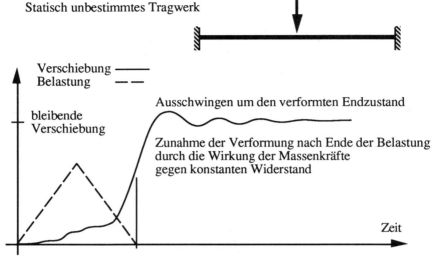

Bild 2.26: Duktiles Tragwerk unter Stoßbelastung

Eine Einbindung dieser genaueren Untersuchung des Tragwerksverhaltens in ein Sicherheitskonzept erfordert die Berücksichtigung der stochastischen Eigenschaften des Materials und der stochastischen Beschreibung der Last. Dauer und Intensität der Belastung sind zufallsabhängige Größen. Eine solche Berechnung würde die Verknüpfung der dynamischen Berechnung mit der stochastischen Traglastberechnung (vgl. Abschnitt 4.2) erfordern. Hierfür sind aber bislang noch keine Ansätze bekannt.

Während in den üblichen Bemessungsaufgaben der Statik das Erreichen eines Grenzzustandes im Querschnitt, bzw. eines Grenzzustandes des Tragwerks auf jeden Fall vermieden werden muß, ermöglicht das Erreichen des Grenzzustandes bei extremer dynamischer Belastung erst eine sinnvolle Bemessung. Würde die Forderung nach völliger Integrität eines Bauwerks auch bei extremen Lastfällen erhoben, so wäre das Bauwerk für die häufigen Lastfälle überdimensioniert. Die Beschleunigung dieser unnötigen zusätzlichen Massen aus der Überdimensionierung führt aber zu einem niedrigeren Sicherheitsniveau bei Normalbelastung.

Insbesondere bei Erdbebenbelastung wird in den neueren Bemessungskonzepten in einem zweistufigen Modell der Nachweis genügender Energiedissipation gefordert. Für das Be-

messungserdbeben sollen Tragwerke so ausgelegt sein, daß die Festigkeitswerte nicht überschritten werden. Beim Sicherheitserdbeben können bleibende Verformungen auftreten, das
heißt, in einzelnen Nachweispunkten können die Festigkeitsgrenzen erreicht werden (vgl.
[2.48], siehe auch Kapitel 5).

Die stochastischen Eigenschaften der Festigkeitsgrenzen verlangen die Einführung von Sicherheitsfaktoren. Während bei statischen Bemessungsaufgaben das Erreichen der Festigkeitsgrenze durch die Einführung der Sicherheitsfaktoren verhindert werden soll, ist es bei
dynamischen Belastungen nicht durch Erhöhung oder Abminderung der Festigkeitsnenn-
werte möglich, das Erreichen der Festigkeitsgrenze in wünschenswerter Weise zu steuern.

In praktischen Berechnungen wird deswegen von den Mittelwerten der Festigkeit ausgegangen. Durch zusätzliche Berechnungen mit oberen oder unteren Grenzwerten kann der
Einfluß der stochastischen Festigkeitswerte abgeschätzt werden.

Bislang sind zwar konstruktive Anweisungen, aber noch kein abgeschlossenes Konzept auf
probabilistischer Basis entwickelt worden.

Literatur

[2.1]   Freudenthal, A.M.: The Safety of Structures, Transactions, ASCE, Vol. 112,
         1947, S. 125-180

[2.2]   Freudenthal, A.M.: Safety and Probability of Structural Failure, Transactions
         ASCE, Vol. 121, 1956, S. 1337-1397

[2.3]   Cornell, A.: A Probability Based Structural Code, ACI Journal, Dec. 1969, S.974-
         985

[2.4]   Hasofer, A.M.; Lind, N.C.: Exact and Invariant Second Moment Code Format,
         Journal of the Engineering Mechanics Division, ASCE, Vol. 100, No. EM1, Feb.
         1978, S. 829-844

[2.5]   Shinozuka, M.: Basic Analysis of Structural Safety, Journal of Structural Division,
         ASCE, Vol. No. 3, 109 March 1983

[2.6]   Bourgund, U.; Bucher, C.G.: Importance Sampling Procedure Using Design
         Points (ISPUD) - A User's Manual, Rep. No. 8-86, Institute of Engineering
         Mechanics, University of Innsbruck, 1986

[2.7]   Paloheimo, E.; Hannus, H.: Structural Design Based on Weighted Fractiles, J. of
         the Structural Division, ASCE, Vol. 100, No. ST7, 1974, S. 1367-1378

[2.8]   Rackwitz, R.; Fiessler, B.: Structural Reliability under Combined Random Load Sequences, Computers and Structures, 9, S. 489-494

[2.9]   Schuëller, G.I.; Stix, R.: A Critical Appraisal of Methods to Determine Failure Probabilities, Journal of Structural Safety, Vol. 4/4, 1987, pp.293-309

[2.10]   Metropolis, N.; Ulam, S.: The Monte Carlo Method, J. Amer. Statistical Assoc. 44, 1949, S. 335-341

[2.11]   Sobol, I.M.: Die Monte-Carlo-Methode, VEB Deutscher Verlag der Wissenschaften, Berlin, 1971

[2.12]   Ouypornprasert, W.: Effiziente Integrationsmethoden zur genauen Zuverlässigkeitsanalyse von Tragwerken, Dissertation, Institut für Mechanik, Universität Innsbruck 1988

[2.13]   Ang, A.H.-S.; Tang, W.H.: Probability in Engineering Planing and Design, Vol. II, Decision Risk and Reliability, John Wiley & Sons, New York, 1984

[2.14]   Marguerre, K.: Technische Mechanik - Teil I, Springer Verlag, Berlin 1967

[2.15]   Baldauf, H.: Die Auswirkungen zufälliger Änderungen von Ausgangswerten auf die Schnittgrößen, in "Sicherheit von Betonbauten", Deutscher Beton Verein, Wiesbaden 1973

[2.16]   Haugen, E.B.: Probabilistic Approaches to Design, John Wiley & Sons, New York 1968

[2.17]   Pottharst, R.: Zur Wahl eines einheitlichen Sicherheitskonzeptes für den konstruktiven Ingenieurbau, Mitteilungen aus dem Institut für Massivbau der TH Darmstadt Heft 22, Verlag W. Ernst & Sohn, Berlin 1977

[2.18]   Petersen, C.: Der wahrscheinlichkeitstheoretische Aspekt der Bauwerkssicherheit im Stahlbau, in: "Beiträge zum Tragverhalten und zur Sicherheit von Stahlkonstruktionen", DASt - Berichte aus Forschung und Entwicklung 4/1977, Stahlbau Verlag, Köln

[2.19]   Thielen, G.: Deterministische und stochastische Analyse des Tragverhaltens von Stahlbetonbauteilen unter Last- und Zwangbeanspruchungen, SFB 96, TU München, Heft 10/1975

[2.20]   Klingmüller, O.: Berechnung und Bemessung bei Berücksichtigung stochastischer Eingangsgrößen, Berichte aus dem Institut für konstruktiven Ingenieurbau, Heft 25/26, Vulkan Verlag, Essen 1976

[2.21]   Langland, R.T.: Probabilistic Theory of Structures Using Finite Elements, University of California, Davis, Engineering Mechanics Division, Ph.D. 1971

[2.22]   Reckling, K.-A.: Plastizitätstheorie und ihre Anwendung auf Festigkeitsprobleme, Springer Verlag, Berlin 1967

[2.23]   Prager, W. : Probleme der Plastizitätstheorie, Birkhäuser Verlag, Basel 1955

[2.24] Freudenthal, A.M.: Inelastisches Verhalten von Werkstoffen, VEB Verlag Technik, Berlin 1955

[2.25] Körner, H.; v.Soos, P.: Einführung in die Bodenmechanik - nach Vorlesungen von Prof. Jelinek, TU München 1969

[2.26] Klöppel, K.; Yamada, M.: Fließpolyeder des Rechteck- und I-Querschnitts unter Wirkung von Biegemoment, Normalkraft und Querkraft, Der Stahlbau, 11/ 1958

[2.27] Windels, R.: Traglasten von Balkenquerschnitten bei Angriff von Biegemoment, Längs- und Querkraft, Der Stahlbau, 1/ 1970

[2.28] Grasser, E.: Bemessung für Biegung mit Längskraft, Schub und Torsion, Betonkalender 1976, Teil 1, Verlag W. Ernst & Sohn, Berlin 1976

[2.29] Deutscher Ausschuß für Stahlbau (DASt), Ri008, "Richtlinien zur Anwendung des Traglastverfahrens im Stahlbau", Mai 1972, bzw. DIN 18800, Entwurf zu Beiblatt Teil 1, Beuth Verlag, Köln, 1980

[2.30] Duddeck, H.: Traglasttheorie der Platten, in Seminar Traglastverfahren, Bericht 72-6, Technische Universität Braunschweig 1972

[2.31] Peintinger, B.: Auswirkung der räumlichen Streuung von Bodenkennwerten, in: "Beiträge zur Anwendung der Stochastik und Zuverlässigkeitstheorie in der Bodenmechanik", Lehrstuhl und Prüfamt für Grundbau, Bodenmechanik und Felsmechanik der Technischen Universität München, Schriftenreihe Heft 2, München 1983

[2.32] Kraemer, U.: Überlegungen zur Zuverlässigkeit von Tragsystemen, SFB 96 - Berichte, Heft 46/1980, TU München 1980

[2.33] Dolinski, K.: First Order Second Moment Approximation in Reliability of Structural Systems; Critical Review and some Reliability Bounds, SFB 96 - Berichte, Heft 63/1982, TU München 1982

[2.34] Peintinger, B.; Reitmeier,W.: Die Wirkung der statistischen Unsicherheiten in den Parametern eines stochastischen Feldes zur Modellierung von Bodeneigenschaften auf die Böschungstabilität, in: "Beiträge zur Anwendung der Stochastik und Zuverlässigkeitstheorie in der Bodenmechanik", Lehrstuhl und Prüfamt für Grundbau, Bodenmechanik und Felsmechanik an der TU München, Schriftenreihe Heft 2 , München 1983

[2.35] Athanasiou-Grivas, D.; Harr, M.E.: Stochastic Propagation of Rupture Surfaces within Slopes, Proc. of the 2nd Int. Conf. on the Application of Statistics and Probability in Soil and Structural Engineering, Herausgeber: Deutsche Gesellschaft für Erd- und Grundbau, Essen 1975

[2.36] Klingmüller, O.; Lawo, M.; Thierauf, G.: Stabtragwerke, Matrizenmethoden der Statik und Dynamik , Teil 2: Dynamik , Vieweg Verlag Braunschweig 1983

[2.37] Grundmann, H.: On the Reliability of Structures under Periodic Loading, ICOSSAR '77, Werner Verlag, Düsseldorf 1977

[2.38] Petersen, C.: Aerodynamische und seismische Einflüsse auf die Schwingungen schlanker Bauwerke, Fortschr.-Ber. VDI-Z., Reihe 11, Nr.11, VDI-Verlag, Düsseldorf 1971

[2.39] Schuëller, G.I.: Einführung in die Sicherheit und Zuverlässigkeit von Tragwerken, Verlag W. Ernst & Sohn, Berlin 1981

[2.40] König, G.; Zilch, K.: Ein Beitrag zur Berechnung von Bauwerken im böigen Wind, Mitteilungen aus dem Institut für Massivbau der TH Darmstadt, Verlag W. Ernst & Sohn, Berlin 1970

[2.41] Kokkinowrachos, K.: Hydromechanik der Seebauwerke, Handbuch der Werften Band XV, Schiffahrts-Verlag "Hansa" C. Schroedter, Hamburg 1980

[2.42] Petersen, C.: Konstruktive Maßnahmen zur Schwingungsbeeinflussung, in: Mitteilungen aus dem Institut für Bauingenieurwesen I der TU München, Heft 4, 1979

[2.43] Meskouris, K.: Beitrag zur Erdbebenuntersuchung von Tragwerken des konstruktiven Ingenieurbaus, Technisch-Wissenschaftliche Mitteilungen Heft 82-12, Institut für konstruktiven Ingenieurbau der Ruhr-Universität-Bochum, 1982

[2.44] Keintzel, E.: Zur Querkraftbeanspruchung von Stahlbeton-Wandscheiben unter Erdbebenlasten, Beton- und Stahlbetonbau 83, Heft 7, 1988

[2.45] Krätzig, W.B. et al.: Experimentelle und theoretische Untersuchungen an zyklisch nichtlinear beanspruchten Spannbetonbalken, SFB 151 Berichte Heft 5, Ruhr Universität Bochum 1986

[2.46] Stangenberg, F.: Berechnung von Stahlbetonbauteilen für dynamische Beanspruchungen bis zur Tragfähigkeitsgrenze, Konstruktiver Ingenieurbau, Heft 16, Vulkan Verlag, Essen 1973

[2.47] Eibl, J.; Block, K.: Columns under Vertical Gravity Loads and Horizontal Impact, RILEM-CEB-IABSE-IASS Interassociation Symposium "Concrete Structures under Impact and Impulsive Loading", Berlin 1982

[2.48] KTA 2201: Auslegung von Kernkraftwerken gegen seismische Einwirkungen, Teil 3: Auslegung der baulichen Anlagen, Köln 1980

[2.49] Domke, H., e.a.: Aktive Verformungskontrolle von Bauwerken, Der Bauingenieur 56, 1981

3 Sicherheitskonzept auf wahrscheinlichkeitstheoretischer Grundlage

3.1 Einführung

Die Normung im Bauwesen befindet sich gegenwärtig in einer bedeutenden Umbruchphase. Diese Entwicklung wurde insbesondere durch die Aktivitäten der Europäischen Gemeinschaft vorangetrieben und spiegelte sich in den Arbeiten an den sogenannten Eurocodes ([3.1]) wieder. Die Eurocodes umfassen einen Großteil des Anwendungsbereiches im Bauwesen und sind, anders als die bisherigen Normen, aufgrund probabilistischer Sicherheitskonzepte formuliert. Das heißt, der Sicherheitsbegriff ist mit Hilfe wahrscheinlichkeitstheoretischer Betrachtungen entwickelt worden. Neben diesen europäischen Normentwürfen existieren außerdem Vorschläge von Einzelstaaten bzw. Organisationen ([3.2] -[3.10]), die z. T. früheren Ursprungs sind. Ziel aller Entwürfe ist es, die Grundlagen für eine realistischere Sicherheitsbeurteilung zu schaffen und die Zuordnung von Sicherheitsmargen insgesamt transparenter zu gestalten.

Eine konsequente Auseinandersetzung mit der Sicherheitsproblematik muß natürlich Wirtschaftlichkeitsüberlegungen einbeziehen. Der gewünschte möglichst geringe Material- und Arbeitsaufwand bei gleichbleibend hoher Tragwerkssicherheit sind zwei konkurrierende Anforderungen, die bei jeder Konstruktion in Einklang zu bringen sind.

Nicht unerwähnt bleiben sollen auch die im Rahmen der europäischen Einigung gesetzten politischen Akzente, die sicherlich einen maßgeblichen Motivationsschub in Richtung auf ein einheitliches auf probabilistischer Basis formuliertes Sicherheitskonzept geschaffen haben. Hierbei ist insbesondere jenes "magische" Datum 1992 zu nennen, zu dem der europäische Binnenmarkt verwirklicht sein soll. Da ein solcher Binnenmarkt nur dann funktioniert, wenn auch technische Bestimmungen innerhalb des Marktes weitgehend einheitlich sind, wurden Überlegungen angestellt, die Normungswerke der beteiligten Länder zu vereinheitlichen.

Mit der Verabschiedung der sogenannten "Bauproduktenrichtlinie" ([3.11]) 1988 für den Bereich der europäischen Gemeinschaft wurden die Voraussetzungen für die Umsetzung von EG-Produktbestimmungen in nationales Baurecht geschaffen. Die Bauproduktenrichtlinie regelt Bauprodukte, soweit sie für wesentliche Anforderungen an Bauwerke von Bedeutung sind. Unter "wesentliche Anforderungen" werden folgende Bereiche verstanden:

- mechanische Festigkeit und Standsicherheit,
- Brandschutz,
- Hygiene, Gesundheit und Umweltschutz,
- Nutzungssicherheit,
- Schallschutz,
- Energieeinsparung und Wärmeschutz.

Die Konkretisierung dieser Anforderungen in sogenannten "Grundlagendokumenten" wird gegenwärtig erarbeitet. Mit der Veröffentlichung des Grundlagendokumentes "Mechanische Festigkeit und Standsicherheit" wird Anfang 1992 gerechnet (weitere Erläuterungen finden sich in [3.12]). Dieses Grundlagendokument stellt den Zusammenhang zwischen Produktanforderungen und Bauwerksanforderungen her. Als Sicherheitskonzept sind die auf probabilistischer Basis entwickelten Konzepte (z.B. [3.1],[3.7]) aufgenommen.

Um zukünftige europäische Normen auf eine möglichst breite Basis zu stellen (Einbeziehung der EFTA-Staaten), werden detaillierte technische Regelungen von Arbeitsgruppen (CEN/TC 250 - Eurocodes für den Konstruktiven Ingenieurbau) der europäischen Normungsorganisation (CEN) ausgearbeitet und nicht mehr von der Kommission der europäischen Gemeinschaft. Die Arbeiten im CEN orientieren sich an den existierenden Entwürfen der bisherigen Eurocodes sowie den Grundlagendokumenten der Kommission der europäischen Gemeinschaft. Es ist beabsichtigt, die erarbeiteten Normenentwürfe zunächst als europäische Vornormen (ENV) zu veröffentlichen und sie anschließend nach einer Erprobungsphase als europäische Norm (EN) herauszugeben. Das Arbeitsprogramm ist in folgende Teilbereiche gegliedert ([3.12]):

1. Allgemeine Sicherheitsanforderungen, Einwirkungen,
2. Betonbau,
3. Stahlbau,
4. Verbundbau,
5. Holzbau,
6. Mauerwerksbau,
7. Gründungen, Geotechnik,
8. Bauen in Erdbebengebieten,
9. Aluminiumbauten.

Auf Grund der sehr weit fortgeschrittenen Arbeiten an den Eurocodes für den Betonbau, Stahlbau sowie den Verbundbau werden diese Spezifikationen ohne Beratungen im CEN direkt 1992 als Vornormen veröffentlicht.

Im Zuge der Vereinheitlichung ist das Sicherheitskonzept der Baunormen auf probabilistischer Basis formuliert worden. Dieser Ansatz scheint besonders wichtig, denn ein Vergleich der Lastannahmen in verschiedenen nationalen Normungen führt zu verblüffenden Ergebnissen ([3.13]). Die Lastannahmen von Nutzlasten im Hochbau unterscheiden sich schon allein in den deutschsprachigen Ländern (Schweiz, Österreich, BRD und ehemalige DDR) um bis zu 100%. Für Räume in Krankenhäusern wird z.B. in Österreich eine Belastung von 3.0 kN/m^2 angenommen, während Normen der ehemaligen DDR 1.5 kN/m^2 angeben ([3.13]).

Noch bedeutender ist vermutlich der Vergleich zwischen den Regellasten für Straßenbrücken im Bereich der Europäischen Gemeinschaft. Auch in diesem Bereich sind Unterschiede von ähnlichen Größenordnungen festzustellen (vgl. [3.13]).

Ein objektiver Vergleich zwischen den nationalen Normen kann natürlich nur unter gleichzeitiger Einbeziehung von Beanspruchung und Beanspruchbarkeit erfolgen. Es ist zu bemerken, daß auch für die Beanspruchbarkeit beträchtliche Unterschiede in Annahmen und Nachweisverlauf bestehen aber letzlich das bestehende Sicherheitsniveau auf gleicher Höhe liegt.

Die beträchtlichen Unterschiede im Bereich der Annahmen lassen darauf schließen, daß Sicherheitsfaktoren in unterschiedlicher Weise in die Bemessung eingebracht werden. Offensichtlich werden Unsicherheiten bei Lastannahmen in manchen Fällen durch Sicherheitsfaktoren im Bereich der Beanspruchbarkeiten (z.B. niedrigere zulässige Spannungen) berücksichtigt und umgekehrt. Dies macht einzelne Normen hinsichtlich ihrer physikalischen Hintergründe und tatsächlich erzielten Sicherheitsniveaus z.T. schwer durchschaubar.

Die bisher angewendete Bemessungspraxis - orientiert an den Vorgaben der existierenden Normen - hat ohne Zweifel die Erstellung sicherer Bauwerke ermöglicht. Das neue Sicherheitskonzept versucht, über die Verwendung des bisherigen reichen Erfahrungsschatzes der Baupraxis sowie statistischer Methoden ein Maß der tatsächlichen Sicherheit von Tragwerken anzugeben. Das existierende Sicherheitsniveau der Tragwerke dient daher zunächst als "Zielniveau", das mit Hilfe wahrscheinlichkeitstheoretischer Methoden quantifiziert werden kann. Ein optimales Sicherheitsniveau muß zu einem späteren Zeitpunkt konsequenterweise mit Hilfe sozio-ökonomischer Betrachtungen gewonnen werden (vgl. [3.21], [3.22]).

Insbesondere sollen im zukünftigen Sicherheitskonzept Unsicherheiten direkt dort mit entsprechenden Sicherheitfaktoren berücksichtigt werden, wo Unsicherheiten hinsichtlich der berücksichtigten Werte auftreten. Im eigentlichen Sinne müßten entsprechende Faktoren dann als "Unsicherheitsfaktoren" bezeichnet werden.

Im Zusammenhang mit der z.T. heftigen Diskussion zwischen Befürwortern und Gegnern der zukünftigen Sicherheitskonzeption ist besonders darauf hinzuweisen, daß für den Anwender der Normen die Änderungen im praktischen Bemessungsverlauf i.a. gering ausfallen. Die zukünftig in den Normen enthaltenen Teilsicherheitsfaktoren werden wie "übliche" Sicherheitsfaktoren behandelt, d.h., vom Normungsanwender wird keine statistische Sicherheitsanalyse verlangt. Die zu verwendenden Teilsicherheitsfaktoren sind lediglich mit Hilfe statistischer Überlegungen und Verfahren hergeleitet. Allerdings muß der Anwender die jeweilige Konstruktion einer der vorgegebenen Sicherheitsklassen zuordnen, die in Abhängigkeit von möglichen Versagensfolgen formuliert wurden. Eine einfache Garage fällt demnach logischerweise in eine andere Sicherheitsklasse als z.B. ein Kernkraftwerk.

Schließlich sei noch darauf hingewiesen, daß - ähnlich wie im deterministisch begründeten Sicherheitskonzept - Einflüsse aus grober Fahrlässigkeit bei der Berechnung und Ausführung auch im semi-probabilistischen Sicherheitskonzept durch entsprechende Kontrollstrategien ausgeschlossen werden müssen ([3.14]).

Ziel der folgenden Ausführungen ist es, die Hintergründe und Zusammenhänge des semi-probabilistischen Sicherheitskonzepts zu erläutern, sowie die Bezüge zum bisherigen deterministischen Sicherheitskonzept aufzuzeigen. Zu diesem Zweck werden zunächst die benötigten Begriffsdefinitionen eingeführt und, soweit erforderlich, Zusammenhänge der Statistik erläutert. Ferner wird die Ableitung von Teilsicherheitsfaktoren demonstriert. Schließlich wird eine Sensitivitätsanalyse hinsichtlich der Teilsicherheitsbeiwerte durchgeführt, wodurch die Grenzen bzw. kritischen Aspekte des zukünftigen Sicherheitskonzepts erläutert werden können.

3.2 Grundlagen des probabilistischen Sicherheitskonzeptes

3.2.1 Grundbegriffe

Wie bereits in der Einführung erläutert, erfolgt in probabilistischen Normen der Sicherheitsnachweis für den Grenzzustand eines Tragwerks mit Hilfe von dort fixierten konstanten Teilsicherheitsbeiwerten. In der gängigen Literatur wird diese Nachweisform auch als Nachweis der Stufe I (Level I) bezeichnet ([3.15]). Die Ableitung der konstanten Teilsicherheitsfaktoren beruht auf dem Näherungsverfahren der Zweite-Momente-Methode (Stufe II-Verfahren). Da in Normen "nur" konstante Teilsicherheitsfaktoren festgelegt werden, ist es weitgehend anerkannt, daß die Genauigkeit der Level II-Verfahren zu diesem Zweck ausreichend ist. Für Sondertragwerke können allerdings genauere Untersuchungen notwendig werden, für die Level III-Verfahren (Simulationstechniken etc.) herangezogen werden. Die Klassifizierung in der dargestellten Form wurde vom 'Joint Committee of Structural Safety' vorgeschlagen und hat Eingang in viele Veröffentlichungen gefunden.

In der probabilistischen Normung werden alle Eingangswerte, die statistischen Streuungen unterliegen, als Basisvariablen bezeichnet. Für die Bemessungspraxis sind Streuungen der Festigkeiten (Widerstände) und Lasten (Einwirkungen) die relevantesten, so daß man sich i. a. auf diese beiden Gruppen von Basisvariablen beschränkt. Die zur Verfügung stehenden statistischen Kenngrößen sind in der Regel Mittelwert und Standardabweichung sowie unter Umständen, das Verteilungsgesetz (Dichtefunktion). Alle genannten Begriffe und weitere statistische Zusammenhänge sind im Anhang A3, Abschnitt 2, näher erläutert.

3.2.2 Herleitung von Teilsicherheitsbeiwerten

In probabilistischen Normen müssen, wie in deterministischen, charakteristische Werte für Beanspruchung und Beanspruchbarkeit festgelegt werden. Diese charakteristischen Werte, auch Fraktilwerte genannt, kennzeichnen die Wahrscheinlichkeit, mit der ein festgelegter Wert der Grundgesamtheit über- bzw. unterschritten wird.

$$R_p = m_R - k_R \cdot \sigma_R \tag{3.1}$$

$$S_q = m_S + k_S \cdot \sigma_S \tag{3.2}$$

Die Berechnung der charakteristischen Werte für Beanspruchbarkeit (R) und Beanspruchung (S) erfolgt mit den Gl. (3.1), (3.2). Bei einer Normalverteilung ergeben sich die Faktoren k_R und k_S mit

$$k_R = \Phi^{-1} \left(\frac{p[\%]}{100} \right) \tag{3.3}$$

$$k_S = \Phi^{-1} \left(\frac{q[\%]}{100} \right) \tag{3.4}$$

Der Zusammenhang von Fraktilwert und Wahrscheinlichkeit ist in Bild 3.1 erläutert.

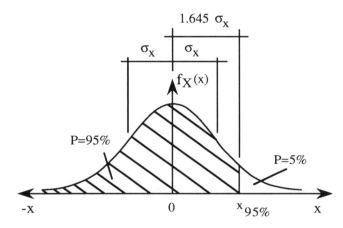

Bild 3.1: Zusammenhang von Fraktilwert und Wahrscheinlichkeit

Einige wichtige Werte der k-Faktoren sind in Tabelle 3.1 zusammengestellt.

p[%]	k
95	1.645
10	1.282
5	1.645
1	2.326

Tabelle 3.1: Fraktilen und entsprechende k-Werte

Die Ermittlung der charakteristischen Werte für andere Verteilungen wird zu einem späteren Zeitpunkt mit den entsprechenden Teilsicherheitsbeiwerten erläutert.

Im Zusammenhang mit charakteristischen Werten sei noch erwähnt, daß in den bisherigen Normen die Festlegung z.B. der Beanspruchbarkeitsgrößen häufig in Form von 'Mindestwerten' angegeben ist, die von Herstellerseite garantiert sind. Um die Größe der Fraktilwerte von Fließgrenzen für Baustahl St37 genauer zu spezifizieren, wurden in [3.16] experimentell ermittelte Werte der Fließgrenze statistisch ausgewertet. Der festgestellte Mittelwert betrug 277.8 N/mm^2 mit einem Variationskoeffizient von 6.405 %. Bei der Annahme einer Normalverteilung als gültigen statistischen Gesetzes für die Fließgrenze ergibt sich mit Gl. (3.1) der Faktor k_R = 2.12, um auf die in Normen festgeschriebene Nennfestigkeit von 240 N/mm^2 zu kommen. Dieser Wert entspricht einer 1.7 % Fraktile. Weitere Untersuchungen zur Festlegung charakteristischer Werte sind in [3.21] dargestellt.

Für eine Grenzzustandsfunktion der Form Z=R-S lassen sich die Verhältnisse zwischen zentraler Sicherheitszone, Teilsicherheitszone etc. anschaulich darstellen (vgl. Bild 3.2).

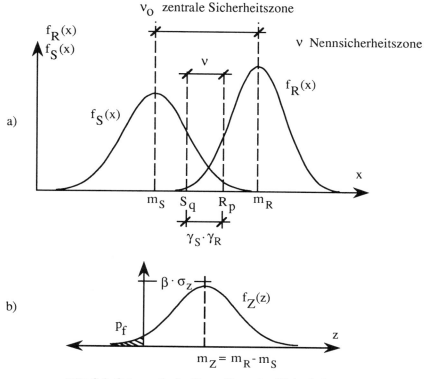

Bild 3.2: Schematische Darstellung der Sicherheitszonen

Der Mittelwert der Beanspruchung ist stets kleiner als der Mittelwert der Beanspruchbarkeit, allerdings ist für die Bestimmung der Sicherheit der jeweils auslaufende Bereich der Dichte-

funktionen von Interesse. Im Regelfall überlappen sich die Maximalwerte der Beanspruchung mit den Minimalwerten der Beanspruchbarkeit.

Der Nennsicherheitsfaktor ν wird üblicherweise mit

$$\nu = \frac{R_p}{S_q} = \frac{m_R - k_R \, \sigma_R}{m_S + k_S \, \sigma_S} \tag{3.5}$$

definiert (vgl. Bild 3.2). Der zentrale Sicherheitsfaktor ist analog mit Hilfe der Mittelwerte
zu berechnen:

$$\nu_0 = \frac{m_R}{m_S} \tag{3.6}$$

Der mathematische Zusammenhang zwischen beiden Faktoren ist in Gl. (3.7) dargestellt.

$$\nu = \nu_0 \cdot \frac{(1 - k_R \cdot V_R)}{(1 + k_S \cdot V_S)} = \frac{m_R}{m_S} \frac{(1 - k_R \cdot V_R)}{(1 + k_S \cdot V_S)} \quad . \tag{3.7}$$

Mit Hilfe des Fehlerfortpfanzungsgesetzes (vgl. Anhang A3) läßt sich der Sicherheitsindex
(siehe Abschnitt 2.1) für zwei normalverteilte Variablen darstellen:

$$\beta = \frac{m_R - m_S}{\sqrt{\sigma_R^2 + \sigma_S^2}} \tag{3.8}$$

Durch Einführung der Wichtungsfaktoren α_R (Siehe Abschnitt 2.1, Gl. 2.16) und α_S (Gl.
2.17) läßt sich Gl. (3.8) wie folgt linearisieren:

$$\beta = \frac{m_R - m_S}{\alpha_R \sigma_R + \alpha_S \sigma_S} \tag{3.9}$$

Durch Umstellung ergibt sich dann

$$\frac{m_R}{m_S} = \frac{1 + \beta \, \alpha_S \cdot V_S}{1 - \beta \, \alpha_R \cdot V_R} = \nu_0 \tag{3.10}$$

Durch Substituierung von Gl.(3.10) in Gl.(3.7) erhält man die auf die Fraktilwerte bezogenen Sicherheitsfaktoren

$$\nu = \frac{(1 + \beta\,\alpha_S \cdot V_S)}{(1 + k_S \cdot V_S)} \cdot \frac{(1 - k_R \cdot V_R)}{(1 - \beta\,\alpha_R \cdot V_R)} \qquad . \tag{3.11}$$

Trennt man den Nennsicherheitsfaktor in zwei Teile, so ergibt sich der Teilsicherheitsfaktor für Beanspruchung und Beanspruchbarkeit:

$$\gamma_S = \frac{(1 + \beta\,\alpha_S \cdot V_S)}{(1 + k_S \cdot V_S)} \tag{3.12}$$

$$\gamma_R = \frac{(1 - k_R \cdot V_R)}{(1 - \beta\,\alpha_R \cdot V_R)} \tag{3.13}$$

$$\nu = \gamma_S \cdot \gamma_R \tag{3.14}$$

Mit Gl. (3.14) ist der Zusammenhang zwischen dem bisher häufig verwendeten Nennsicherheitsfaktor und den angestrebten Teilsicherheitsfaktoren hergestellt.

Zur Verdeutlichung des Zusammenhanges zwischen den genannten Sicherheitsfaktoren wurde das folgende Beispiel konstruiert:

- Beispiel 3.1:
  Für die lineare Grenzzustandsfunktion R - S und normalverteilte Basisvariablen sind S und R mit der 95% Fraktile bzw. 5% Fraktile bekannt (vgl. Tabelle 3.2). Der Variationskoeffizient der Einwirkung "S" sei $V_S = 0.1$ und der der Beanspruchbarkeit "R" $V_R = 0.05$. Der Nennsicherheitsfaktor ν läßt sich mit Gl. (3.5) direkt berechnen. Für den zentralen Sicherheitsbeiwert müssen zunächst die Mittelwerte mit Hilfe von Gl. (3.1), (3.2) berechnet werden. Mittelwerte und Standardabweichung genügen, um den Sicherheitsindex β (Gl. (3.8)) zu ermitteln. Unter Verwendung von Gl. (2.24) ergeben sich die Sensitivitätsfaktoren α, mit denen nun die Teilsicherheitsbeiwerte γ_S, γ_R unmittelbar berechnet werden können. Die Teilsicherheitsbeiwerte sind auf die jeweiligen Fraktilwerte bezogen. Das Produkt der Teilsicherheitsbeiwerte ergibt wiederum den Nennsicherheitsfaktor ν.

S		R					
95% Fraktile	μ_S	5% Fraktile	μ_R	ν	ν_0	β	p_f
1.0	0.8587	1.1	1.1986	1.1	1.3957	3.245	$5.8 \cdot 10^{-4}$
1.0	0.8587	1.5	1.6344	1.5	1.9033	6.45	$1 \cdot 10^{-10}$
1.0	0.8587	2.0	2.1792	2.0	2.54	9.52	$8.8 \cdot 10^{-22}$

σ_S	σ_R	α_S	α_R	γ_S	γ_R
0.08587	0.05993	0.8200	0.5723	1.087	1.0116
0.08587	0.08172	0.7244	0.6893	1.26	1.185
0.08587	0.10896	0.6189	0.7854	1.36	1.465

Tabelle 3.2: Sicherheitsfaktoren

Auffällig ist das sich verändernde Verhältnis der Teilsicherheitsfaktoren γ_S, γ_R. Die Versagenswahrscheinlichkeit nimmt zwar für größer werdendes ν ab, doch aufgrund der vergrößerten Standardabweichung von R steigt der relative Beitrag zur Versagenswahrscheinlichkeit. Die Größe und das Verhältnis der Sensitivitätsfaktoren α geben hierüber direkt Aufschluß. Mit zunehmendem relativen Beitrag zur Versagenswahrscheinlichkeit vergrößert sich konsequenterweise der Teilsicherheitsbeiwert der Beanspruchbarkeit γ_R.

Bezogen auf die Fraktilwerte läßt sich nun das prinzipielle Format der probabilistischen Normung darstellen:

$$\frac{R_p}{\gamma_R} \geq \gamma_S \, S_q \tag{3.15}$$

Beanspruchung und Beanspruchbarkeit setzen sich in der Regel aus mehreren Komponenten zusammen, die hinsichtlich ihrer Streuungscharakteristik unterschiedlich sind und daher in einem sinnvollen Sicherheitskonzept auch über verschiedene Teilsicherheitsfaktoren berücksichtigt werden müssen.

Aus der Herleitung der Teilsicherheitsfaktoren läßt sich erkennen, daß sich in Abhängigkeit von den Streuungsverhältnissen und der Anzahl der Basisvariablen für jede Problemstellung nach der Level II-Methode unterschiedliche Teilsicherheitsfaktoren ergeben. Da sich allerdings in baupraktischen Fällen die streuenden Größen innerhalb gewisser Grenzen bewegen, läßt sich die erforderliche Sicherheit in den meisten Problemstellungen mit konstanten Teilsicherheitsbeiwerten γ erreichen.

3.2.3 Aufbau probabilistischer Normen

Der Aufbau probabilistischer Normen wird exemplarisch an der österreichischen Norm B4040 ([3.4]) erläutert, die in ihren wichtigsten Aussagen dem Eurocode 1 ([3.1]) entspricht. Bei dem in den Normungsvorschlägen festgelegten erforderlichen Sicherheitsniveau handelt es sich um eine operative Größe, die jedoch den direkten Vergleich zwischen unterschiedlichen Bauwerken erlaubt.

Um die Sicherheit von Tragwerken über die operative Größe hinaus detaillierter festzulegen, sind in [3.4] Kontrollstrategien zur Ausschaltung menschlicher Irrtümer sowie Erhaltungsmaßnahmen vorgesehen.

In Abhängigkeit von möglichen Schadensfolgen sind einzuhaltende Sicherheitsindizes (β-Werte) für drei Sicherheitsklassen vorgeschlagen. Sicherheit bzw. Versagen ist gegenüber Tragfähigkeit und Gebrauchstauglichkeit nachzuweisen, wobei z.B. für die Sicherheitsklasse II die geforderte Sicherheit mit $\beta = 4.7$ bzw. $\beta = 3.0$ einzuhalten ist.

Sicherheitsklasse	Mögliche Folgen von Gefährdungen
1	Keine Gefährdung von Menschenleben; geringe wirtschaftliche Folgen
2	Gefährdung von Menschenleben und / oder beachtliche wirtschaftliche Folgen
3	Gefährdung vieler Menschenleben und / oder schwerwiegende wirtschaftliche Folgen, große Bedeutung der baulichen Anlage für die Öffentlichkeit

Tabelle 3.3: Sicherheitsklassen

Die genannten Sicherheitsanforderungen beziehen sich auf den Zeitraum eines Jahres. Entsprechende Umrechnungen auf andere Zeiträume sind in [3.17] dargestellt.

Das Einwirkungsniveau L für den Grenzzustand der Tragsicherheit wird mit Hilfe von Gl. (3.16) bestimmt:

$$L = \gamma_S^G \, G + \gamma_S^Q \, Q_1 + \gamma_S^Q \sum_{i>1}^{n} \psi_{0,i} \, Q_i + F_{ex} \tag{3.16}$$

Die einzelnen Bezeichnungen bedeuten:

G	charakteristischer Wert der ständigen Einwirkungen,
Q_1	charakteristischer Wert der dominanten veränderlichen Einwirkung,
Q_i	charakteristischer Wert weiterer veränderlicher Einwirkungen
F_{ex}	charakteristischer Wert der außergewöhnlichen Einwirkung,
γ_S^G	Teilsicherheitsbeiwert der ständigen Einwirkungen,
γ_S^Q	Teilsicherheitsbeiwert der veränderlichen Einwirkungen,
$\psi_{0,i}$	Kombinationswert.

Die Formulierung des Einwirkungsniveaus für den Gebrauchstauglichkeitsnachweis ist in drei Gruppen gegliedert:

a) Seltene Kombination

$$L = G + Q_1 + \sum_{i>1}^{n} \psi_{0,i} \, Q_i \tag{3.17}$$

b) Häufige Kombination

$$L = G + \psi_1 \, Q_1 + \sum_{i>1}^{n} \psi_{2,i} \, Q_i \tag{3.18}$$

c) Quasi permanente Kombination

$$L = G + \sum_{i>1}^{n} \psi_{2,i} \, Q_i \tag{3.19}$$

Mit Hilfe des Einwirkungsniveaus L ergibt sich der Bemessungswert S* für Einwirkungen durch

$$S^* = L \cdot \gamma_{mod} \cdot \gamma_n \qquad . \tag{3.20}$$

Mit γ_{mod} werden Abweichungen von üblichen Berechnungsmodellen berücksichtigt, wobei im Regelfall $\gamma_{mod} = 1.0$ gilt. γ_n dient als Umrechnungsfaktor in andere Sicherheitsklassen. Für die Regel-Sicherheitsklasse II gilt $\gamma_n = 1.0$.

Der Bemessungswert der Beanspruchbarkeit R^* ergibt sich mit dem charakteristischen Wert (R) und dem Teilsicherheitsfaktor γ_m:

$$R^* = \frac{R}{\gamma_m} \tag{3.21}$$

Somit lautet das allgemeine Nachweisformat

$$R^* \geq S^* \tag{3.22}$$

3.2.4 Teilsicherheitsbeiwerte für Einwirkungen

Aufgrund der unterschiedlichen zeitabhängigen Eigenschaften werden Beanspruchungen gemäß ihrer Ursachen aus ständigen, veränderlichen und außergewöhnlichen Einwirkungen gegliedert. Ständige Einwirkungen werden als zeitinvariant angenommen und i.a. in ihrer Verteilungsfunktion durch die Normalverteilung charakterisiert. Zu diesem Einwirkungstyp zählen Eigengewicht, Ausbaulasten, Erddruck und alle weiteren Einwirkungen, von denen begründet angenommen werden kann, daß sie unabhängig von momentaner Nutzung wirken.

Bei normalverteilter ständiger Einwirkung ergibt sich der entsprechende Teilsicherheitsbeiwert zu (vgl. Gl. (3.12))

$$\gamma_S^G = \frac{1 + \beta \, \alpha_S^G \cdot V_S^G}{1 + \Phi^{-1} \left[\frac{q[\%]}{100} \right] V_S^G} \tag{3.23}$$

In [3.4] ist für den Grenzzustand der Tragfähigkeit $\gamma_S^G = 1.35$ bzw. für den Gebrauchsfähigkeitsnachweis (Gebrauchstauglichkeitsnachweis) $\gamma_G^S = 1.0$ festgesetzt ($\gamma_S^G = 1.35$ in [3.1],

$\gamma_S^G = 1.3$ in [3.7]). Für Variationskoeffizienten $V \leq 0.1$ gilt der Mittelwert als charakteristischer Wert, darüber hinaus ist die 95 % Fraktile anzusetzen. Haben ständige Einwirkungen einen günstigen Einfluß auf das Tragverhalten (z.B. beim Standsicherheitsnachweis), so ist der Teilsicherheitsbeiwert γ_S^G grundsätzlich mit 1.0 einzusetzen.

Unter veränderlichen Einwirkungen sind klimatische Lasten und Verkehrslasten zu verstehen, die häufig auftreten, jedoch zeit- und raumabhängig sind. Veränderliche Lasten Q werden häufig in ihren Extremwerten - und nur diese sind i.a. von Interesse - durch eine Gumbelverteilung (vgl. Anhang A3) charakterisiert. Der charakteristische Wert ergibt sich unter Berücksichtigung der Beziehungen der Gumbelverteilung zu:

$$S_Q^K = m - \frac{0.577\,\sigma\,\sqrt{6}}{\pi} - \frac{\sigma\,\sqrt{6}}{\pi}\,\ln\!\left(-\ln\left[\frac{q\,[\%]}{100}\right]\right) \tag{3.24}$$

Nach der Ermittlung der Sensitivitätsfaktoren α_S^Q mit Hilfe der Methode der zweiten Momente für ein festgelegtes Sicherheitsniveau (β) ergibt sich der Bemessungswert in ähnlicher Weise:

$$S_Q^* = m - \frac{0.577\,\sigma\,\sqrt{6}}{\pi} - \frac{\sigma\sqrt{6}}{\pi}\left(\ln(-\ln\phi(\alpha_S^Q\,\beta))\right) \tag{3.25}$$

Schließlich berechnet sich der Teilsicherheitsbeiwert der veränderlichen Lasten als Quotient aus Gl. (3.25) und (3.24):

$$\gamma_S^Q = \frac{S_Q^*}{S_Q^K} \tag{3.26}$$

Dieser Teilsicherheitsbeiwert wurde in [3.4] mit $\gamma_S^Q = 1.5$ festgelegt, für kleine Variationskoeffizienten ($V \leq 0.1$) bezüglich des Mittelwertes und für $V > 0.1$ hinsichtlich der 97 % - Fraktile. Bei günstigem Einfluß der veränderlichen Last wird der Teilsicherheitsbeiwert zu 0 gesetzt.

Für außergewöhnliche Einwirkungen (Erdbeben, Flugzeugabsturz, Fahrzeuganprall) sind keine Teilsicherheitsbeiwerte vorgesehen, da man in diesen Fällen von seltenen Ereignissen mit kurzer Dauer ausgeht. Um jedoch auch ohne Teilsicherheitsbeiwerte die erforderliche Sicherheit zu erzielen, werden die charakteristischen Werte in geeigneter Größenordnung festgelegt. Eine umfassende Zusammenstellung von Einwirkungsgrößen in Form statistischer Größen (Mittelwert, Streuung, Verteilungstyp) findet sich in [3.19].

Eine weitere bisher nicht behandelte Art von Einwirkungen sind Vorspannkräfte. Im Eurocode 2 (Betonbau) ist ein Teilsicherheitsfaktor für Vorspannung mit $\gamma_p = 1.2$ festgelegt (vgl. [3.23], [3.24]), der bei günstiger Wirkung der Vorspannung modifiziert mit $\gamma_p = 0.9$ anzusetzen ist.

3.2.5 Teilsicherheitsbeiwerte der Beanspruchbarkeit

Basisvariablen, die Parameter der Beanspruchbarkeit repräsentieren, werden häufig mit Hilfe der Normal- bzw. Lognormalverteilung modelliert. Die Lognormalverteilung hat den Vorteil, daß sie keine negativen Werte zuläßt, was in physikalischer Hinsicht die tatsächlichen Verhältnisse exakter reflektiert. Im Bereich kleiner Variationskoeffizienten ist allerdings der Unterschied zwischen beiden Verteilungen recht gering, so daß in vielen Fällen die Lognormalverteilung in guter Näherung durch die Normalverteilung approximiert werden kann. Beanspruchbarkeitsgrößen für verschiedene Material- und Bauteilgrößen sind in [3.19] und [3.20] zusammengestellt.

Teilsicherheitsbeiwerte der Beanspruchbarkeit sind natürlich direkt baustoffbezogen. Der Teilsicherheitsbeiwert für die Betondruckfestigkeit ist z.B. im Eurocode 2 mit $\gamma_c = 1.5$ (normale Lastkombination) bzw. $\gamma_c = 1.3$ (außergewöhnliche Lastkombination) angegeben (vgl. [3.23]). Erläuterungen und Vorschläge zur Festlegung weiterer Teilsicherheitsbeiwerte für den Baustoff Beton (Betonzugfestigkeit, Elastizitätsmodul etc.) finden sich in [3.21] bzw. [3.25]. Für andere Baustoffe, die im Konstruktiven Ingenieurbau von Bedeutung sind, werden die Teilsicherheitsbeiwerte in den zugehörigen Eurocodes festgelegt.

3.2.6 Kombinationsfaktoren

Sind beim probabilistischen Nachweis eines Grenzzustandes verschiedene veränderliche Einwirkungen einzubeziehen, ergibt sich unter Anwendung der Lastmodellierung über Extremwertverteilungen im Bezugszeitraum eine konservative Bemessung. Dies erscheint logisch, wenn man bedenkt, daß die Wahrscheinlichkeit, daß zwei Extremwerte gleichzeitig auftreten, recht gering ist. Die genaue Erfassung des gemeinschaftlichen Auftretens von veränderlichen Lasten und die Entwicklung von entsprechenden Kombinationsfaktoren, die

die geringe Wahrscheinlichkeit gleichzeitiger Extremwerte berücksichtigen, ist nur mit Hilfe von stochastischen Prozessen (vgl. Kapitel 5, Anhang A5) möglich.

Einwirkungen	ψ_0	ψ_1	ψ_2
Windkräfte	0.7	0.2	0
Schneelasten	0.7	0.2	0
Nutzlasten			
für Wohnhäuser	0.7	0.4	0.2
für Bürogebäude und Warenhäuser	0.7	0.6	0.3
für Parkhäuser	0.7	0.7	0.6

Tabelle 3.4: Kombinationsfaktoren

Die in [3.4] festgelegten Kombinationsfaktoren sind in Tabelle 3.4 dargestellt. In den Eurocodes wird für die Kombinationsfaktoren auf die zu erwartenden Werte im zukünftigen Eurocode "Einwirkungen" verwiesen. Zur probeweisen Anwendung des Eurocode 2 (Betonbau) ist daher in [3.24] ein Vorschlag für Kombinationsfaktoren erstellt worden. Die dort festgelegten Werte weichen leicht von den in Tabelle 3.4 zusammengestellten Werten ab.

3.2.7 Bemessung mit dem neuen Sicherheitskonzept

Die Durchführung der Bemessung mit dem neuen Sicherheitskonzept unterscheidet sich in formaler Hinsicht nur geringfügig von der bisher üblichen Vorgehensweise. Das folgende einfache Beispiel soll dies anschaulich demonstrieren.

- Beispiel 3.2 ([3.18]):

  Ein gelenkig gelagerter Querriegel eines Rahmenbinders der Länge 10 m ist durch folgende äußere Lasten beansprucht:

Eigengewicht	m_E	= 7.5 kN/m,
	V_E	= 0.09
Dachlast	m_D	= 8.2 kN/m,
	V_D	= 0.07
Schneelast	m_S	= 3.0 kN/m,
	V_S	= 0.3

Die charakteristischen Werte ergeben sich nun in Abhängigkeit vom jeweiligen Variationskoeffizienten zu

$$S_E = 7.5 \text{ kN/m},$$
$$S_D = 8.2 \text{ kN/m},$$
$$S_S = 3.0 + 1.8807 \cdot 0.3 \cdot 3.0 = 4.693 \text{ kN/m}.$$

Die Teilsicherheitsbeiwerte für die Sicherheitsklasse II lauten dann - wenn keine besonderen Kontrollmaßnahmen vorgesehen sind:

$$\gamma_n = 1.0, \qquad \gamma_{contr.} = 1.0, \qquad \gamma_{mod} = 1.0,$$
$$\gamma_S^G = 1.35, \qquad \gamma_S^Q = 1.5, \qquad \psi_{0.1} = 0.7.$$

Bei der Bemessung für den Tragsicherheitsnachweis berechnet sich das Lastniveau mit:

$$L = 1.35 \cdot 7.5 + 1.5 \cdot 0.7 \cdot 4.693 = 27.352 \text{ kN/m}.$$

$$S^* = \frac{L \cdot l^2}{8} = 0.3419 \text{ MNm}.$$

Für den Bereich der Beanspruchbarkeit werden folgende Annahmen getroffen:

$$m_{\sigma_F} = 316.0 \text{ MN/m}^2, \qquad V_{\sigma_F} = 0.092,$$

$$R^* = \frac{1}{\gamma_R} \cdot b_i \cdot W \cdot \sigma_F;$$

gewählt: $\gamma_R = 1.2$ (da in [3.4]: noch nicht näher spezifiziert).

Die Bemessung gelingt nun mit:

$$Z = R^* - S^* = 0,$$

$$Z = \frac{1}{1.2} \cdot 1.14 \cdot W \cdot 316.0 - 0.3419 \overset{!}{=} 0$$

Das erforderliche Widerstandsmoment berechnet sich zu:

$$\text{erf.W} = 0.0011389 \text{ m}^3.$$

Kontrolliert man das tatsächlich vorhandene Sicherheitsniveau mit einem Level II-Verfahren, so ergibt sich der Sicherheitsindex $\beta = 4.34$.

Weitere Beispiele zur Anwendung von Teilsicherheitsbeiwerten bei der Lösung von Bemessungsaufgaben in verschiedenen Baukonstruktionen finden sich in [3.23], [3.26] und [3.27].

3.3   Sensitivität von Teilsicherheitsbeiwerten

Als maßgeblicher Nachweis zur Bemessung des Tragwerkes in Bild 3.3 wurde der Tragsicherheitsnachweis gewählt, das heißt, der einzuhaltende Sicherheitsindex β ist 4.7. Die notwendige Grenzzustandsfunktion ergibt sich aus einer näherungsweise durchgeführten Traglastberechnung.

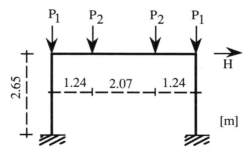

Bild 3.3: Rahmentragwerk für Tragsicherheitsnachweis

Einwirkungen	Mittelwert	Variationskoeffizient	Verteilungstyp
P_1	272.0 kN	8 %	Normal
P_2	91.0 kN	10 %	Normal
H	73.6 kN	15 %	Gumbel

Tabelle 3.5: Statistische Parameter der Einwirkungen

Die probabilistische Bemessung ergab für die Stiele ein Profil HEB 180 und für den Riegel-querschnitt einen Träger IPE 300. Für die Einwirkungen sind die statistischen Parameter in Tabelle 3.5 zusammengestellt.

Um die Sensitivität der Teilsicherheitsbeiwerte gegenüber unterschiedlichen Variationskoef-fizienten darzustellen, wurde eine Parameterstudie durchgeführt, deren Ergebnisse in Bild 3.4 dargestellt sind ([3.18]).

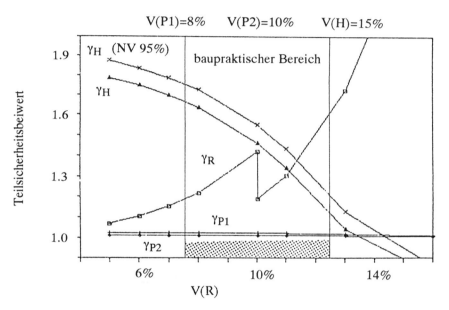

Bild 3.4: Teilsicherheitsbeiwerte in Abhängigkeit vom Variationskoeffizienten V(R)

Es läßt sich erkennen, daß die ständigen Einwirkungen P_1 und P_2 keinen nennenswerten Einfluß auf das Sicherheitsniveau des Tragwerks besitzen, auch wenn die Streuungen er-heblich größer oder auch kleiner werden. Selbst im baupraktischen Bereich zeigen aller-dings die Teilsicherheitsbeiwerte der Windbelastung und des Widerstandes signifikante Veränderungen. Es ist somit äußerst schwierig, einen geeigneten konstanten Teilsicherheits-beiwert festzulegen, der dem baupraktischen Bereich hinsichtlich Sicherheit und Wirtschaft-lichkeit genügt. Allerdings stellt man bei genauerer Betrachtung eine gegenläufige Tendenz in der Entwicklung der Teilsicherheitsbeiwerte fest. Steigt der Teilsicherheitsbeiwert des Widerstandes mit zunehmender Streuung an, so nimmt in gleicher Weise der Teilsicherheitsbeiwert der Windbelastung ab. Dies bedeutet nichts anderes, als daß der dominante Einfluß in der Sicherheitsbetrachtung von der Windbelastung auf den Widerstand übergeht.

Daher erscheint es sinnvoll, für beide Teilsicherheitsbeiwerte konstante Werte mittlerer Größenordnung abzuschätzen, die somit gemeinsam das notwendige Sicherheitsniveau garantieren ($\gamma_S^H = 1.5$, $\gamma_R = 1.4$). Die demonstrierte Ermittlung der Teilsicherheitsbeiwerte für den Tragsicherheitsnachweis unterstreicht die Notwendigkeit von ausreichendem statistischen Datenmaterial für alle beteiligten Basisvariablen.

Literatur

[3.1]   Eurocode No. 1, Common Unified Rules for Different Types of Construction and Material, Commission of the European Communities, EUR 8847 DE, EN, FR, 1984.

[3.2]   C.I.R.I.A.: Rationalization of Safety and Serviceability Factors in Structural Codes, C.I.R.I.A. Report No. 63, London 1976

[3.3]   N.R.C.C.: National Building Code of Canada, National Research Council of Canada, Ottawa 1977

[3.4]   ÖNORM B4040 "Allgemeine Grundsätze über die Zuverlässigkeit von Tragwerken", Vornorm, März 1988, Österreichisches Normungsinstitut Wien.

[3.5]   SNIP: Structural Norms and Rules, Part II, Section V, Chapter 1, 1972

[3.6]   Grundlagen zur Festlegung von Sicherheitsanforderungen für bauliche Anlagen, Beuth Verlag, Berlin, Köln 1981

[3.7]   Norm SIA 160: Einwirkungen auf Tragwerke, Schweizer Ingenieur- und Architekten-Verein, Zürich, 1989

[3.8]   Ellingwood, B., et al.: Development of a Probability Based Load Criteria for American National Standard, A58, N.B.S. Special Publication 577

[3.9]   Common Unified Rules for Different Types of Construction and Material, Bulletin d'Information No. 124E, CEB, Paris, April 1978

[3.10] ISO 2394-1986, General Principles on Reliability of Structures.

[3.11] Richtlinie des Rates vom 21. Dezember 1988 zur Veröffentlichung der Rechts- und Verwaltungsvorschriften der Mitgliedstaaten über Bauprodukte - 89/106/EWG - Amtsblatt der EG, L40/1989, S.1

[3.12] Breitschaft, G.:Harmonisierung technischer Regeln für das Bauwesen in Europa, in: Betonkalender 1992, Wilhelm Ernst & Sohn, Berlin 1992

[3.13]   Ramberger, G.: Ein Vergleich Europäischer Stahlbaunormen, Stahlbau Rund-
          schau 63/1984, S.3-9

[3.14]   Schneider, J.: Gefährdungsbild und ein Sicherheitskonzept, Schweizer Ingenieur
          und Architekt, Zürich 1980, S. 115-121.

[3.15]   CEB, Common Unified Rules for Different Types of Construction and Material,
          (3rd draft), Bulletin d'Information No. 116-E, Comité Européen du Beton, Paris,
          1976

[3.16]   Petersen, C.: Der wahrscheinlichkeitstheoretische Aspekt der Bauwerkssicherheit
          im Stahlbau, Berichte aus Forschung und Entwicklung, Deutscher Ausschuß für
          Stahlbau (DASt), 4/1977, S. 26-42

[3.17]   König, G.; Hosser, D.; Schobbe, W.: Sicherheitsanforderungen für die Bemes-
          sung von baulichen Anlagen nach Empfehlungen des NABau - eine Erläuterung,
          Bauingenieur 57, Springer Verlag, Berlin,1982

[3.18]   Schuëller, G.I.; Bourgund, U.: Über die Notwendigkeit eines umfassenden pro-
          babilistischen Sicherheitskonzeptes, ÖIAZ, 132. Jg., Heft 6/1987, S. 196-203

[3.19]   Schneider, J.: Sicherheit und Zuverlässigkeit von Tragwerken, Vorlesungsskript
          ETH-Zürich, WS 89/90, 1989

[3.20]   Bourgund, U.; Ammann, W.: Ein Bemessungskonzept für Befestigungselemente
          in Beton auf der Basis von Teilsicherheitsbeiwerten, Bauingenieur 66, Heft 557,
          Springer-Verlag, Berlin 1991

[3.21]   Reliability of Concrete Structures, Bulletin d' Information No. 202, Comité
          Européen du Beton, Lausanne 1991

[3.22]   Sécurité des Structures, Bulletin d' Information No. 127, Comité Européen du
          Beton, Lausanne 1978

[3.23]   Litzner, H.-U.: Grundlagen der Bemessung nach Eurocode 2 - Vergleich mit DIN
          1045 und 4227, in: Betonkalender 1992, Wilhelm Ernst & Sohn, Berlin 1992

[3.24]   Deutscher Auschuß für Stahlbeton: Richtlinie zur Anwendung von Eurocode 2
          Teil 1 - Bemessung von Betontragwerken; Allgemeine Regeln und Regeln für
          Gebäude. Entwurf Juli 1991.

[3.25]   CEB-FIP Model Code 1990 (Final Draft), Bulletin d' Information No. 203-205,
          Comité Européen du Beton, Lausanne 1991

[3.26]   Vogel, U.: Zur Anwendung des Teilsicherheitsbeiwertes γ_M beim Tragsicher-
          heitsnachweis nach DIN 18800 (11.90), Stahlbau 60, H. 6, 1991

[3.27]   Blass, H.J.; Ehlbeck, J.; Werner, H.: Grundlagen der Bemessung von Holzbau-
          werken nach dem Eurocode 5 Teil 1, in: Betonkalender 1992, Wilhelm Ernst &
          Sohn, Berlin 1992

4 Grenzzustände von Tragwerken

In Kapitel 2 wurde die näherungsweise Berechnung der Versagenswahrscheinlichkeit auf der Grundlage elementarer Grenzzustandsfunktionen erläutert. Im folgenden werden zwei wesentliche Problemstellungen mit komplexeren Grenzzustandsfunktionen erläutert und auf die genaue Ermittlung der Versagenswahrscheinlichkeit eingegangen.

4.1 Grenzzustandsbedingungen bei geometrisch nichtlinearer Berechnung

Bei schlanken Strukturen können die Verformungen die Größe der Schnittkräfte, also die Beanspruchung S, beeinflussen. Nur in wenigen einfachen Fällen kann der Zusammenhang zwischen Belastung und Beanspruchung in einer Form angegeben werden, so daß eine analytische Transformation der Verteilungsfunktion der Belastung auf eine Verteilungsfunktion der Beanspruchung möglich ist. In der Regel ist die Verteilungsfunktion der Beanspruchung numerisch durch eine Simulation zu bestimmen.

Zur Erläuterung wird eine Stütze unter einer geneigt angreifenden Einzellast betrachtet (Bild 4.1). Bei linearer Berechnung läßt sich die Verteilungsfunktion der Beanspruchung (Einspannmoment) aus einer linearen Transformation der Belastung einfach bestimmen:

$$M = H \cdot L.$$

Für die nichtlineare Berechnung ergibt sich das Einspannmoment aus (siehe [4.1]):

$$M = \frac{H \cdot L \cdot \tan \varepsilon}{\varepsilon} \, ,$$

mit H: horizontal angreifende Belastung,

   L : Stablänge,

$$\varepsilon = L \sqrt{\frac{V}{EI}} \, ,$$

   V : vertikale Belastung,

   EI : Biegesteifigkeit.

Die Einspannmomente nach Theorie I.Ordnung und nach Theorie II.Ordnung sind im Bild 4.1 einander gegenübergestellt.

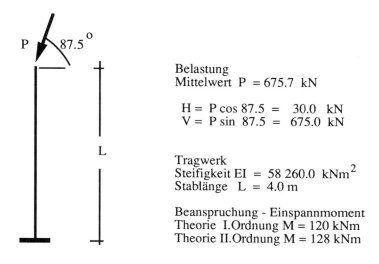

Belastung
Mittelwert P = 675.7 kN

$H = P \cos 87.5 = 30.0$ kN
$V = P \sin 87.5 = 675.0$ kN

Tragwerk
Steifigkeit EI = 58 260.0 kNm^2
Stablänge L = 4.0 m

Beanspruchung - Einspannmoment
Theorie I.Ordnung M = 120 kNm
Theorie II.Ordnung M = 128 kNm

Bild 4.1: Stütze mit schräg angreifender Einzellast

In einer probabilistischen Betrachtung wird von einer Beschreibung der Belastung durch die Dichtefunktion f_P (bzw. durch die Verteilungsfunktion F_P) ausgegangen. Zur Bestimmung der Versagenswahrscheinlichkeit an der Einspannstelle $P(R<S) = P(M_{zul}<M)$ muß die Dichtefunktion des Einspannmoments bestimmt werden.

Die Transformation von einer Dichte f_P der Last P auf eine Dichte f_M des Einspannmoments (bzw. f_S einer verallgemeinerten Beanspruchung S) erfordert die Auflösung nach der unabhängigen stochastischen Variablen (siehe Anhang A3)

P=P(M).

Während diese Berechnung für lineare Beziehungen zwischen Belastung und Beanspruchung elementar ist

$$M = P L \quad \rightarrow \quad P = M / L ,$$

zeigt sich schon für das sehr einfache Tragwerksbeispiel aus Bild 4.1, daß eine analytische Formulierung nicht angegeben werden kann:

$$M = \frac{P \cos \alpha \cdot L \cdot \tan L \sqrt{\dfrac{P \sin \alpha}{EI}}}{L \sqrt{\dfrac{P \sin \alpha}{EI}}} \quad \rightarrow \quad P = P(M) = ?$$

Im Bild 4.2 wurden die Dichten der Beanspruchung S bei linearer Berechnung und der Beanspruchung S bei nichtlinearer Berechnung numerisch ermittelt und einander gegenübergestellt. Für die Belastung wurde eine Extremwertverteilung angenommen:

$$F(P) = e^{-e^{-a(P-u)}}$$

Die Parameter der Extremwertverteilung wurden aus dem Mittelwert und der Streuung der Belastung für einen Variationskoeffizienten mit der Methode der Momente berechnet (siehe Anhang A3).

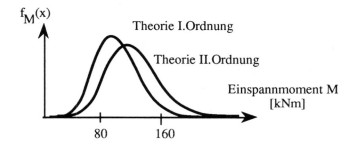

Belastung
Mittelwert P = 675.666 kN   Extremwertverteilung   u = 614.849
Varianz $V_P = 0.2$ a = 0.00949

Bild 4.2: Vergleich der Dichten bei linearer und nichtlinearer Beanspruchung

Die deterministische Berechnung mit dem Mittelwert der Belastung zeigt, daß durch die Wirkung der Normalkraft an der Durchbiegung eine Erhöhung des Einspannmoments um 7% bewirkt wird. Für höhere Belastungswerte als für den Mittelwert wird der Anteil aus Theorie II.Ordnung größer.

Daraus ergibt sich, daß der nichtlineare Anteil der Belastung nicht nur zu einer Dichtefunktion mit einem höheren Erwartungswert, sondern auch zu einer größeren Streuung führt.

Die nichtlineare Berechnung führt zu höheren Spannungen, somit verschiebt sich die Verteilungsfunktion nach rechts auf der reellen Achse. Für eine konstante Beanspruchbarkeit R, z.B.

$$M_{zul} = 1.5 \cdot M_I = 180 \text{ kNm} \quad ,$$

wird damit auch die Versagenswahrscheinlichkeit als Wahrscheinlichkeit für die Nicht-Überschreitung des konstanten Wertes größer (Bild 4.3):

$$p_f = 1 - F_P(180).$$

Für das Beispiel der Stütze nach Bild 4.1 sind Verteilungsfunktion und Versagenswahrscheinlichkeiten in Bild 4.3 angegeben.

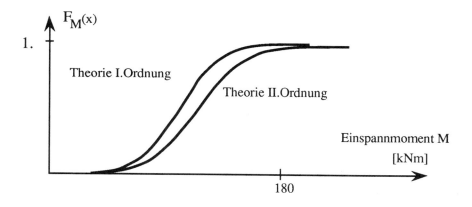

Theorie I.Ordnung : $p_f = 0.022$ Theorie II.Ordnung : $p_f = 0.052$

Bild 4.3: Verteilungsfunktionen und Versagenswahrscheinlichkeit bei linearer und nichtlinearer Beanspruchung.

Bei der Berechnung der Versagenswahrscheinlichkeit ist hier lediglich der Effekt Theorie II. Ordnung miteinbezogen worden. In einer genaueren Untersuchung muß berücksichtigt werden, daß der Angriffswinkel der Einzellast arctan(H/V) vom planmäßigen Wert abweichen kann und so auch den Einfluß der Verformungen auf die Spannungen verändert. Hierdurch ergäbe sich noch eine weitere Aufweitung der Dichten, bzw. größere Streuungen und damit auch eine größere Versagenswahrscheinlichkeit.

Im Unterschied zur geometrisch nichtlinearen Berechnung, die in der Regel zu einer Veränderung der Spannungsverteilung und somit der Beanspruchung S führt, ergibt sich beim Knicksicherheitsnachweis eine Verknüpfung der Beanspruchung und der Beanspruchbarkeit. Die Beanspruchbarkeit ist gleichzeitig eine tragwerks- und eine lastfallbezogene Größe (vgl.[4.4], siehe Bild 4.4).

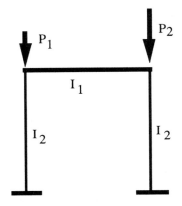

Parameter der Knicklast: P_1/P_2, I_1/I_2,

Bild 4.4: Knicklast für Rahmen

Für eine gegebene Belastung ergibt sich die Beanspruchbarkeit (auch Knicklast) als Funktion der Steifigkeit des Gesamttragwerks (siehe DIN 18800 [4.3]). Die Berechnung führt auf eine Knickbedingung (Knickdeterminante verschwindet), in der Elastizitätsmodul, Querschnittswerte, und Geometrie mit einander verknüpft sind.

Wie schon in Abschnitt 2.1 ausgeführt, können diese Größen gegenüber der Belastung als konstant angesehen werden. Für eine proportionale Belastung läßt sich dann die Sicherheitsbedingung in der elementaren Form R>S verwenden. Dabei entspricht die Beanspruchbarkeit R der tragwerksabhängigen Knicklast (P_{ki}). Die Versagenswahrscheinlichkeit

$$p_f = P(R<S) = P(P_{ki}<P) \qquad (4.1)$$

läßt sich einfach aus der Verteilungsfunktion der Belastung an der Stelle P_{ki} bestimmen.

Für nichtproportionale Lastfälle ist eine Knicklast nicht definiert. Eine näherungsweise Bestimmung der Versagenswahrscheinlichkeit würde dann von konstanten Normalkräften ausgehen und hieraus eine reduzierte Steifigkeit ermitteln. Genauere Berechnungen erfordern die Anwendung der stochastischen Simulation (vgl. Abschnitt 2.1.3).

4.2 Grenzzustände von Tragwerken bei Lastumlagerung

Die Materialien, die im konstruktiven Ingenieurbau verwendet werden, weisen in einem beschränkten Dehnungsbereich ein elastisches Verhalten auf. Mit Erreichen der Grenze dieses elastischen Bereichs, die durch entsprechende Dehnungen oder zugeordnete Spannungen festgelegt ist, erfolgt entweder ein Bruch des Materials, wie bei Beton oder Naturstein beim Erreichen der Zugfestigkeitsgrenze (Bild 4.5), oder ein Übergang zu einem Werkstoffverhalten, das durch nichtlineare Beziehungen zwischen Spannungen und Dehnungen beschrieben wird (Bild 4.5). Material, bei dem mit Erreichen der Zugfestigkeitsgrenze die Kraftübertragung vollständig unterbrochen wird (Riß), wird als *spröde* bezeichnet, Material, bei dem die Kraftübertragung erhalten bleibt und sich lediglich der Spannungsdehnungszusammhang verändert, als *duktil*.

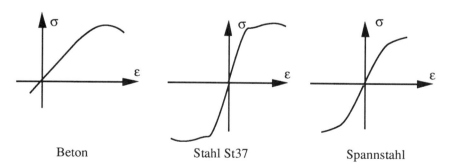

| Beton | Stahl St37 | Spannstahl |

Bild 4.5: Nichtlineares Werkstoffverhalten

Je nach der Art des Übergangs vom linear-elastischen in den nichtlinearen Bereich kann das Material als nichtlinear verfestigend oder elastisch-idealplastisch beschrieben werden.

Eine wichtige Eigenschaft der Materialbeschreibungen ist, daß der Zusammenhang zwischen Spannungen und Dehnungen nicht durch stetige Funktionen angegeben werden kann.

Bei idealplastischem Materialgesetz ist eine Unstetigkeitsstelle schon durch den Übergang vom elastischen zum plastischen Verhalten vorgegeben, bei beliebigem nichtlinear-verfestigenden Material ergibt sich die Unstetigkeit durch die Form der Entlastung (vgl.Bild 4.6).

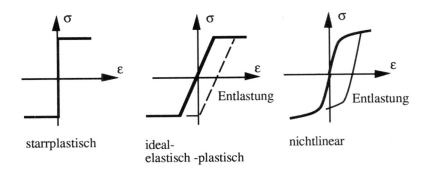

Bild 4.6: Unstetigkeit in den Materialgesetzen

Mit Erreichen der Grenze des elastischen Bereichs in einem Nachweispunkt erfolgt bei Tragwerken aus duktilem Material eine Veränderung des Tragverhaltens. Bei gleichen Dehnungszuwächsen erfahren elastische Tragwerksteile höhere Spannungszuwächse als Tragwerksteile, die den elastischen Bereich verlassen haben. Dadurch ergibt sich bei Belastung über die elastische Grenze hinaus eine Umlagerung der Belastung auf diese noch elastischen Bereiche.

Die jeweilige Änderung des Tragverhaltens in Abhängigkeit von unstetigen Materialgesetzen (und damit die Tragfähigkeitsgrenze) kann nur mit iterativen numerischen Verfahren ermittelt werden.

Im Rahmen der Methode der Finiten Elemente wird eine kontinuierliche Laststeigerung vorgenommen und in jeder Laststufe der Spannungszustand mit Bezug auf die Materialgesetze kontrolliert ([4.4], [4.5]). Ist in einem Kontrollpunkt die Grenze des linearen Bereichs erreicht, wird mit geänderten Steifigkeitsmatrizen eine Neuberechnung durchgeführt.

Bei kleineren Rahmentragwerken ist es möglich, eine kinematische Kette anzugeben und die Traglast über das Prinzip der virtuellen Arbeiten zu ermitteln. Die systematische Berechnung der Traglast erfordert die Definition eines zulässigen Bereichs für die Schnittgrößen und die Anwendung der mathematischen Programmierung ([4.6], [4.7]).

Mit dem Erreichen der Grenze des elastischen Bereichs in einem beliebigen Punkt des Tragwerks ist die Tragfähigkeit duktiler Tragwerke noch nicht erschöpft. Ein lediglich auf einen Punkt bezogenes Kriterium ist also nicht ausreichend für duktile Tragwerke. Es muß ein anderes Versagenskriterium definiert werden. In Abhängigkeit vom Berechnungsverfahren werden zwei verschiedene Kriterien verwendet.

Wird die Tragfähigkeitsgrenze durch sukzessive Laststeigerung und Berücksichtigung der Änderungen im Tragverhalten ermittelt, so gilt:

Ein Dehnungszuwachs, dem kein Spannungszuwachs oder ein Verformungszuwachs, dem kein Lastzuwachs zugeordnet ist, definiert das Versagen des Tragwerks.

Bild 4.7: Tragwerk nach Lastumlagerung

Wird mit Hilfe der Fließbedingungen ein zulässiger Bereich für die Schnittgrößen oder Spannungen definiert, so gilt :

Die größte Belastung eines Tragwerks, die unter Einhaltung der Gleichgewichtsbedingungen und ohne Verletzung irgendeiner Fließbedingung aufgenommen werden kann, ist die Traglast.

Mit der Fähigkeit zur Lastumlagerung besitzen diese statisch unbestimmten Tragwerke aus duktilem Material eine höhere Sicherheit als Tragwerke aus sprödem Material, da das Erreichen der elastischen Grenze in einem einzigen Punkt nicht zum Totalversagen führt.

Diese höhere Sicherheit der Tragwerke, die zu Lastumlagerung fähig sind, ist allgemein bekannt. Vor allem bei Tragwerken mit hohem Risiko wird bei der Planung darauf geachtet, daß nach örtlichem Erreichen der Festigkeitsgrenze kein Einsturz zu befürchten ist, oder es ist so zu konstruieren, daß vor dem Versagen gewissermaßen als Warnung sichtbare Verformungen im Tragwerk zu bemerken sind. In einigen Fällen wird gezielt verlangt, daß Tragwerke auch für den Ausfall bestimmter Tragglieder nachgewiesen werden müssen.

Diese Eigenschaft zur Lastumlagerung zeigt sich auch nach Schadensfällen, da oftmals trotz Überlastung ein geschädigtes Tragwerk genügend Standfestigkeit besitzt und mühsam abgebrochen werden muß (siehe Bild 4.7).

Für die Beurteilung dieser höheren Sicherheit und gegebenenfalls Ausnutzung bei der Bemessung ist nach der Wahrscheinlichkeit der Überschreitung der Tragfähigkeitsgrenze zu fragen. Wird die Tragfähigkeitsgrenze (Traglast, Grenzlast) gleich der verallgemeinerten Beanspruchbarkeit R gesetzt, so ist also die Verteilungsfunktion $F(R)$ zu berechnen sowie die Verteilungsfunktion $F(S)$ der zugeordneten Beanspruchung S (auftretende Belastung).

Wie sich die Qualität der Problemstellung des nichtlinearen Tragverhaltens bei Berücksichtigung der stochastischen Variablen ändert, soll an einem einfach statisch unbestimmten Einfeldträger unter Einzellast mit konstantem Querschnitt bei duktilem Materialverhalten (idealplastisch) demonstriert werden.

- Beispiel 4.1:
  Bemessung und Berechnung der Versagenswahrscheinlichkeit für den einfach statisch unbestimmten Einfeldträger mit konstantem Querschnitt (Bild 4.8).

Deterministisches Problem, Bemessung für einen gegebenen Sicherheitsfaktor:

Die Bemessung für einen konstanten Querschnitt wird für das Einspannmoment vorgenommen. Für einen Sicherheitsfaktor 1.1 (Sonderlastfall) ergibt sich ein erforderliches Vollplastisches Moment von M_{pl}=1.650 kNm.

Stochastisches Problem, Berechnung der Versagenswahrscheinlichkeit für gegebene Querschnittswerte:
Das Vollplastische Moment M_{pl}=1.65 [kNm] entspricht einer 5%-Fraktile. Für einen Variationskoeffizienten V_{Mpl}=0.05 ist bei Annahme der Normalverteilung der zugehörige Mittelwert $\bar{M}_{pl}$=1.798 [kNm] und die Streuung σ_M=0.05· 1.798=0.09 [kNm].

Der Wert der Einzellast, P=1.0 [kN] , entspricht einer 95%-Fraktile. Für einen Variationskoeffizienten V_P=0.1 ist bei Annahme der Normalverteilung der zugehörige Mittelwert $\bar{P}$=0.8587 [kN] und die Streuung σ_P=0.08587 [kN].

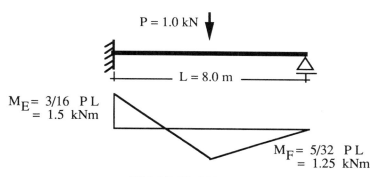

Bild 4.8: Einfeldträger - Momentenlinie

Für ein weakest-link-Modell, d.h. Vernachlässigung der Möglichkeit der Lastumlagerung, ergibt sich Versagen, wenn die elastische Grenze (Vollplastisches Moment) in einem Punkt erreicht ist (vgl. Kapitel 2). Die entsprechende Versagenswahrscheinlichkeit errechnet sich aus

$$p_f = 1- (1-p_{fF}) (1-p_{fE}).$$

Feld:
Mittelwert der Sicherheitszone: $Z_F = 1.798 - 1.25· 0.8587 = 0.7246.$
Streuung der Sicherheitszone: $\sigma_Z = \sqrt{(0.09^2 + 1.25^2·0.8587^2)} = 0.1401$

Versagenswahrscheinlichkeit: $p_{fF} = \Phi \left(\dfrac{-0.7246}{0.1401} \right) = 1.1579 \cdot 10^{-7}$

Einspannung:

Mittelwert der Sicherheitszone: $Z_E = 1.798 - 1.5 \cdot 0.8587 = 0.5100$

Streuung der Sicherheitszone: $\sigma_E = \sqrt{(0.09^2 + 1.5^2 \cdot 0.8587^2)} = 0.1571$

Versagenswahrscheinlichkeit: $p_{fE} = \Phi \left(\dfrac{-0.5100}{0.1571} \right) = 5.8589 \cdot 10^{-4}$

Versagenswahrscheinlichkeit des Systems:

$$p_f = 1 - (1 - 1.1579 \cdot 10^{-7}) \cdot (1 - 5.8589 \cdot 10^{-4}) = 5.860 \cdot 10^{-4}$$

Für nichtlineares Werkstoffverhalten muß bei stochastischen Grenzen des elastischen Bereichs jetzt berücksichtigt werden, daß das Erreichen der elastischen Grenze im Feld (M_{Fpl}) und an der Einspannstelle (M_{Epl}) möglich ist. Obwohl für das Tragwerk ein konstanter Querschnitt vorgegeben ist, sind M_{Fpl} und M_{Epl} als stochastisch unabhängige Größen zu berücksichtigen. Sie sind Funktionen der Fließspannung σ_f, die in jedem Tragwerkselement einen von den anderen Bereichen unabhängigen Wert annehmen kann. Das heißt, bei einem realen Tragwerk oder bei einem Versuch haben die tatsächlichen Festigkeitsgrenzen irgendeinen Wert im physikalisch sinnvollen Bereich, wie er durch die Verteilungsfunktion vorgegeben ist.

Da es sich um stochastische Größen handelt, ist auch eine Realisierung der Zufallsvariablen derart möglich, daß der Wert des Vollplastischen Moments an der Einspannung $M_{Epl} = 0.8$ kNm beträgt, der Wert des Vollplastischen Moments im Feld $M_{Fpl} = 1.2$ kNm. Bei einer solchen Realisierung der Festigkeitsgrenzen wird das Einspannmoment bei einer Last von P=0.533 kN erreicht. Die aufnehmbare Last wäre dann P=4/L(1.2+0.8/2)=0.8 kN.

Wenn in beiden Punkten die elastische Grenze erreicht ist, ist keine weitere Laststeigerung mehr möglich, da Dehnungserhöhungen nicht mit Spannungserhöhungen verbunden sind. Die Wahrscheinlichkeit für dieses *gleichzeitige* Erreichen der Festigkeitsgrenze in beiden Punkten ergibt sich als das Ereignis:

a)

Erreichen der Festigkeitsgrenze (M_{Fpl}) im Feld und gleichzeitiges Erreichen der Festigkeitsgrenze (M_{Epl}) an der Einspannung unter der Bedingung, daß die Festigkeitsgrenze im Feld erreicht ist (Bild 4.9)

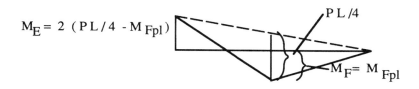

$$M_E = 2 \, (PL/4 - M_{Fpl})$$

Bild 4.9: Versagensbedingung a)

b)

Erreichen der Festigkeitsgrenze (M_{Epl}) an der Einspannung und gleichzeitiges Erreichen der Festigkeitsgrenze (M_{Fpl}) im Feld unter der Bedingung, daß die Festigkeitsgrenze an der Einspannung erreicht ist (Bild 4.10)

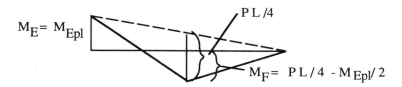

$$M_E = M_{Epl}$$

Bild 4.10: Versagensbedingung b)

Die Bedingung für das Versagen a) kann als Verknüpfung der Gleichgewichtsbedingung (siehe Bild 4.9)

$$\text{abs} \, (M_E) = 2 \, \left(\frac{P \cdot L}{4} - M_{Fpl} \right)$$

mit der gerade erreichten Fließbedingung

$$\text{abs}(M_E) = M_{Epl}$$

formuliert werden.

Die Bedingung für das Versagen b) kann als Verknüpfung der Gleichgewichtsbedingung (siehe Bild 4.10)

$$M_F = \frac{1}{2} \, M_{Epl} + \frac{P \cdot L}{4}$$

mit der gerade erreichten Fließbedingung

$$M_F = M_{Fpl}$$

formuliert werden.

Die Versagenswahrscheinlichkeit bei Berücksichtigung der Lastumlagerungsmöglichkeit ergibt sich damit zu

$$p_f = P(S > R) = P(\, 2 \, (P \cdot \frac{L}{4} - M_{Fpl}) > M_{Epl}),$$

bzw.

$$p_f = P(\, M_{Fpl} - P \cdot \frac{L}{4} + \frac{1}{2} \, M_{Epl} < 0\,) \quad \text{(vgl. Bild 4.9),}$$

oder

$$p_f = P(S > R) = P(\, P \cdot \frac{L}{4} - \frac{1}{2} \, M_{Epl} > M_{Fpl}),$$

bzw.

$$p_f = P(\, M_{Fpl} - P \cdot \frac{L}{4} + \frac{1}{2} \, M_{Epl} < 0) \quad \text{(vgl. Bild 4.10).}$$

Beide Aussagen sind gleichwertig, die Versagenswahrscheinlichkeit ist auch unter Berücksichtigung der Lastumlagerung eindeutig.

Für die Berechnung der Versagenswahrscheinlichkeit wird der Mittelwert und die Streuung der Sicherheitszone gebildet (vgl. Kapitel 2)

$$Z = \frac{1}{2} \, \bar{M}_{Epl} + \bar{M}_{Fpl} - \frac{P \cdot L}{4} = 0.9796 \, ,$$

$$\sigma_Z = \sqrt{\left(0.09^2 \cdot \frac{5}{4} + 4.0 \cdot 0.08587^2 \right)} = 0.1990 \, ,$$

$$p_f = \Phi \left(\frac{-Z}{\sigma_z} \right) = 4.27 \cdot 10^{-7}$$

Es zeigt sich also, daß die tatsächliche Sicherheit des Tragwerks bei Berücksichtigung der Lastumlagerungsmöglichkeit größer ist als durch eine Beurteilung mit dem "weakest-link"-Modell, die Versagenswahrscheinlichkeit ist bei diesem Beispiel um drei Zehnerpotenzen geringer.

An dem einfachen Beispiel zeigt sich die Komplexität der Problemstellung, wenn auf Grund des stochastischen Charakters der Variablen die Wahrscheinlichkeiten, mit denen Lastumlagerungen stattfinden können, zu ermitteln sind.

Bei der Behandlung dieser komplexen Problemstellung sind im wesentlichen drei Lösungswege verfolgt worden :

1. direktes Vorgehen mit Berücksichtigung aller Lastumlagerungsmöglichkeiten über Fehlerbäume ([4.8], [4.9]),
2. pragmatisches Vorgehen bei iterativer Berechnung ohne und mit Simulationstechnik ([4.10], [4.11], [4.12], vgl. Abschnitt 4.4),
3. systematisches Vorgehen durch Erweiterung der Methoden der Traglastberechnung auf stochastische Variable ([4.13], [4.14], [4.15], [4.16], [4.17]).

Ein Vergleich der Lösungen wurde in einer Bench-Mark-Studie [4.18] durchgeführt.

zu 1.

Im einführenden Beispiel wurden die Lastumlagerungsmöglichkeiten von Feld und Einspannung untersucht. Die Lastumlagerungsmöglichkeiten lassen sich übersichtlich in Fehlerbäumen darstellen. Im Bild 4.11 ist für einen zweifach unbestimmten Einfeldträger der zugehörige Fehlerbaum mit allen Umlagerungsmöglichkeiten skizziert, wobei das Erreichen des vollplastischen Moments, bzw. der lokalen Tragfähigkeitsgrenze durch die Kennbuchstaben EL=Einspannung links, F=Feld, und ER=Einspannung rechts markiert ist.

Für den Einfeldträger sind sechs Wege durch den Fehlerbaum zu verfolgen. Daraus kann ersehen werden, daß bei größeren Tragwerken ein erheblicher Aufwand zu erwarten ist. Die in [4.8] und [4.9] vorgeschlagenen Methoden konzentrieren sich folgerichtig darauf, wie durch eine gezielte Strategie der Rechenaufwand verringert werden kann, ohne daß wesentliche Wege durch den Fehlerbaum übersehen werden.

Während die vorgeschlagenen Verfahren für die meisten gezeigten Beispiele zu richtigen Lösungen führen, ist ein allgemeiner Nachweis, wie groß der Fehler ist, wenn nicht alle möglichen Versagenswege verfolgt werden, noch nicht gelungen.

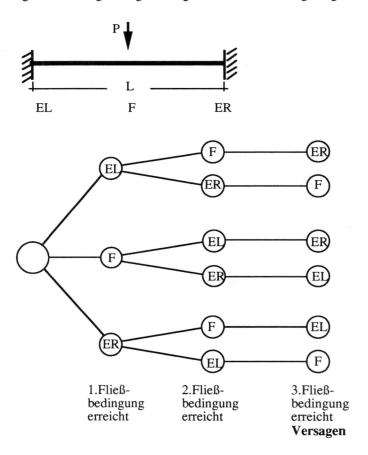

Bild 4.11: Lastumlagerungen und Fehlerbaum

zu 2.

Ein pragmatisches Vorgehen nutzt die Möglichkeiten der vorhandenen Software (Methode der Finiten Elemente, Stabwerksprogramme) zur nichtlinearen Berechnung von Tragwerken.

Die Berechnung erfolgt in jedem Fall deterministisch. Die Festigkeitsparameter (Fließgrenze, Grenzdehnung o.ä.) werden durch Simulation erzeugt. Mit diesen simulierten Festigkeiten gelingt es, eine Stichprobe der Traglast zu erzeugen. Aus dieser Stichprobe der Traglast kann eine Verteilungsfunktion bestimmt werden und daraus die Versagenswahrscheinlichkeit als Wahrscheinlichkeit der Überschreitung des tatsächlichen Belastungswertes berechnet werden. Je nach Anzahl der durchgeführten Simulationen ergibt sich für diese Versagenswahrscheinlichkeit ein entsprechendes Vertrauensintervall ([4.12], vgl. Abschnitt 4.4).

Ein anderer Weg besteht darin, mit den Mittelwerten der Festigkeitsparameter eine Traglastberechnung durchzuführen. Aus dem Verschiebungszustand bei Erreichen der Traglast können Faktoren bestimmt werden, mit denen der Einfluß der stochastischen Festigkeitsparameter auf die Verteilungsfunktion der Traglast und damit auf die Versagenswahrscheinlichkeit abgeschätzt werden kann ([4.10], [4.11]).

zu 3.
Die systematische Berechnung der Versagenswahrscheinlichkeit bei Berücksichtigung der Lastumlagerung ergibt sich durch die Anwendung der Traglastsätze.

Dieses systematische Vorgehen wird im folgenden ausführlicher erläutert, einerseits, weil sich aus der systematischen Betrachtung die komplexe Problematik erkennen läßt, und andererseits, weil allein der systematische Ansatz geeignet erscheint, ein allgemein anwendbares und eventuell sogar normbares Verfahren zu begründen.

Der erste Traglastsatz besagt:
Eine Belastung ist unterhalb der Traglast, wenn die Gleichgewichtsbedingungen eingehalten und die Fließbedingungen an keiner Stelle verletzt sind.

Die direkte Berechnung der Versagenswahrscheinlichkeit im Beispiel ist eine Anwendung dieses ersten Traglastsatzes. Die Gleichgewichtsbedingungen sind eingehalten, wenn der Spannungszustand aus einer Überlagerung der Spannungen am statisch bestimmten System mit einem Eigenspannungszustand gebildet wird. Die Einhaltung der Fließbedingungen wurde durch die Formulierung der entsprechenden Sicherheitsungleichungen gewährleistet.

Der zweite Traglastsatz besagt :
Eine Belastung liegt oberhalb der Traglast, wenn die Leistung der äußeren Belastung an einem Feld kinematisch zulässiger virtueller Verschiebungsgeschwindigkeiten

größer ist als die Leistung der inneren Kräfte am zugehörigen Feld von Verformungsgeschwindigkeiten.

Nach dem Erreichen der Festigkeitsgrenze können die Verformungen unbegrenzt anwachsen, sind also nicht bestimmt. Lediglich eine Verformungsgeschwindigkeit ist definiert. Deswegen wird in der Traglasttheorie nicht wie in der Statik von Arbeit (Prinzip der virtuellen Verrückungen oder Prinzip der virtuellen Kräfte), sondern von Leistung gesprochen (Leistung = Arbeit/Zeiteinheit = Kraft mal Weg/Zeiteinheit = Kraft mal Geschwindigkeit).

Dieser zweite Traglastsatz wird in der Regel bei der Traglastberechnung von Rahmentragwerken angewendet (Stichwort *kinematische Kette*, [4.13]). Die Leistung der inneren Kräfte δA_i wird der Leistung der äußeren Kräfte δA_a gegenübergestellt :

$$\delta A = \delta A_i - \delta A_a \quad . \tag{4.2}$$

Wird diese Leistungsbilanz negativ, so ist die Belastung größer als die Traglast und somit einem Versagen zugeordnet. Für Tragwerke mit Lastumlagerungsmöglichkeit gilt also

$$\delta A > 0, \quad \text{bzw.} \quad \delta A_i > \delta A_a \tag{4.3}$$

als Grenzzustandsbedingung.

Mit Bezug auf die allgemeine Formulierung einer Sicherheitsungleichung R>S kann die Leistung der inneren Kräfte δA_i als verallgemeinerte Beanspruchbarkeit R angesehen werden, die Leistung der äußeren Kräfte δA_a dementsprechend als verallgemeinerte Beanpruchung S. Die Leistungsbilanz δA (4.2) entspricht also der Sicherheitszone Z.

Bei der Anwendung der Traglastsätze kann jeweils nur von einem einzigen Lastfall ausgegangen werden. Für diesen wird ein Traglastfaktor λ bestimmt, der die Tragfähigkeitsgrenze als tragwerks-/belastungsbezogene Beanspruchbarkeit definiert. Eine alternative Grenzzustandsbedingung für Tragwerke mit Lastumlagerung kann damit als

$$\lambda = \frac{\delta A_i}{\delta A_a} > 1 \tag{4.4}$$

formuliert werden.

Die Versagenswahrscheinlichkeit ergibt sich zu

$$p_f = P(\lambda < 1). \tag{4.5}$$

Meist wird die Formulierung über die Leistungsbilanz

$$p_f = P(Z < 0) \tag{4.6}$$

vorgezogen, da in ihr die stochastischen Festigkeitsgrößen (vollplastische Momente) linear miteinander verknüpft sind.

Die Formulierung einer Grenzzustandsbedingung für Tragwerke mit Lastumlagerungsmöglichkeit mit Hilfe des zweiten Traglastsatzes wird am Einfeldträger demonstriert.

• Beispiel 4.1 - Fortsetzung:

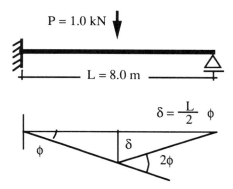

Bild 4.12: Kinematische Kette für Einfeldträger

Die Leistung der inneren Kräfte ist gleich

$$\delta A_i = M_{Epl} \cdot \varphi + M_{Fpl} \cdot 2\varphi,$$

die Leistung der äußeren Kräfte ist gleich

$$\delta A_a = P \cdot \frac{L}{2} \cdot \varphi \,,$$

damit ist die Leistungsbilanz gegeben durch

$$\delta A = \delta A_i - \delta A_a$$

$$\delta A = M_{Epl} \cdot \varphi + M_{Fpl} \cdot 2\varphi - P \cdot \frac{L}{2} \cdot \varphi.$$

Nach dem zweiten Traglastsatz ist eine Belastung größer als die Traglast, wenn

$$\delta A < 0$$

gilt.

Die Wahrscheinlichkeit P(δA<0) ist die Versagenswahrscheinlichkeit des Tragwerks

$$p_f = P(M_{Epl} \cdot \varphi + M_{Fpl} \cdot 2\varphi - P \cdot \frac{L}{2} \cdot \varphi < 0).$$

Die virtuelle Stabverdrehung φ kann aus der Gleichung eliminiert werden, da sie per definitionem positiv ist. Wird weiterhin eine Multiplikation der Ungleichung mit dem Faktor 1/2 durchgeführt, die an der Wahrscheinlichkeitsaussage nichts ändert, zeigt sich, daß die Versagenswahrscheinlichkeit mit der oben berechneten identisch ist.

Eine andere Formulierung ergibt sich über die Einführung des Traglastfaktors:

$$\delta A = M_{Epl} \cdot \varphi + M_{Fpl} \cdot 2\varphi - P \cdot \frac{L}{2} \cdot \varphi,$$

$$\lambda = \frac{\delta A_i}{\delta A_a} = \frac{M_{Epl} + M_{Fpl} \cdot 2}{P \cdot \frac{L}{2}} \quad .$$

Wird der Traglastfaktor für eine Realisation der stochastischen Variablen M_{Fpl}, M_{Epl} und P kleiner als 1, gilt dies als Tragwerksversagen. Die zugehörige Versagenswahrscheinlichkeit ist

$$p_f = P\left(\frac{M_{Epl} + M_{Fpl} \cdot 2}{P \cdot \frac{L}{2}} < 1 \right),$$

oder bei einer Formulierung mit der Leistungsbilanz als Sicherheitszone

$$p_f = P\left(M_{Epl} + M_{Fpl} \cdot 2 - P \cdot \frac{L}{2} < 0\right).$$

Die stochastischen Variablen M_{Fpl}, M_{Epl} und P sind in dieser zweiten Formulierung über die Sicherheitszone in linearer Verknüpfung enthalten (siehe Gl. (4.6)).

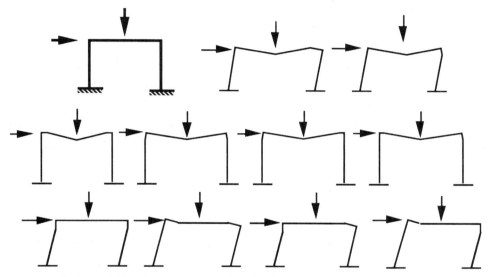

Bild 4.13: Einige kinematisch zulässige Ketten eines Rahmens

Da der Zusammenhang zwischen kinematischen Ketten und Versagenszuständen offensichtlich ist, konzentrierten sich auch die Bemühungen zur Berechnung der Versagenswahrscheinlichkeit von Konstruktionen, die zur Lastumlagerung fähig sind, auf dieses Verfahren [4.13].

Eine besondere Schwierigkeit bei der Anwendung ergibt sich dadurch, daß bei üblichen Tragwerken eine große Anzahl kinematisch zulässiger Verschiebungsgeschwindigkeitsfelder (kinematischer Ketten) existiert. Die Anzahl möglicher kinematischer Ketten ist abhängig von der Anzahl möglicher Fließgelenke (Kontrollpunkte). Für kontinuierliche Tragwerke ergeben sich demnach unendlich viele kinematische Ketten. In Bild 4.13 sind die kinematischen Ketten für einen einfachen Rahmen dargestellt.

Da für Stiel und Riegel jeweils unterschiedliche Werte der vollplastischen Momente anzunehmen sind, ergeben sich schon für dieses verhältnismäßig einfache Tragwerk zehn zulässige Verschiebungsgeschwindigkeitsfelder (kinematische Ketten). In Bild 4.13 wurden nur die kinematischen Ketten zusammengestellt, für die die Belastung bei der angegebenen Kraftangriffsrichtung eine positive Leistung der äußeren Kräfte ergibt. Kinematisch zulässig sind auch alle Verschiebungsfelder mit Drehwinkeln in die andere Richtung.

Bei der deterministischen Traglastberechnung ist nur die kinematische Kette von Interesse, die den kleinsten Lastfaktor ergibt. Bei der Berücksichtigung stochastischer Variabler ist ein Versagen gemäß irgendeiner von allen kinematischen Ketten eines Tragwerkes möglich.

Als obere Schranke ergibt sich die Versagenswahrscheinlichkeit eines Systems als Wahrscheinlichkeit des Versagens über den Mechanismus i oder über den Mechanismus j oder über den Mechanismus k usw. Die zu jeder kinematischen Kette gehörige Versagenswahrscheinlichkeit muß also berechnet werden, und alle Versagenswahrscheinlichkeiten müssen wie bei einem "weakest-link"-Modell (vgl.Abschnitt 2.2) in einer "oder"-Verknüpfung erfaßt werden:

$$p_{fu} = 1 - \cup_i (1 - p_{fi}). \tag{4.7}$$

Da Fließgelenke an verschiedenen kinematischen Ketten beteiligt sein können, sind die Auftretenswahrscheinlichkeiten kinematischer Ketten voneinander abhängig. Bei der Berechnung der Gesamtversagenswahrscheinlichkeit des Systems muß diese Korrelation durch die Auswertung der bedingten Wahrscheinlichkeiten berücksichtigt werden ([4.13]):

$$p_f = P(Z_1<0) + P(Z_2<0,Z_1>0) \ + \ P(Z_3<0,Z_1>0,Z_2>0) \ + \ ..... \tag{4.8}$$

Besteht volle Korrelation zwischen den stochastischen Variablen, so ergibt sich die Versagenswahrscheinlichkeit des Systems als größte Versagenswahrscheinlichkeit der Einzelmechanismen:

$$p_{fo} = p_{fimax}. \tag{4.9}$$

Durch (4.3) und (4.5) werden für die genaue, aber nur mit großem Aufwand zu berechnende Versagenswahrscheinlichkeit nach Gl.(4.8) Schranken angegeben:

$$p_{fu} \ < \ p_f \ < \ p_{fo}. \tag{4.10}$$

Wie bei einer Berechnung der Versagenswahrscheinlichkeit mit einem "weakest-link"-Modell mit einer unvollständigen Anzahl von Einzelversagenswahrscheinlichkeiten eine zu kleine Versagenswahrscheinlichkeit berechnet wird, wird bei der Berechnung der Versagenswahrscheinlichkeit durch Verknüpfung kinematischer Ketten ebenfalls eine zu kleine Versagenswahrscheinlichkeit berechnet, wenn nicht alle möglichen kinematischen Ketten berücksichtigt werden.

Voraussetzung für eine zufriedenstellende Näherung der Versagenswahrscheinlichkeit ist die Möglichkeit, den Fehler abzuschätzen, wenn nur eine begrenzte Anzahl kinematischer Ketten in die Berechnung einbezogen werden.

Die Abschätzung gelingt, wenn die Versagenswahrscheinlichkeiten der kinematischen Ketten der Größe nach geordnet werden können. Das bedeutet aber, daß die Traglastberechnung mit dem Ziel durchgeführt wird, die kinematischen Ketten mit den größten Versagenswahrscheinlichkeiten zu bestimmen.

Bei der deterministischen Berechnung wird lediglich die kinematische Kette mit dem kleinsten Traglastfaktor bestimmt. Dieser Versagenszustand muß nicht unbedingt auch der mit der größten Versagenswahrscheinlichkeit sein, wie sich an einem Beispiel leicht zeigen läßt.

- Beispiel 4.2:

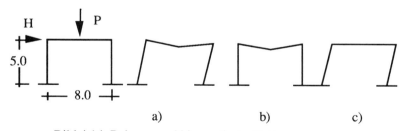

Bild 4.14: Rahmen und kinematische Ketten

Belastung:

Mittelwerte	$P = 8.0$ kN; $H = 4.0$ kN
Variationskoeffizient	$V_P = V_H = 0.2$

Vollplastische Momente:

Mittelwert	$M_{pl} = 12$ kNm,
Variationskoeffizient	$V_M = 0.1$

Berechnung der Versagenswahrscheinlichkeit

Mechanismus a)

Sicherheitszone

$Z_1 = M_{pl1} + 2 M_{pl3} + 2 M_{pl4} + M_{pl5} - (4 P + 5 H)$

$Z_1 = 72 - 52 = 20$

(Traglastfaktor : $\lambda_1 = \dfrac{72}{52} = 1.3846$)

Streuung der Sicherheitszone

$\sigma_Z^2 = (1^2 + 2^2 + 2^2 + 1^2) \cdot 1.2^2 + 4^2 \cdot 1.6^2 + 5^2 \cdot 0.8^2 = 71.36$

$\sigma_{Z\,1} = 8.447$

Versagenswahrscheinlichkeit

$P_{f\,1} = \Phi\left(- \dfrac{Z_1}{\sigma_{Z1}}\right) = \Phi\left(\dfrac{-20}{8.447}\right) = \Phi(-2.368) = 8.77 \cdot 10^{-3}$

Mechanismus b)

Sicherheitszone

$Z_2 = M_{pl2} + 2 M_{pl3} + M_{pl4} - 4 P$

$Z_2 = 48 - 32 = 16$

(Traglastfaktor : $\lambda_2 = \dfrac{48}{32} = 1.875$)

Streuung der Sicherheitszone

$\sigma_{Z_2}^2 = (1^2 + 2^2 + 1^2) \cdot 1.2^2 + 4^2 \cdot 1.6^2 = 49.6$

$\sigma_{Z\,2} = 7.043$

Versagenswahrscheinlichkeit

$P_{f\,2} = \Phi\left(- \dfrac{Z_2}{\sigma_{Z2}}\right) = \Phi\left(\dfrac{-16}{7.043}\right) = \Phi(-2.272) = 11.87 \cdot 10^{-3}$

Mechanismus c)

Sicherheitszone

$Z_3 = M_{pl1} + M_{pl2} + M_{pl4} + M_{pl5} - 5\,H$

$Z_3 = 48 - 20 = 28$

(Traglastfaktor : $\lambda_3 = \dfrac{48}{20} = 2.4$)

Streuung der Sicherheitszone

$\sigma_Z^2 = 4 \cdot 1.2^2 + 5^2 \cdot 0.8^2 = 21.76$

$\sigma_{Z\,3} = 4.665$

Versagenswahrscheinlichkeit

$p_{f\,3} = \Phi\left(-\dfrac{Z_3}{\sigma_{Z3}}\right) = \Phi\left(\dfrac{-28}{4.665}\right) = \Phi(-6.0) = 9.9 \cdot 10^{-10}$

In der Tabelle 4.1 sind die Traglastfaktoren und Versagenswahrscheinlichkeiten einander gegenübergestellt. Während der Mechanismus a) den kleinsten Traglastfaktor aufweist, ist dem Mechanismus b) die größte Versagenswahrscheinlichkeit zugeordnet.

Mechanismus	a)	b)	c)
Traglastfaktor	1.3846	1.5	2.4
Versagenswahrscheinlichkeit	$8.77 \cdot 10^{-3}$	$11.87 \cdot 10^{-3}$	$9.9 \cdot 10^{-10}$

Tabelle 4.1: Traglastfaktoren und Versagenswahrscheinlichkeiten

Für die Versagenswahrscheinlichkeit des Systems ergeben sich folgende Schranken:
untere Schranke: $11.87 \cdot 10^{-3}$ $= p_{fimax} = p_{f\,2}$ (vgl. Gl(4.3))
obere Schranke: $20.54 \cdot 10^{-3}$ $= 1 - (1 - p_{f\,1}) \cdot (1 - p_{f\,2}) \cdot (1 - p_{f\,3})$
(vgl. Gl. (4.9), stochastische Unabhängigkeit der Mechanismen).

Die genaue Lösung nach Gl.(4.8) wurde mit der direkten Monte-Carlo-Simulation (siehe Anhang A4) mit 1 Mio. Punkten errechnet:

$p_f = 16.51 \cdot 10^{-3}.$

An vorstehendem Beispiel läßt sich ersehen, daß bei größeren Tragwerken mit einer entsprechend großen Anzahl kinematisch zulässiger Mechanismen (kinematische Ketten, siehe Bild 4.13) dieser vollständige Ansatz in seiner Anwendbarkeit beschränkt bleiben muß.

Obwohl der Zusammenhang zwischen Versagen und kinematischen Ketten so offensichtlich ist und die Erweiterung zur Berechnung der Versagenswahrscheinlichkeit sich geradezu aufdrängt, zeigt sich, daß das probabilistische Problem eine eigene Qualität besitzt.

Diese spezielle Qualität der Berechnung der Versagenswahrscheinlichkeit für Tragwerke mit Lastumlagerung soll anhand der systematischen Formulierung verdeutlicht werden.

Systematische Ansätze gehen über die Lösung des Traglastproblems als mathematische Optimierungsaufgabe ([4.14], [4.15], [4.16]) :

Maximiere λ

unter den Nebenbedingungen

$$\underline{N}\,\underline{F} - \lambda\,\underline{P} = \underline{0}\,, \tag{4.11}$$

$$Q_i(\underline{F}) \leq 0\,, \tag{4.12}$$

mit λ :   Traglastfaktor,

$\underline{F}$:   Freiwerte von Spannungsansätzen oder Schnittgrößen,

$\underline{N}$:   Gleichgewichtsmatrix,

$\underline{P}$:   Vektor stochastisch unabhängiger Lasten,

Q_i: Fließbedingungen in den Kontrollpunkten.

Es wird also der maximale Traglastfaktor gesucht, bei dem die Gleichgewichtsbedingungen (4.11) befriedigt werden können und die Fließbedingungen (4.12) nicht verletzt werden (s.o.: Erster Traglastsatz).

Durch die Nebenbedingungen des Optimierungsproblems (4.11) und (4.12) ist ein zulässiger Bereich für die Variablen, den Traglastfaktor λ und die Elemente des Vektors $\underline{F}$, definiert.

Mit der Formulierung des zulässigen Bereichs ergibt sich folgende Definition:

Die Versagenswahrscheinlichkeit ist die Wahrscheinlichkeit, daß die Variablen (λ und Vektor $\underline{F}$) für gegebene stochastische Eigenschaften der Festigkeit und der Belastung nicht im zulässigen Bereich liegen.

Beim probabilistischen Problem besitzen die Elemente des Lastvektors P stochastische Eigenschaften. Die stochastischen Festigkeitswerte (z.B. vollplastische Momente, Fließspannungen o.ä.) sind in den Fließbedingungen enthalten.

Die Formulierung eines dualen Problems (= Minimierung der Leistungsbilanz in bezug auf alle zulässigen Versagensmechanismen vgl. [4.6], [4.16]) bietet zwar den Vorteil einer wesentlich geringeren Anzahl von Nebenbedingungen, jedoch enthält das duale Problem sehr viel mehr Variablen. Bei der Anwendung von numerischen Verfahren der stochastischen oder parametrischen Programmierung können die Eigenschaften der beiden Formulierungen ausgenützt werden.

Die stochastischen Eigenschaften der Parameter können im Rahmen der mathematischen Optimierung durch die Formulierung eines parametrischen ([4.14]) oder eines stochastischen Optimierungsproblems ([4.15], [4.17]) berücksichtigt werden.

Ausgehend von der deterministischen Lösung des Traglastproblems werden bei der parametrischen Optimierung benachbarte Lösungen mit den nächstgrößeren Traglastfaktoren und entsprechenden Versagenswahrscheinlichkeiten gefunden.

Bei der stochastischen Optimierung gibt es die Möglichkeit, eine Verteilungsfunktion für die optimale Lösung (Traglastfaktor) und damit die Versagenswahrscheinlichkeit für den Mechanismus mit dem kleinsten deterministischen Traglastfaktor zu berechnen. Hiermit ist jedoch lediglich eine untere Schranke für die Versagenswahrscheinlichkeit des Systems bekannt, d.h., die berechnete Versagenswahrscheinlichkeit ist kleiner als die tatsächliche. Durch die zusätzliche Ermittlung der Wahrscheinlichkeit der Optimalität einer Lösung kann eine Fehlerabschätzung durchgeführt werden ([4.17]).

Die sehr kompakte Formulierung des Optimierungsproblems soll nicht darüber hinwegtäuschen, daß die genaue Berechnung der Versagenswahrscheinlichkeit die Auswertung eines Integrals im Raum aller Variablen über den zulässigen Bereich erfordert (gegeben durch die Ungleichungen (4.7)). Hierbei sind die stochastischen Größen ebenfalls als Variablen mitzuführen.

Der erhebliche Aufwand der Berechnung konnte noch nicht zu einem allgemein anwendbaren Programm führen. Die beschriebenen Verfahren bleiben damit in der Problemgröße beschränkt. Als am weitesten anwendbar hat sich die Anwendung der Methodik der stochastischen Optimierung erwiesen, da hier eine Näherung auf der Grundlage der deterministischen Traglastberechnung gefunden wird (siehe [4.11], [4.17]).

Die Traglastberechnung mit dem Ziel der Bestimmung der Mechanismen mit der größten Versagenswahrscheinlichkeit, bzw. der Entwicklung eines Näherungsverfahrens ist bislang über verschiedene Ansätze hinaus noch nicht zu einer befriedigenden Lösung gekommen.

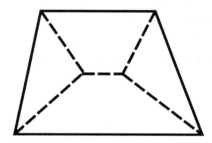

Bild 4.15: Versagensmechanismus bei Platten - Bruchlinien

Die vorstehend beschriebene Berechnung der Versagenswahrscheinlichkeiten auf der Grundlage kinematischer Ketten ist nur im Zusammenhang mit ebenen Rahmentragwerken anschaulich. Bei der Übertragung auf räumliche Stabtragwerke oder Flächentragwerke wird die Komplexität der Problemstellung offensichtlich, da für diese Tragwerke Versagensmechanismen nicht in vergleichbar einfachen kinematischen Ketten angegeben werden können.

Lediglich bei Plattentragwerken ist mit der Bruchlinientheorie ([4.21]) ein Verfahren verfügbar, das in der anschaulichen Darstellung von Versagensmechanismen den kinematischen Ketten ebener Rahmen vergleichbar ist (Bild 4.15).

Bei der Berechnung von Versagenswahrscheinlichkeiten auf der Grundlage der Bruchlinientheorie ergibt sich als zusätzliches Problem die räumliche Korrelation der stochastischen Festigkeiten sowie der Belastung (vgl.[4.22]).

Bei Scheiben und Schalentragwerken gibt es bislang keine brauchbare Methode zur Ermittlung von Versagensmechanismen. Vor allem ist es auch nicht möglich, die für physikalische nichtlineare Berechnungen erweiterten Elementverfahren der Elastostatik zur Berechnung von Mechanismen vergleichbar den kinematischen Ketten oder Bruchlinien zu benutzen. Es sei hier auf die Schwierigkeit hingewiesen, mit einem nichtlinearen Scheibenprogramm Grundbruchlasten zu ermitteln.

Für alle diese Strukturen mit einer komplexeren Tragwirkung und entsprechend vielfältigen Versagensmöglichkeiten kann bislang nur von einer deterministischen Lösung ausgegangen und eine Versagenswahrscheinlichkeit für den deterministisch ermittelten Versagensmechanismus berechnet werden (vgl.[4.11]). Die im letzten Schritt der nichtlinearen Berechnung ermittelten Verschiebungen und Verformungen werden als Verschiebungs- und Verformungsgeschwindigkeiten zur Aufstellung einer Leistungsbilanz verwendet; wie bei den kinematischen Ketten wird eine Versagenswahrscheinlichkeit als untere Schranke berechnet.

4.3 Genauere Verfahren der Zuverlässigkeitsbeurteilung

4.3.1 Einführung

Die Darstellung von Verfahren zur Berechnung der Versagenswahrscheinlichkeit und somit der Zuverlässigkeitsbeurteilung hat sich bisher auf die Methode der zweiten Momente und die Monte-Carlo-Simulation beschränkt. Die genannten Methoden zeichnen sich insbesondere durch ihre problemlose Anwendung aus. Für im Konstruktiven Ingenieurbau vorhandene Versagenswahrscheinlichkeiten von 10^{-6} benötigt man bei Anwendung der Monte-Carlo-Methode 10^8 Simulationen, um einen statistischen Fehler des Ergebnisses von 10 % zu erzielen (vgl. Gl. (2.31)). Diese recht große Simulationszahl führt bei komplizierten Grenzzustandsfunktionen zu hohen Rechenzeiten.

Auf der anderen Seite ergeben sich bei der Methode der zweiten Momente für nichtlineare Grenzzustandsfunktionen und nicht normalverteilte Basisvariablen unter Umständen sehr fehlerhafte Ergebnisse (vgl. [4.27]). Im Unterschied zur Monte-Carlo-Simulation ist ferner keine allgemein gültige Fehlerabschätzung möglich.

Die fortschreitende Verfeinerung von mechanischen Modellen (vgl. Abschnitte 4.1 und 4.2) und zunehmende Anforderungen an Genauigkeit erforderte daher die Entwicklung entsprechender Methoden zur Berechnung der Versagenswahrscheinlichkeit. Das folgende Kapitel dient der Vorstellung und vergleichenden Diskussion von leistungsfähigen Verfahren zur

Berechnung der Versagenswahrscheinlichkeit, die insbesondere in den letzten Jahren entwickelt wurden.

4.3.2   Diskussion der Berechnungsmethoden

Im folgenden werden Verfahren zur Berechnung der Versagenswahrscheinlichkeit beschrieben, die ihre verbesserten Ergebnisse durch quadratische Approximation der Grenzzustandsfunktion oder durch die Anwendung von effizienten Simulationstechniken erzielen. Welches der Verfahren zur genaueren Berechnung der Versagenswahrscheinlichkeit im Einzelfall zu bevorzugen ist, hängt sehr stark von der zu behandelnden Problemstellung, der benötigten Genauigkeit des Ergebnisses sowie vom Aufwand zur einmaligen Berechnung der Grenzzustandsfunktion ab.

Die genannten Verfahren werden für Sicherheitsbeurteilung nach Level III (vgl. Abschnitt 3.2) sowie Problemstellungen mit nichtlinearen Grenzzustandsfunktionen und nicht-normalverteilten Basisvariablen angewendet.

Die Ansätze zur verbesserten Abbildung der Grenzzustandsfunktion sind in der Literatur unter Methoden zweiter Ordnung bekannt und verwenden hierzu meist parabolische Approximationen. Die parabolische Approximation wird im Raum standard-normalverteilter Variablen vorgenommen, wodurch Basisvariablen mit anderen Verteilungsfunktionen sowie die Grenzzustandsfunktion transformiert werden müssen.

Auf der transformierten parabolischen Näherung der Grenzzustandsfunktion wird - ähnlich wie der Approximation erster Ordnung - der Bemessungspunkt gesucht. Neben der Problematik der Fehlerabschätzung in der Anpassung der Grenzzustandsfunktion besteht die Schwierigkeit in der genauen expliziten Berechnung der Versagenswahrscheinlichkeit für die nichtlineare Grenzzustandsfunktion. Die einfachste der Approximationsformeln wurde in [4.23] vorgeschlagen:

$$p_f \cong \Phi\,(\text{-}\beta) \left[\prod_{i=1}^{n\text{-}1} (1 \; + \; \beta \cdot k_i) \right]^{-1/2} \tag{4.13}$$

Hierin bezeichnet Φ die Verteilungsfunktion der Standard-Normalverteilung, β den kürzesten Abstand von der Grenzzustandsfunktion zum Ursprung des Standard-Raumes und k_i

die Hauptkrümmungen der angenäherten Grenzzustandsfunktion am Bemessungspunkt. Zur Berechnung der Hauptkrümmungen wird eine orthogonale Transformation der approximierten Grenzzustandsfunktion im Standard-Raum (U)

$$\underline{U}' = \underline{R} \cdot \underline{U} \qquad\qquad . \qquad\qquad (4.14)$$

vorgenommen, so daß die Achse U_n' mit dem Vektor zum Bemessungspunkt zusammenfällt ([4.23]). Es läßt sich dann eine Matrix $\underline{A}$ definieren, deren Elemente sich aus

$$\alpha_{ij} = \frac{(\underline{R}\,\underline{H}\,\underline{R}^T)_{ij}}{|\nabla\,g(\underline{U}')|} \quad ; \qquad i,j = 1,2\,...,\,n\text{-}1 \qquad (4.15)$$

ergeben, wobei $\underline{R}$ die vorher ermittelte Rotationsmatrix, $\underline{H}$ die Hessesche Matrix der approximierten Grenzzustandsfunktion am Bemessungspunkt, $\nabla g(\underline{U}')$ den Gradientenvektor der approximierten Grenzzustandsfunktion darstellt.

Die benötigten Hauptkrümmungen zur näherungsweisen Berechnung der Versagenswahrscheinlichkeit nach Gl. (4.13) ergeben sich als die Eigenwerte der Matrix $\underline{A}$. Verbesserte Lösungen im Konzept der Approximation zweiter Ordnung wurden weiterhin für Gl. (4.13) in [4.24] und [4.25] vorgeschlagen, wobei der übrige Berechnungsablauf im wesentlichen beibehalten wird. Die erhöhte Genauigkeit wird z.T. mit vergrößertem Rechenaufwand erkauft, insbesondere unter Einschluß direkter numerischer Integration.

Eine der wichtigsten Voraussetzungen für die beschriebenen Ansätze ist nach wie vor das sichere Auffinden des Bemessungspunktes. Dies ist nicht immer zu garantieren. Auch kleine Abweichungen vom tatsächlichen Bemessungspunkt oder das Vorliegen von zwei Bemessungspunkten können bei diesem Verfahren eine Abweichung vom exakten Ergebnis bewirken. Für komplizierte Grenzzustandsfunktionen mit aufwendigen numerischen Berechnungen können außerdem "Störungen" (*Rauschen*) bei der Berechnung der Grenzzustandsfunktion auftreten; gegenüber diesen "Störungen" reagieren Approximationen zweiter Ordnung aufgrund ihrer Krümmungsorientierung recht empfindlich. Liegt der Bemessungspunkt z.B. auf einem Wendepunkt oder ist der Mittelwert der Krümmungen Null, so treten gleich große Fehler wie bei der Approximation erster Ordnung auf.

Die in [4.26] vorgeschlagene verbesserte Methode zweiter Ordnung basiert im Gegensatz zu den bisher erwähnten krümmungsorientierten Methoden auf einer punktweisen Anpassung der parabolischen Approximation im Bemessungspunkt. Durch die Verwendung der Gram-

Schmid-Orthogonalisierung ([4.26]) erübrigt sich die aufwendige Lösung von Eigenwert-
problemen zur Bestimmung der Hauptkrümmungen, da die entsprechende Matrix $\underline{A}$ (vgl.
Gl. (4.9)) nur auf der Hauptdiagonalen besetzt ist. Diese Formulierung ist unempfindlich
gegenüber "Verrauschungen" in der Grenzzustandsfunktion. Die Behandlung von Grenzzustandsfunktionen mit großer, nicht-parabolischer Krümmung bleibt allerdings auch bei
diesem Ansatz problematisch.

Für diese Art von Problemstellung eignen sich insbesondere varianzreduzierende Simulationsverfahren. Die Vorschläge zur Anwendung von varianzreduzierenden Simulationstechniken im Ingenieurbereich gehen im wesentlichen auf die in [4.27] - [4.31] vorgestellten
Arbeiten zurück. Insbesondere die Methode der gewichteten Simulation hat sich in diesem
Zusammenhang als sehr effizient erwiesen ([4.33]). Bei der Anwendung der Monte-Carlo-
Simulation für zu erwartende Versagenswahrscheinlichkeiten von 10^{-6} liegt im Mittel nur
eine von 10^6 Simulationen im für die Berechnung interessanten Versagensbereich. Ziel der
varianzreduzierenden Techniken ist es nun, die "Trefferquote" im Versagensbereich zu erhöhen. Für die gewichtete Simulation in [4.33] liegt die "Trefferquote" im relevanten Versagensbereich bei ca. 50 % der Simulationen, unabhängig von der zu erwartenden Versagenswahrscheinlichkeit. Die Reduzierung der Varianz bei den erwähnten Simulationstechniken wird durch a priori-Informationen über den Simulationsbereich erzielt. Im allgemeinen
läßt sich die Vorabinformation durch den Bemessungspunkt aus Näherungsberechnungen
(vgl. Abschnitt 2.1) gewinnen. Trotz der kleineren Simulationszahl, die bei dieser Methode
verwendet wird, verfügt das Ergebnis über größere Genauigkeit und Stabilität als bei der
Monte-Carlo-Simulation.

Auf Grund des maßgeblichen Beitrages zur Versagenswahrscheinlichkeit aus der Integration
der Verbunddichte im Versagensbereich in unmittelbarer Nähe des Bemessungspunktes erscheint es sinnvoll, die Simulation dort zu konzentrieren. Die folgende Beziehung kann
dazu verwendet werden, die Versagenswahrscheinlichkeit zu berechnen ([4.27], [4.33]):

$$p_f = \int\limits_{\text{alle } \underline{x}} I[g(\underline{x}) \leq 0] \; \frac{f_{\underline{X}}(\underline{x})}{h_{\underline{Y}}(\underline{x})} \, h_{\underline{Y}}(\underline{x}) \tag{4.16}$$

mit

$$I[g(\underline{x}) \leq 0] \quad \begin{cases} 1 & \text{für } \underline{x} \in F \text{ (Versagensbereich)} \\ 0 & \text{alle übrigen Fälle} \end{cases} \tag{4.17}$$

In Gl. (4.16) bezeichnet $f_X(\underline{x})$ die tatsächliche Verbunddichte (vgl. Anhang A4) des spezifischen Problems, während $h_Y(\underline{x})$ die Wichtungsdichte (Simulationsdichte) darstellt. Die primäre Aufgabe der Wichtungsfunktion ist die Zentrierung der Simulation im "wichtigsten Bereich", d.h. in der Umgebung des Bemessungspunktes. Für den eindimensionalen Fall ist das Prinzip der gewichteten Simulation in Bild 4.16 dargestellt. Klar zu erkennen ist die in den Bemessungspunkt verschobene Simulationsdichte $h_Y(\underline{x})$, die garantiert, daß ca. 50% der Simulationen im Versagensbereich liegen.

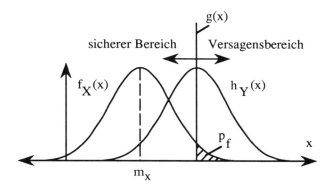

Bild 4.16a: Prinzip der gewichteten Simulation

Bei einer Simulation mit üblicher Monte-Carlo-Methode - d.h. Simulationsdichte ist $f_X(\underline{x})$ - ergibt sich ein erheblich kleinerer Prozentsatz der Versuche im Versagensbereich (vgl. Bild 4.16a), was selbstverständlich zu einer vergrößerten Simulationszahl führt. Für die numerische Berechnung ergibt sich der Schätzwert für den Erwartungswert der Versagenswahrscheinlichkeit bei gewichteter Simulation zu:

$$p_f = \frac{1}{N} \sum_{i=1}^{N} I[g(\underline{x}_i) \leq 0] \; \frac{f_X(\underline{x}_i)}{h_Y(\underline{x}_i)} \tag{4.18}$$

Es läßt sich zeigen (siehe [4.34], [4.35]), daß die Varianz des Ergebnisses aus Gl. (4.18) theoretisch bis zu Null reduziert werden kann, wenn die Wichtungsdichte im Versagensbereich proportional zur tatsächlichen Verbunddichte verläuft (vgl. Bild 4.16b). Leider ist zur exakten Festlegung der optimalen Simulationsdichte die zu berechnende Versagenswahrscheinlichkeit selbst notwendig und somit die Berechnung unmöglich. Allerdings kann man davon ausgehen, daß im allgemeinen bei ingenieurwissenschaftlichen Anwendungen die Dichtefunktion im Versagensbereich von exponentieller Form ist und somit als Orientierung für die Wahl einer Simulationsdichte dienen kann. Als geeignete Varianz der Wichtungsdichte lassen sich die jeweiligen Varianzen der Ausgangsverteilungen verwenden. Aufgrund der in der Berechnung begrenzten Anzahl von Simulationen läßt sich ein Schätzwert für den Erwartungswert der verbleibenden Varianz mit

$$S_I^2 = \frac{1}{N} \sum_{i=1}^{N} \left[I(g(\underline{x}_i) \leq 0) \, \frac{f_{\underline{X}}(\underline{x}_i)}{h_{\underline{Y}}(\underline{x}_i)} \right]^2 - \left[\frac{1}{N} \sum_{i=1}^{N} (I(g(\underline{x}_i) \leq 0) \, \frac{f_{\underline{X}}(\underline{x}_i)}{h_{\underline{Y}}(\underline{x}_i)}) \right]^2 \qquad (4.19)$$

ermitteln. Die Information über den sogenannten Standard-Fehler erhält man dann aus

$$S_{IE} = \sqrt{\frac{S_I^2}{N}} \; . \qquad (4.20)$$

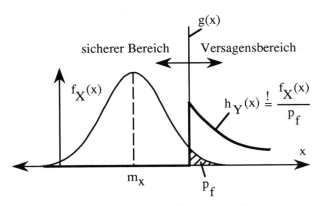

Bild 4.16b: Optimale Simulationsdichte

Der statistische Fehler des Ergebnisses ist im Gegensatz zur Monte-Carlo-Simulation nicht mehr durch den Erwartungswert der Versagenswahrscheinlichkeit beeinflußt und nur noch von Simulationszahl und Wichtungsfunktion abhängig. Für detailliertere Untersuchungen zu diesem Themenbereich wird auf die Ergebnisse in [4.35] verwiesen.

Zur Reduzierung der Varianz des Ergebnisses läßt sich die Wichtungsdichte mittels des in [4.32] vorgeschlagenen Optimierungsansatzes zur optimalen Anpassung an die Original-Verbunddichte im Versagensbereich berechnen. Da der in [4.32] dargestellte Optimierungsansatz lediglich die Berechnung der Verbunddichten verlangt, erscheint dieser Weg insbesondere attraktiv für Problemstellungen mit aufwendig zu berechnenden Grenzzustandsfunktionen.

Die Genauigkeit der gewichteten Simulation wird weiterhin durch die Berücksichtigung von ggf. vorhandenen Korrelationen innerhalb der Wichtungsdichte wesentlich beeinflußt. In [4.33] wurde dieser Tatsache Rechnung getragen und eine Simulation mit korrelierter Verbundwichtungsdichte ermöglicht, die auf dem in [4.36] vorgeschlagenen Korrelationsmodell beruht. Wird die vorhandene Korrelation von Basisvariablen nicht berücksichtigt, so ist es möglich, daß für einige Simulationen das Verhältnis $f_{\underline{X}}(\underline{x}_i)$ zu $h_{\underline{Y}}(\underline{x}_i)$ größer ist als 1 und somit das Ergebnis der Berechnung fehlerhaft wird. In einigen Fragestellungen (z.B. Bruchmechanik), die unter Zuverlässigkeitsaspekten untersucht werden, kann die Verwendung von normalverteilten Wichtungsdichten zu Widersprüchen bzw. schwerwiegenden numerischen Problemen führen. Diese Widersprüche resultieren aus den physikalischen Gesamtzusammenhängen; z.B. kann die Zufallsvariable der Rißlänge niemals negativ sein. Diesen Eigenschaften des physikalischen Modells muß also neben der Ausgangsverteilung auch die Wichtungsdichte Rechnung tragen.

Um eine große Zahl unterschiedlicher physikalischer Modelle in zuverlässigkeitstheoretischer Hinsicht untersuchen zu können, ist in [4.33] neben der Simulation mit Gaußscher Verbunddichte auch eine Simulation mit verschobener Originaldichte vorgesehen. Es ist außerdem ratsam, die Originaldichten bei der Simulation zu verwenden, wenn die Originaldichte in ihrer Gestalt signifikant von der Gauß-Verteilung abweicht (z.B. Gleichverteilung).

Aus Gründen der Vollständigkeit seien noch einige andere varianzreduzierende Techniken genannt, die in der Literatur Erwähnung finden. Es sind dies das *stratified sampling* ([4.37]), welches in Fällen von wenigen besonders dominierenden (im Beitrag zur Versagenswahrscheinlichkeit) Basisvariablen von Bedeutung ist und dessen Weiterentwicklung das *Latin Hypercube Sampling* ([4.30]) sowie die Verwendung von *Antithetic Variates* ([4.35]).

Die jüngst entwickelte Methode der schrittweisen Anpassung ([4.38]) erscheint deshalb interessant, weil keine Vorabinformation über den Bemessungspunkt benötigt wird. In mehreren aufeinander aufbauenden Simulationsläufen wird eine optimale Simulationsdichte - insbesondere hinsichtlich ihrer Lokation - gefunden, mit der in effizienter Weise die Versagenswahrscheinlichkeit bestimmt werden kann.

Für Problemstellungen mit bis zu 20 Variablen und expliziter Grenzzustandsfunktion hat sich das *Verfahren der bedingten Integration* ([4.39]) durch seine "konzentrierte" Integration im Versagensbereich als sehr geeignet erwiesen.

Weitere Verfahren, die die Simulation eines Korrekturfaktors für die Methoden erster und zweiter Ordnung vorschlagen ([4.40]), erbringen zwar für gewisse Probleme gute Ergebnisse, allerdings bezeichnen die Autoren selbst die Methode der gewichteten Simulation am Bemessungspunkt als die robusteste.

Um einen Eindruck über die Leistungsfähigkeit der wichtigsten varianzreduzierenden Techniken zu vermitteln, wurden Vergleichsrechnungen durchgeführt ([4.41]). Das verwendete Beispiel behandelt die Grenzzustandsfunktion:

$$g(\underline{x}) = 2 + 0.5 \, a_1 \cdot x_1^2 + a_2 \cdot x_1^3 - x_2 \tag{4.21}$$

Alle Basisvariablen sind standard-normalverteilt und statistisch unabhängig. Die Ergebnisse der Vergleichsrechnungen für verschiedene Berechnungsmethoden und Variationen in den konstanten Parametern a_1 und a_2 sind in Tab. 4.2 zusammengestellt.

Die Ergebnisse für Approximationsmethoden II. Ordnung sind [4.26] entnommen, während das genaue Ergebnis mit *bedingter Integration* auf 4913, 5117, 6749 und 17153 Funktionsaufrufen beruht.

Bei den zum Vergleich herangezogenen Berechnungsmethoden handelt es sich um die Approximation I. Ordnung (FORM), die polynomiale Approximation II. Ordnung unter Verwendung von Krümmungsberechnungen (SORM1), die Approximation II. Ordnung mit Hilfe von punktweiser parabolischer Anpassung (SORM2, [4.26]), die gewichtete Simulation (ISPUD, [4.33]), die schrittweise angepaßte Simulation (ADSAP, [4.38]) sowie um die *bedingte Integration* (CINT, [4.39]).

Um einen realistischen Eindruck über die Effizienz der einzelnen Methoden zu vermitteln, ist in Tab. 4.2 neben der benötigten Rechenzeit auch die Anzahl der durchgeführten Funktionsaufrufe für die Grenzzustandsfunktion angegeben. Für die in den Vergleich einbezogenen SORM-Methoden standen diese Werte nicht zur Verfügung. Im Zusammenhang mit der im folgenden durchgeführten Diskussion der Beispiele sei noch angemerkt, daß es sich natürlich nicht um repräsentative Beispiele handelt. Allerdings eignen sich die Beispiele besonders gut, um mögliche auftretende Charakteristika von Zuverlässigkeitsproblemen und deren Behandlung zu diskutieren.

Beispiel	Methode	a_1	a_2	Anzahl der Funktions- aufrufe	Fehler [%]	CPU[**] [sec]	Exaktes Ergebnis
1	FORM	- 0.2	0.04	16	- 29.5	1.0	
	SORM 1[*]	- 0.2	0.04	-	- 5.9	-	
	SORM 2[*]	- 0.2	0.04	-	5.0	-	$3.22898110 \cdot 10^{-2}$
	ISPUD	- 0.2	0.04	4116	- 4.0	16.29	
	ADSAP	- 0.2	0.04	3300	- 2.0	17.33	
	CINT	- 0.2	0.04	101	0.25	1.52	
2	FORM	0.2	0.08	16	7.3	1.0	
	SORM 1[*]	0.2	0.08	-	- 11.8	-	
	SORM 2[*]	0.2	0.08	-	- 2.4	-	$2.11915870 \cdot 10^{-2}$
	ISPUD	0.2	0.08	4116	- 2.0	15.03	
	ADSAP	0.2	0.08	3300	- 4.6	17.3	
	CINT	0.2	0.08	101	0.3	1.53	
3	FORM	0.4	0.12	16	18.	1.04	
	SORM 1[*]	0.4	0.12	-	- 16.3	-	
	SORM 2[*]	0.4	0.12	-	- 3.2	-	$1.92841796 \cdot 10^{-2}$
	ISPUD -	0.4	0.12	4116	- 1.2	15.04	
	ADSAP	0.4	0.12	3300	4.9	17.05	
	CINT	0.4	0.12	101	- 0.52	1.57	
4	FORM	0.6	0.24	16	- 11.2	0.9	
	SORM 1[*]	0.6	0.24	-	- 44.8	-	
	SORM 2[*]	0.6	0.24	-	8.0	-	$2.56308209 \cdot 10^{-2}$
	ISPUD	0.6	0.24	4116	- 4.2	14.85	
	ADSAP	0.6	0.24	3300	- 2.1	16.85	
	CINT	0.6	0.24	101	- 2.7	1.41	

[*)] Ergebnisse aus [4.26]
[**)] Berechnung erfolgte auf einer VAX 11/750 Computer-Anlage.

Tabelle 4.2: Vergleichende Berechnung

Deutlich erkennbar an den Ergebnissen ist der Einfluß der Nichtlinearität auf das Resultat der FORM-Methoden. Zur Illustration sind die Grenzzustandsfunktionen für alle Beispiele im Bereich $\pm 3\sigma$ um den Bemessungspunkt dargestellt und vermitteln somit den Grad der Nichtlinearität (vgl. Bild 4.17a).

Verfolgt man die Ergebnisse in Tab. 4.2, so erkennt man, daß die Approximationsmethoden II. Ordnung unter Verwendung expliziter Krümmungsberechnung (SORM1) für zuneh-mende Anteile III. Ordnung stetige Zuwächse des Fehlers verzeichnen. Die Ergebnisse zei-gen weiterhin, daß der größte Anteil der Versagenswahrscheinlichkeit aus dem Einfluß der 2. Variablen, d.h. X_2, resultiert und somit die nichtlinearen Anteile einen relativ geringen Beitrag leisten. Trotzdem wird der Fehler aus punktweiser parabolischer Approximation (SORM2) mit recht kleinen Zuwächsen aus Anteilen III. Ordnung stetig größer.

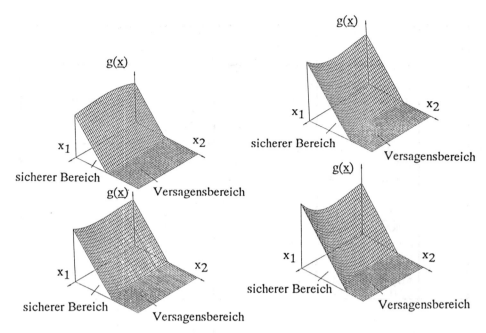

Bild 4.17a: Grenzzustandsfunktionen um den Bemessungspunkt

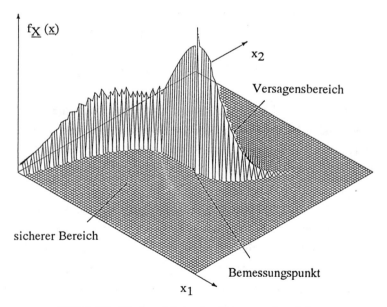

Bild 4.17b: Verbunddichte im Versagensbereich

Zur zusätzlichen Erläuterung der Charakteristika des behandelten Problems ist in Bild 4.17b die zu integrierende Verbunddichte im Versagensbereich dargestellt (Beispiel 4). Hieraus wird ersichtlich, daß der Fehler in SORM1 aus dem Wendepunkt am Bemessungspunkt resultiert. Außerdem zeigt die Abbildung deutlich, daß der "relativ" geringe Fehler von FORM aus den sich in diesem Fall gegenseitig teilweise aufhebenden Fehleranteilen resultiert. Die bloßen Zahlenwerte täuschen somit eine "Genauigkeit" vor, die tatsächlich nicht existiert. Die einbezogenen Simulationstechniken verbleiben für alle Rechnungen unter einem Fehler von 5% bei vergleichsweise niedriger Simulationszahl von 4100 bzw. 3300.

Wie bereits erwähnt, können korrelierte Basisvariablen einen bedeutenden Einfluß auf die zu berechnende Versagenswahrscheinlichkeit haben, womit es notwendig erscheint, diese Charakteristika in den Berechnungen zu berücksichtigen. In den meisten Fällen wird zur Einbeziehung von Korrelationen zunächst eine orthogonale Transformation durchgeführt. Die notwendige Transformationsmatrix, die bei geometrischer Interpretation eine Koordinatenrotation bewirkt, wird mit Hilfe der Eigenvektoren und Eigenwerte der Kovarianzmatrix berechnet. Im strengen Sinn ist dieser Ansatz nur exakt für normalverteilte korrelierte Variablen, weshalb häufig die Rosenblatt-Transformation ([4.42]) verwendet wird. Für diese Art von Transformation wird die Kenntnis über die Verbunddichte und bedingte Wahrscheinlichkeitsverteilungen vorausgesetzt, die jedoch selten bekannt sind.

Ein praktikables Modell basiert auf einem Vorschlag von Nataf ([4.43]), das in [4.33] programmtechnisch umgesetzt wurde. Es werden bei diesem Modell die Randverteilung und die Kovarianzen zur Herleitung der Verbunddichte verwendet. Anzumerken ist jedoch, daß Randdichtefunktionen und Kovarianzen die Verbunddichte von nicht-normalverteilten Variablen nicht allein charakterisieren. Da in den meisten Fällen jedoch die zur Verfügung stehenden Informationen auf Randverteilung und Kovarianzen beschränkt sind, läßt sich das Nataf-Modell verwenden, sofern es nicht weiteren Informationen über die beteiligten Basisvariablen widerspricht.

4.4 Sicherheitsbeurteilung von Systemen mit großer Variablenzahl

4.4.1 Allgemeines

Selbst für die Zuverlässigkeitsbeurteilung von kleineren Problemstellungen mit geringer Anzahl von Basisvariablen ist im Verlauf der Anwendung verschiedenster Rechenverfahren der Zuverlässigkeitsanalyse (Näherungsverfahren oder genaue Verfahren) eine häufigere Berechnung der Grenzzustandsfunktion notwendig. Bei der Bearbeitung von Fragestellungen mit großer Zahl von stochastischen Variablen, die darüber hinaus zur einmaligen Berechnung der Grenzzustandsfunktion eine vollständige Strukturanalyse erfordern (z.B. in Form einer Finite-Elemente-Berechnung), ist es offensichtlich, daß die Anzahl der Grenzzustandsfunktionsaufrufe beschränkt bleiben muß. Eine bloße Anwendung der in den vorangegangenen Abschnitten erläuterten Verfahren der Zuverlässigkeitsanalyse scheidet somit für diese Klasse von Problemstellungen in der Regel aus.

In diesem Abschnitt wird die Methodik des Antwort-Flächen-Verfahrens erläutert ([4.12], [4.32]), die die Zuverlässigkeitsanalyse großer Tragwerke ermöglicht und mit verschiedenen Berechnungsmethoden - insbesondere der gewichteten Simulation ([4.33]) - gekoppelt werden kann. Das Antwort-Flächen-Verfahren (Response-Surface-Method) ist ursprünglich als Hilfsmittel zur Beschreibung von chemischen und biologischen Problemen entwickelt worden. In jüngster Zeit hat jedoch dieses Verfahren auch Eingang in die Ingenieurwissenschaften gefunden, so z.B. bei der Sicherheitsbeurteilung von Nuklearanlagen ([4.44]).

4.4.2 Methodik des Antwort-Flächen-Verfahrens

Im eigentlichen Sinn handelt es sich beim Antwort-Flächen-Verfahren um einen allgemeinen Ansatz zur Systemidentifikation. Die Methode eignet sich besonders in Fällen, bei denen die Strukturantwort nicht explizit in Abhängigkeit der Basisvariablen formuliert werden kann und die Berechnung für eine bestimmte Eingabeparameterkonfiguration sehr aufwendig ist.

Ausgangspunkt für das Antwort-Flächen-Verfahren ist eine Anzahl von Experimenten oder Berechnungen für das betrachtete System. Mit Hilfe der Ergebnisse wird ein funktionaler Zusammenhang zwischen Eingangs- und Ausgangsparametern ermittelt. Eine Funktion ersetzt somit z.B. ein komplexes EDV-Modell.

Dieser analytische Ausdruck wird als Antwort-Fläche (Response Surface) bezeichnet. Die gewählte Funktion ist nur im Intervallbereich der Eingangsvariablen gültig, und jede Extrapolation ist in Anbetracht der möglichen Nichtlinearität der Antwort-Fläche im allgemeinen nicht zulässig. Wichtig für das Antwort-Flächen-Verfahren ist außerdem die Voraussetzung von kontinuierlichen Variablen sowie die Möglichkeit der Abbildung des Strukturverhaltens - im wichtigsten Bereich - durch ein Polynom von niedriger Ordnung. Der funktionale Zusammenhang zwischen Eingangs- und Ausgangsvariablen läßt sich in allgemeiner Form durch Gl. (4.22) darstellen:

$$y = A(\underline{x}\,\underline{p}) + \varepsilon \tag{4.22}$$

Hierin bedeutet y die Systemantwort, $\underline{x}$ den Vektor der bekannten Eingabevariablen und $A(\underline{x},\underline{p})$ eine Funktion, die durch die unbekannten Parameter $\underline{p}$ sowie die beteiligten Variablen x_i charakterisiert ist. ε bezeichnet den Fehler, der bei der Approximation der Strukturantwort an das tatsächliche Strukturverhalten auftritt. Als Approximationsfunktion wird in den häufigsten Fällen ein Polynom erster bzw. zweiter Ordnung gewählt.

Im Zusammenhang mit Zuverlässigkeitsanalysen von mechanischen Systemen ist die ermittelte Antwort-Fläche die Grenzzustandsfunktion zur Untersuchung eines bestimmten Tragwerkszustandes. Die stochastischen Variablen der Struktur sind gleichzeitig die Variablen x_i der Antwort-Fläche und hinsichtlich ihrer statistischen Parameter üblicherweise bekannt.

Wie die bisherigen Ausführungen erkennen lassen, muß sich die Wahl des Approximationsmodelles genau an den tatsächlichen physikalischen Gegebenheiten orientieren, andernfalls sind fehlerhafte Ergebnisse zu erwarten. Da keine allgemein gültige Identifikationsmethode zur Bestimmung des geeignetsten Polynoms existiert, muß gegebenenfalls ein Vergleich zwischen verschiedenen Modellen durchgeführt werden.

4.4.3 Anwendung des Antwort-Flächen-Verfahrens

Wie bereits erwähnt, bedeutet in vielen Fällen die einmalige Berechnung der Grenzzustandsfunktion das vollständige Ergebnis einer Finite-Elemente-Analyse, so daß bei der Entwicklung der Antwort-Fläche auf eine möglichst geringe Anzahl von Berechnungen der Grenzzustandsfunktion geachtet werden muß. Aus diesem Grund wird im Zusammenhang mit dem später dargestellten numerischen Beispiel ein Polynom zweiter Ordnung als prinzipielle Form der Antwort-Fläche gewählt ([4.12], [4.32]):

$$g^*(\underline{x}) = a + \sum_{i=1}^{n} b_i\,x_i + \sum_{i=1}^{n} c_i\,x_i^2 \tag{4.23}$$

In Gl. (4.23) werden die gemischten Glieder vernachlässigt. Die Berechnung der tatsächlichen Grenzzustandsfunktion ($g(\underline{x})$) erfolgt gerade so oft, daß sich Gl. (4.23) als einfaches Interpolationspolynom lösen läßt. Die Berechnungspunkte x_i für die Grenzzustandsfunktion sind die Mittelwerte sowie die Punkte $x_i \pm f_1 \cdot \sigma_i$. Eine allgemein gültige Regel zur Festlegung des Faktors f_1 kann nicht gegeben werden. Allerdings ergibt sich eine sinnvolle Größenordnung für f_1 über die zu erwartende Versagenswahrscheinlichkeit p_f:

$$f_1 \cong \Phi^{-1}(p_f) \tag{4.24}$$

Für den Zustand der Gebrauchstauglichkeit im numerischen Beispiel (Abschnitt 4.4.4) erwies sich eine Abschätzung von f_1 in der Größenordnung von 3 als sinnvoll.

Wie aus den bisherigen Ausführungen erkennbar ist, werden zur Bestimmung der Antwort-Fläche lediglich Mittelwert und Standardabweichung - als den in den meisten Fällen verfügbaren Informationen - herangezogen. Dies garantiert zum einen vielseitige Anwendungsmöglichkeiten und deckt zum anderen den wichtigsten Bereich des Entwurfsraumes ab.

Als zentraler Punkt im ersten Schritt zur Entwicklung der Antwort-Fläche werden die Mittelwerte der Entwurfsvariablen verwendet. Auf der Antwort-Fläche ($g^*(\underline{x})$) wird nun der Punkt mit dem kürzesten Abstand zu den Mittelwerten berechnet. Dieser Punkt wird zur Berechnung der ursprünglichen Grenzzustandsfunktion ($g(x)$) benutzt und anschließend mittels linearer Interpolation so verschoben, daß der Wert der ursprünglichen Grenzzustandsfunktion ($g(\underline{x})$) sich zu 0 ergibt.

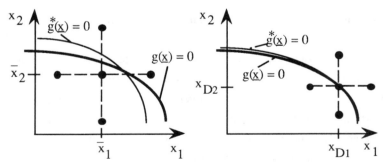

Bild 4.18: Schematische Darstellung der gewählten
Antwort-Flächen-Methode ([4.18])

Mit dem so ermittelten neuen zentralen Wert (x_{Di}) der Antwort-Fläche und den weiteren Punkten $x_{Di} \pm f_2\sigma_i$ werden nun die Koeffizienten in Gl. (4.23) neu berechnet, wodurch sich eine verbesserte Approximation der tatsächlichen Grenzzustandsfunktion ergibt. Da sich nun der zentrale Punkt der Antwort-Fläche auf der Grenzzustandsfunktion befindet, kann der Faktor f_2 zur Festlegung der übrigen Punkte im allgemeinen auf $f_2 = f_1/2$ reduziert werden. Die iterative Anpassung der Antwort-Fläche ([4.12]) garantiert, daß im wichtigsten

Bereich der Grenzzustandsfunktion - in der Umgebung des Bemessungspunktes - die poly-nominale Approximation von $g(\underline{x})$ durch $g^*(\underline{x})$ ausreichend genau ist. Eine schematische Darstellung der beschriebenen Prozedur ist in Bild 4.18 dargestellt.

Aus der beschriebenen Prozedur ergibt sich eine Gesamtzahl der tatsächlichen Grenzzu-standsfunktionsaufrufe von 4n+3, worin n die Anzahl der Basisvariablen darstellt.

4.4.4 Numerisches Beispiel [4.12]

Um die Effizienz des Antwort-Flächen-Verfahrens darzustellen, wurde die Zuverlässigkeit eines Rahmentragwerkes untersucht.

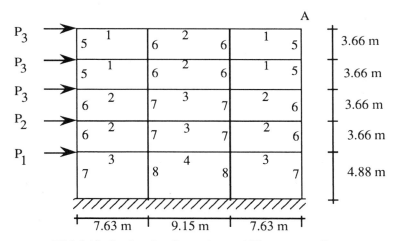

Bild 4.19: Strukturkonfiguration und Elementverteilung

Element-Typ	E-Modul	Trägheitsmoment	Querschnittsfläche
1	E_1	I_5	A_5
2	E_1	I_6	A_6
3	E_1	I_7	A_7
4	E_1	I_8	A_8
5	E_2	I_1	A_1
6	E_2	I_2	A_2
7	E_2	I_3	A_3
8	E_2	I_4	A_4

Tabelle 4.3: Verteilung der Querschnittsparameter

Variable	Verteilungstyp	Maßeinheit	Mittelwert	Standardabweichung
P_1	Rayleigh	kN	133.454	40.04
P_2	Rayleigh	kN	88.97	35.59
P_3	Rayleigh	kN	71.175	28.47
E_1	Normal	kN/m^2	$2.173752 \cdot 10^7$	$1.9152 \cdot 10^6$
E_2	Normal	kN/m^2	$2.379636 \cdot 10^7$	$1.9152 \cdot 10^6$
I_1	Normal	m^4	$8.134432 \cdot 10^{-3}$	$1.038438 \cdot 10^{-3}$
I_2	Normal	m^4	$1.150936 \cdot 10^{-2}$	$1.298048 \cdot 10^{-3}$
I_3	Normal	m^4	$2.137452 \cdot 10^{-2}$	$2.59609 \cdot 10^{-3}$
I_4	Normal	m^4	$2.596095 \cdot 10^{-2}$	$3.028778 \cdot 10^{-3}$
I_5	Normal	m^4	$1.081706 \cdot 10^{-2}$	$2.596095 \cdot 10^{-3}$
I_6	Normal	m^4	$1.410545 \cdot 10^{-2}$	$3.46146 \cdot 10^{-3}$
I_7	Normal	m^4	$2.327852 \cdot 10^{-2}$	$5.624873 \cdot 10^{-3}$
I_8	Normal	m^4	$2.596095 \cdot 10^{-2}$	$6.490238 \cdot 10^{-3}$
A_1	Normal	m^2	0.312564	0.055815
A_2	Normal	m^2	0.3721	0.07442
A_3	Normal	m^2	0.50606	0.093025
A_4	Normal	m^2	0.55815	0.11163
A_5	Normal	m^2	0.253028	0.093025
A_6	Normal	m^2	0.29116825	0.1023275
A_7	Normal	m^2	0.37303	0.1209325
A_8	Normal	m^2	0.4186	0.1395375

Tabelle 4.4: Statistische Daten für Strukturbeispiel

Die Strukturdaten sowie die statistischen Parameter sind [4.46] entnommen. In der mechanischen Modellierung der Struktur (Bild 4.3) sind 21 Basisvariablen berücksichtigt, die unterschiedliche Kennwerte der Struktur charakterisieren (vgl. Tab. 4.3, 4.4); zusätzlich wurden Korrelationen zwischen einigen Variablen angenommen. Alle Lasten sind untereinander durch den Korrelationskoeffizienten 0.95 verknüpft.

Darüber hinaus gilt für Korrelationen zwischen Querschnittsgrößen:

$$\rho_{Ai \, Aj} = \rho_{Ii \, Ij} = \rho_{Ii \, Aj} = 0.13 \tag{4.25}$$

Die unterschiedlichen E-Module sind mit $\rho = 0.9$ korreliert, während alle übrigen Basisvariablen unkorreliert angenommen sind. Die Zuverlässigkeitsuntersuchung bezieht sich auf den Grenzzustand der Gebrauchstauglichkeit, welcher durch eine maximale horizontale Verformung am oberen Tragwerksende (d.h. Punkt A, vgl. Bild 4.19) charakterisiert ist. Dabei wird angenommen, daß der Grenzzustand der Gebrauchstauglichkeit erreicht ist, wenn die Verformung h/320 überschreitet. Somit ergibt sich die Grenzzustandsfunktion zu

$$g(\underline{x}) = 0.061 - r(\underline{x}) \tag{4.26}$$

worin $r(\underline{x})$ die aktuelle horizontale Verformung in Punkt A in Abhängigkeit der Basisvariablen $(\underline{x})$ darstellt.

Methode	Versagenswahr-scheinlichkeit p_f	Statistischer Fehler in [%]	CPU Relation	Absoluter Fehler in [%]
Approximation 1.Ordnung	$0.597 \cdot 10^{-4}$	-	6.7	- 55.1
Exaktes Ergebnis	$0.133 \cdot 10^{-3}$	4.7	125.43	-
Antwort-Flächen-Verfahren	$0.132 \cdot 10^{-3}$	9.2	1	- 0.75

Tabelle 4.5: Ergebnisse der Zuverlässigkeitsanalyse

Die Strukturberechnung wurde mit Hilfe des Standard-FE-Programms MeSy ([4.47]) durchgeführt, das für die Zuverlässigkeitsanalyse mit dem Programmsystem ISPUD ([4.33]) verknüpft wurde. Um ein Maß für die Leistungsfähigkeit des Antwort-Flächen-Verfahrens zu geben, wurde die Zuverlässigkeit der Struktur ebenfalls direkt mit dem Approximationsverfahren I. Ordnung und der gewichteten Simulation (ISPUD) berechnet. Die Ergebnisse der Vergleichsrechnungen sind in Tab. 4.5 zusammengestellt. Zusätzlich finden sich dort Angaben über den jeweiligen statistischen Fehler, mit Ausnahme des Approximationsverfahrens erster Ordnung, das keine Fehlerabschätzung ermöglicht.

Die benötigte Rechenzeit der Berechnungsverfahren wurde mit der Berechnungsdauer der Antwort-Flächen-Methode normalisiert. Der Vergleich der Ergebnisse zeigt deutlich die Effektivität und Genauigkeit des Antwort-Flächen-Verfahrens. Darüber hinaus wurden ca. zwei Drittel der benötigten Rechenzeit zur Entwicklung der Antwort-Fläche benötigt, während nur ein Drittel der Gesamtzeit für die Zuverlässigkeitsanalyse notwendig ist.

Zuverlässigkeitsanalyse bezeichnet hier die Berechnung des Bemessungspunktes sowie die Durchführung von 1000 gewichteten Simulationen. Betrachtet man den statistischen Fehler, so ist die Simulationszahl als ausreichend anzusehen. In Fällen mit größeren statistischen Fehlern muß zur Erhöhung der Genauigkeit lediglich die Zuverlässigkeitsanalyse für die Antwort-Fläche wiederholt werden, d.h. eine erneute Zuverlässigkeitsanalyse mit erhöhter Anzahl von gewichteten Simulationen.

Um die Qualität der Antwort-Fläche im Vergleich zur tatsächlichen Grenzzustandsfunktion beurteilen zu können, wurden beide Funktionen in ihren wichtigsten Parametern (x_2, x_3) um den Bemessungspunkt variiert. Bild 4.20 stellt die Differenz zwischen beiden Grenzzustandsfunktionen in 100-facher Überhöhung dar.

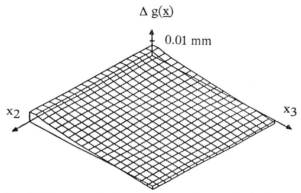

Bild 4.20:   Differenz zwischen exakter und approximierter
Grenzzustandsfunktion in 100-facher Überhöhung ([4.12])

Klar erkennbar ist die geringe Abweichung der Antwort-Fläche von der tatsächlichen Grenzzustandsfunktion.

Ein Indikator für die gute Anpassung des Polynoms ergibt sich darüber hinaus bereits durch die geringe Abweichung des Ergebnisses aus dem Antwort-Flächen-Verfahren vom exakten Resultat (vgl. Tab. 4.5).

Die Grenzzustandsfunktion in der Zuverlässigkeitsanalyse hat lediglich die Aufgabe, den Definitionsbereich in einen sicheren und unsicheren Bereich aufzuteilen. Sie definiert demnach die Integrationsgrenzen zur Lösung des Faltungsintegrals (vgl. Abschnitt 2.1). Folglich wird keine Information über Verteilungstyp bzw. Korrelation in der Grenzzustandsfunktion benötigt.

Als Konsequenz für die Antwort-Flächen-Methode ergibt sich daraus, daß die für ein bestimmtes Parameterverhältnis (Mittelwert und Standardabweichung) aufgestellte Antwort-Fläche unabhängig von verwendeten Verteilungstypen oder Korrelationsverhältnissen ist. Es kann somit für die einmal erstellte Antwort-Fläche direkt eine Studie für den Einfluß verschiedener Verteilungsfunktionen bzw. Korrelationsmodelle durchgeführt werden.

Diese Tatsache erscheint von erheblicher Bedeutung für den Rechenaufwand bei der Zuverlässigkeitsberechnung, da in manchen Fällen zwar die statistischen Parameter (Mittelwert und Standardabweichung) bekannt sind, allerdings unterschiedliche Verteilungsmodelle als geeignet angesehen werden können. Verändert man z.B. die Annahmen hinsichtlich der Verteilungsfunktion für die Lasten des vorangehenden Beispiels von Rayleigh- auf Gumbelverteilung, so ergibt sich mit der vorliegenden Antwort-Fläche eine Versagenswahrscheinlichkeit von $p_f = 5 \cdot 10^{-4}$.

Das untersuchte numerische Beispiel wurde zusätzlich unter Einschluß von geometrischen Nichtlinearitäten analysiert. Auch bei diesen Untersuchungen zeigte das Antwort-Flächen-Verfahren ähnlich gute Lösungen bei vergleichsweise geringem Rechenzeitbedarf.

Anhand des numerischen Beispiels konnte gezeigt werden, daß mit Hilfe des Antwort-Flächen-Verfahrens in sehr effizienter Weise Zuverlässigkeitsuntersuchungen großer Tragsysteme durchgeführt werden können.

Das Antwort-Flächen-Verfahren eignet sich außerdem für Zuverlässigkeitsprobleme mit mehr als einer Grenzzustandsfunktion ([4.45]). Je nach vorliegender Problemstellung muß allerdings unter Umständen ein verändertes Polynom als Approximationspolynom gewählt werden (vgl. [4.45]). In jedem Fall ist jedoch die Formulierung der Antwort-Fläche auf Grund der physikalischen Zusammenhänge zu wählen.

Literatur

[4.1]   Petersen, Chr.: Statik und Stabilität der Baukonstruktionen, Vieweg Verlag, Braunschweig 1980

[4.2]   Hawranek, R.; Petersen, Chr.: Sicherheit gedrückter Stahlstützen, SFB 96 - Berichte, Heft 6/1975, TU München 1975

[4.3]   DIN 18 800, Teil II (Gelbdruck 1980): Stabilität von Stahltragwerken, Beuth Verlag, Berlin 1980

[4.4]   Bathe, K.-J.: Finite-Elemente-Methoden, Springer Verlag, Berlin 1986

[4.5]   Argyris, J.H.; Szimmat, J.; Willam, K.J.: Finite Elemente zur thermomechani-
         schen Berechnung von Massivbauten, in: "Finite Elemente in der Baupraxis", Ta-
         gung Hannover 1978, W.Ernst&Sohn, Berlin 1978

[4.6]   Prager, W.: Lineare Ungleichungen in der Baustatik, Schweizerische Bauzeitung
         80, Heft 19, 1962

[4.7]   Thierauf, G.: Approximation mit dem Kraftgrößenverfahren, Seminar Finite-Ele-
         mente-Methoden, Ruhr-Universität-Bochum 1973/74, Technisch-wissenschaftli-
         che Mitteilungen, Nr. 74-1, Bochum 1974

[4.8]   Murotsu, T.; Okada, H.: Reliability of Redundant Structures, ICOSSAR '81, El-
         sevier, Amsterdam 1981

[4.9]   Grimmelt, M.J.: Eine Methode zur Berechnung der Zuverlässigkeit von Tragsy-
         stemen unter kombinierten Belastungen, Dissertation, TU München 1984

[4.10]   Moses, F.: Structural System Reliability and Optimization, Computers & Structu-
         res, Vol.7, pp.283-290, Pergamon Press, Oxford 1977

[4.11]   Klingmüller, O.: Redundancy of Structures and Probability of Failure, ICOSSAR
         '81, Elsevier, Amsterdam 1981

[4.12]   Bucher, C.G.; Bourgund, U.: Efficient Use of Response Surface Method, Institut
         für Mechanik - Universität Innsbruck, Report 9/87

[4.13]   Stevenson, J.; Moses, F.: Reliability Analysis of Frame Structures, Journal of
         SD, Proc.ASCE ST11, November 1979

[4.14]   Gavarini, C.; Veneziano, D.: Calcolo a rottura e programmazione stocastica, Gior-
         nale di Genio Civile, No.4, 1970

[4.15]   Augusti, G.; Baratta, A.: Theory of Probability and Limit Analysis of Structures
         under Multi-parameter Loading, in : "Foundations of Plasticity" ed.A.Sawczuk,
         Noordhoff Int.Pub., Leyden 1972

[4.16]   Klingmüller, O.: Erweiterung der starrplastischen Traglastberechnung und -be-
         messung auf stochastische Variable, Vortrag beim SFB96, München77, For-
         schungsberichte aus dem Fachbereich Bauwesen, Heft 2, Universität Essen - Ge-
         samthochschule, 1978

[4.17]   Klingmüller, O.: Anwendung der Traglastberechnung für die Beurteilung der Si-
         cherheit von Konstruktionen, Forschungsberichte aus dem Fachbereich Bauwesen,
         Heft 9, Universität Essen - Gesamthochschule, 1979

[4.18]   Grimmelt, M.J.; Schuëller, G.I.: Benchmark Study on Methods to Determine
         Collapse Failure Probabilities of Redundant Structures", Journal of Struct.Safety,
         Vol.1, 1982, pp.93-106

[4.19]   Jorgensen, J.L.; Goldberg, J.E.: Probability of Plastic Collapse Failure, Journal of SD, Proc. of ASCE, ST 8, August 1969

[4.20]   Shinozuka, M.; Hanai, M.: Structural Reliability of a Simple Rigid Frame, Annals of Reliability and Maintainability, Soc. of Automotive Engineers, Am.Soc.of Mechanical Engineers, AIAA, Vol.6, 1967

[4.21]   Leonhardt, F.: Vorlesungen über Massivbau, Vierter Teil, Springer Verlag, Berlin 1978

[4.22]   Baratta, A.: Conditional Collapse Probability under Given Loads of Plastic Plates with Random Strength, SMIRT 3, Paper M5/9, London 1975

[4.23]   Breitung, K.: Asymptotic Approximations for Multinormal Integrals, Journal of Engineering Mechanics, Vol. 110, No. 3, ASCE, 1984, pp. 269-276

[4.24]   Tvedt, L.: Two Second Order Approximations to the Failure Probability, Section on Structural Reliability, A/S Veritas Research, Hovik, Norway, 1984

[4.25]   Tvedt, L.: On a Probability Content of a Parabolic Failure Set in a Space of Independent Standard Normally Distributed Random Variables, Section on Structural Reliability, A/S Veritas Research, Hovik, Norway, 1985

[4.26]   Der Kiureghian, A.; Lin, H.-Z.; Hwang, S.-J.: Second Order Reliability Approximations, Journal of Engineering Mechanics, ASCE, Vol. 113, No. 8, Aug. 1987

[4.27]   Schuëller, G.I.; Stix, R.: A Critical Appraisal of Methods to Determine Failure Probabilities, J. of Structural Safety, Vol. 4/4, 1987, pp. 293-309

[4.28]   Shinozuka, M.: Basic Analysis of Structural Safety, Journal of the Structural Division, ASCE, Vol. 109, No. 3, March 1983, pp. 721-740

[4.29]   Harbitz, A.: Efficient and Accurate Probability of Failure Calculation by the Use of Importance Sampling Technique, ICASP4, Augusti, G., et al. (Eds.), Pitagora Editrice, Bologna 1985, pp. 825-836

[4.30]   Iman, R.L.; Canover, W.J.: Small Sample Sensitivy Analysis Techniques for Computer Models with an Application to Risk Assessment, Communications in Statistics, Theory and Methods, A9 (17), 1980, pp. 1749-1842

[4.31]   Schuëller, G.I.; Bucher, C.G.; Bourgund, U.; Ouypornprasert, W.: On Efficient Computational Schemes to Calculate Failure Probabilities, Journal of Probabilistic Engineering Mechanics, 1989, Vol. 4, No. 1, pp. 10-18

[4.32]   Bourgund, U.: Nichtlineare zuverlässigkeitsorientierte Optimierung von Tragwerken unter stochastischer Beanspruchung, Univ. Innsbruck, Inst. für Mechanik, Diss. 1987, Bericht 18-88

[4.33]   Bourgund, U.; Bucher, C.G.: Importance Sampling Procedure, Using Design Points - ISPUD, A User's Manual, Institut für Mechanik, Universität Innsbruck, Report 8/86

[4.34]   Rubinstein, R.Y.: Simulation and Monte Carlo Method, John Wiley & Sons, New York, 1981

[4.35]   Bourgund, U.; Ouypornprasert, W.; Prenninger, P.H.W.: Advanced Simulation Methods for the Estimation of System Reliability, Internal Working Report No. 19, Institut für Mechanik, Universität Innsbruck, Oktober 1986

[4.36]   Liu, P.-L.; Der Kiureghian, A.: Multivariate Distribution Models with Prescribed Marginals and Covariances, Probabilistic Eng. Mech., Vol. 1, No. 2, 1986, pp. 105-112

[4.37]   Kahn, H.: Use of Different Monte Carlo Sampling Techniques, Symposium on Monte Carlo Methods, Meyer, H.A. (Ed.), John Wiley & Sons, New York 1956, pp. 146-190

[4.38]   Bucher, C.G.: Adaptive Sampling - An Iterative Fast Monte Carlo Procedure, Structural Safety, 5(3), 1988, pp. 119-126

[4.39]   Ouypornprasert, W.: Conditional Integration: An Efficient Adaptive Numerical Integration for Reliability Analysis, Interner Zwischenbericht No. 25, Institut für Mechanik, Universität Innsbruck, Dez. 1987

[4.40]   Fujita, M.; Rackwitz, R.: Updating First- and Second Order Reliability Estimates by Importance Sampling, Structural Eng./Earthquake Eng., JSCE, Vol. 5, No. 1, 31s-37s, April 1988, Proc. of JSCE No. 392/I-9

[4.41]   Bourgund, U.: Discussion on "Second Order Reliability Approximations", by A. Der Kiureghian, H.-Z. Lin, S.-J. Hwang, Journal of Engineering Mechanics, ASCE, Vol. 113, No. 8, Aug. 1987, Feb. 1991

[4.42]   Rosenblatt, M.: Remarks on a Multivariate Transformation, Ann. Meth. Stat., 23, 1952, pp. 420-472

[4.43]   Nataf, A.: Determination des Distribution dont les Marges sont Données, Comptes Rendues de l'Academie des Sciences, Paris 1962, 225, pp. 42-43

[4.44]   Olivi, L.; Brunelli, F.; Cacciabue, P.C.; Parisi, P.: A Methodolical Test for RSM Application on Nuclear Safety Studies. ATWS Accident Modelling by ALKOD Code, EUR Report Technical Note No. 1.05.01.83.115, 1983

[4.45]   Bucher, C.G.; Bourgund, U.: A Fast and Efficient Response Surface Approach for Structural Reliability Problems, Journal of Structural Safety, 7, 1990, pp. 57-66

[4.46]   Liu, P.-L.; Der Kiureghian, A.: Optimization Algorithms for Structural Reliability Analysis, Rep. No. UCB/SESM-86/09, University of California, Berkley, July 1986

[4.47]   Schrader, K.-H.: Benutzerhandbuch zum Programm System MeSy 3, Arbeitsgruppe SMI, Inst. für KIB, Ruhr-Universität Bochum, 2. Auflage 1982

5 Extreme Lastfälle

5.1 Vorbemerkungen

Die extreme Belastung üblicher Wohn- und Nutzbauten kann aus langjähriger Erfahrung abgeschätzt werden. Für die Windbelastung von Fernsehtürmen, Wellenbelastung auf Offshorekonstruktionen in der Nordsee oder auch Erdbebenbelastung auf Hochhäuser (wie sie früher in Erdbebengebieten nicht gebaut wurden) lagen bei der Planung der ersten Prototypen keine Erfahrungen vor. Hier muß aus dem statistisch erfaßten Geschehen eine Bemessungslast und eine mögliche extremale Belastung wahrscheinlichkeitstheoretisch bestimmt werden.

Neben der Abschätzung von extremen Lasten aus vorhandenen Daten über entsprechende Vorgänge in der Natur (Wind, Welle, Schnee, Erdbeben) ist es bei einigen Bauwerken mit hohem Gefährdungspotential erforderlich, extreme Belastungen aus physikalischen Überlegungen abzuleiten. Hierzu gehören die Lastfälle Flugzeugabsturz auf Kernkraftwerke, der Lastfall Explosionsdruckwelle oder die Hitzeentwicklung bei einer Entflammung von gespeichertem Flüssigerdgas. Aus Modellversuchen oder Experimenten im kleineren Maßstab konnte die Richtigkeit von Annahmen in der physikalischen Beschreibung bestätigt werden, es existieren jedoch keine Daten, die ermöglichen würden, Werte für die genannten Lastfälle mit einer Überschreitenswahrscheinlichkeit (z.B. 95%-Fraktile) anzugeben und sie damit in ein wahrscheinlichkeitstheoretisches Nachweiskonzept einzubeziehen.

Für die Sicherheit ist nicht nur das Auftreten eines extremen Lastfalles von Bedeutung, sondern auch ob das noch kritischere Zusammentreffen extremaler Lastfälle möglich ist, und welche Kombinationen für eine Tragwerksbemessung erfaßt werden müssen.

Eine weitere Fragestellung betrifft die Resttragfähigkeit, wenn ein Tragwerk eine extreme Belastung erfahren hat, die mit bleibenden Veränderungen oder Teilschädigungen verbunden war. Bis zum Beginn der Sanierung, bzw. dem kontrollierten Abbruch kann eine längere Zeit verstreichen, während der das Auftreten eines anderen extremen Lastfalls, bzw. eines Maximalwertes der Normalbelastung möglich ist ("ein Unglück kommt selten allein"). Zum Nachweis der Sicherheit muß deswegen oftmals eine Abfolge von Ereignissen untersucht werden (Limit State of Progressive Collapse).

5.2   Zeitabhängige Vorgänge und extreme Ereignisse

Die Ableitungen und theoretischen Zusammenhänge für stochastische Prozesse werden umfassend im Anhang A5 dargestellt.

In diesem Abschnitt sollen einige Beispiele dargestellt und verfügbares Datenmaterial diskutiert werden.

5.2.1 Straßenverkehr

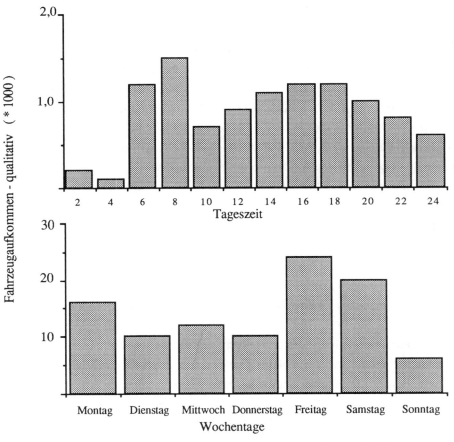

Bild 5.1: Fahrzeugaufkommen im innerstädtischen Verkehr
Tages- und Wochenablauf

Die zeitliche Abfolge des Passierens von Kraftfahrzeugen ist ein stochastischer Prozeß, der durch mehrere Merkmale charakterisiert werden kann :

1. Die Angabe der *Häufigkeit des Auftretens* der Fahrzeuge erfolgt in Anzahl pro Zeiteinheit. In Bild 5.1 oben ist das stündliche Fahrzeugaufkommen im innerstädtischen Straßenverkehr qualitativ skizziert.

    Die Häufigkeit des Auftretens ist im Tagesrhythmus schwankend, in geringerem Maße auch im Wochen- und noch geringerem Maße auch im Jahresrhythmus.

    Die Häufigkeit der Fahrzeuge pro Zeiteinheit kann nach Fahrzeugtypen geordnet werden und eine Auftretenswahrscheinlichkeit für bestimmte Fahrzeugtypen angegeben werden (vgl.[5.1]).

2. Als weiterer Parameter zur Beschreibung des stochastischen Prozesses Straßenverkehr ist der *Auslastungsgrad* der Fahrzeuge anzugeben, da vor allem Schwerlastfahrzeuge aufgrund der Transportaufgabe sehr unterschiedlich beladen sind. Repräsentative Dichten für den Auslastungsgrad sind in Bild 5.2 angegeben (nach [5.1]). Es fällt auf, daß gemäß dem dargestellten Datenmaterial 16% des leichten Verkehrs und 30% des Schwerverkehrs Überlastungen bis zu 40% aufweisen.

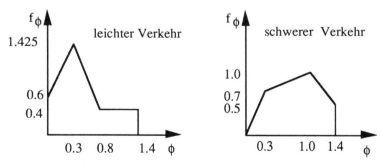

Bild 5.2: Dichte des Ausnutzungsgrades (Quelle: [5.2])

3. Zur Ermittlung der Beanspruchung von Brücken ist weiterhin die Überlagerung der Lasten aus den Einzelfahrzeugen zu untersuchen. Die *Wahrscheinlichkeit des gemeinsamen Auftretens* von Fahrzeugen und Überlagerung ihrer Lastwirkungen ist aus der Verteilung der Fahrzeugabstände abzuleiten (siehe Bild 5.3 aus [5.2]).

Für die Bemessung entscheidend sind einerseits die zu erwartenden Maximalwerte der Belastung mit Bezug auf den Standsicherheitsnachweis, andererseits die Häufigkeit von Lastwechseln in verschiedenen Schwingbreiten mit Bezug auf den Dauerfestigkeitsnachweis.

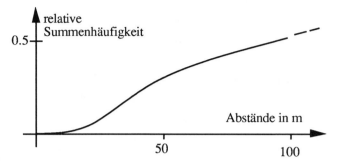

Bild 5.3: Verteilungsfunktion der Fahrzeugabstände

Die Annahme "Volle Auslastung" (bzw. 40%ige Überlastung) der Fahrzeuge und "dichte Folge der Fahrzeuge ohne Abstand" würde zu einer unwirtschaftlichen Maximalbelastung führen. Die Abschätzung der Bemessungslast kann aufgrund der statistischen Daten (Bilder 5.1, 5.2, 5.3) und der deterministischen Angaben über die Abmessungen und die zulässigen Achslasten so durchgeführt werden, daß die Sicherheit für die tatsächlich auftretende Belastung gewährleistet ist (vgl.[5.3]).

Wenn eine bestimmte Aufstellung von Schwerlastfahrzeugen eine höhere Wahrscheinlichkeit des Auftretens besitzt, z.B. Fahrzeuge in Kolonne, muß die Bemessungslast aus deterministischen Daten festgelegt werden (siehe auch DIN 1072). Zusätzlich kann für ein bestimmtes Bauwerk, gegebenenfalls durch entsprechende behördliche Regelungen, auf die Einhaltung maximaler zulässiger Achslasten geachtet werden.

Für die Ermittlung der Lastspielzahl in Zusammenhang mit der Schwingbreite ist nicht nur das verfügbare statistische Material auszuwerten, sondern vor allem die Beanspruchung an den Punkten eines Bauwerks zu betrachten, an denen die Verkehrslast den Spannungszustand wesentlich beeinflußt (siehe [5.4]). Dies sind unter anderem die Nulldurchgänge der Momentenlinie aus permanter Belastung bei Durchlaufträgern.

5.2.2 Wasserstände

In der Tabelle 5.1 sind die Wasserstände am Kölner Rheinufer seit dem Mittelalter erfaßt. Während der 650 Jahre, in denen die Wasserstände aufgezeichnet wurden, konnten Extremwerte bis 13.60 m festgehalten werden. Im 19.Jh war der höchste Wasserstand 10.76 m, in den 10 Jahren von 1970 bis 1980 wurde als höchster Wasserstand 9.86 m festgestellt. Das Foto (Bild 5.4) zeigt die Überschwemmung in Mannheim von 1983 (vgl. Bild 1.3).

Bild 5.4: Hochwasser (Bild: Keese)

1342 bis 1876		1882 bis 1988	
25. 7. 1342	11.53 m	17. 11. 1882	10.52 m
11. 2. 1374	13.30 m	16. 1. 1920	10.58 m
3. 2. 1432	11.44 m	2. 1. 1926	10.69 m
6. 1496	10.50 m	28. 11. 1944	9.12 m
6. 1. 1497	11.50 m	31. 12. 1947	9.79 m
5. 1595	11.54 m	2. 1. 1948	10.41 m
20. 1. 1651	10.23 m	19. 1. 1955	9.70 m
12. 3. 1658	12.98 m	28. 2. 1958	9.30 m
26. 1. 1682	10.40 m	25. 2. 1970	9.86 m
3. 12. 1740	10.33 m	8. 2. 1980	9.28 m
28. 2. 1784	13.60 m	14. 4. 1983	9.81 m
16. 11. 1821	9.50 m	30. 5. 1983	9.96 m
29. 3. 1845	10.34 m	10. 2. 1984	9.11 m
14. 3. 1876	10.76 m	28. 3. 1988	9.96 m

Tabelle 5.1: Hochwasserstände des Rheins in Köln

Die Werte in Tabelle 5.1 entsprechen einer Markierung wie in Bild 1.3. Das Anbringen solcher Markierungen setzt voraus, daß das Hochwasser einen Schwellwert überschritten hat.

Erst in jüngerer Zeit sind auch Hochwasserstände unter 10 m in der Zusammenstellung enthalten. Die angegebenen Hochwasserstände können als Realisierungen eines diskreten Poisson-Prozesses angesehen werden und dementsprechend auf einer Zeitachse angetragen werden.

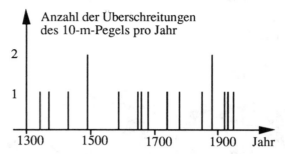

Bild 5.5: Pegelüberschreitungen als diskreter Prozeß
(Daten nach [5.5])

Im Bild 5.5 sind die Überschreitungen des 10,0 m Pegels in Köln als diskreter stochastischer Prozeß aufgetragen (Daten siehe Tabelle 5.1, nach [5.5]).

Für die Bemessung von Bauwerken interessieren vor allem zwei Größen:

   1.   Die Wartezeit für einen bestimmten vorgegebenen Pegelstand;
              die Wartezeit ist gleichbedeutend mit einer Auftretenshäufigkeit
              (Überschwemmungen in einem bestimmten Gebiet treten
              durchschnittlich alle 50 Jahre auf)

   2.   Der Pegelstand für eine bestimmte vorgegebene Wartezeit
              ("Jahrhunderthochwasser").

Für die 7 Überschreitungen des 11.00-m-Pegels ergeben sich folgende Wartezeiten: 32. 58, 65, 98, 63 und 126 Jahre, mit dem Mittelwert 73 Jahre, 8 Monate (73.667 Jahre). Für andere Schwellwerte lassen sich die mittleren Wartezeiten ebenfalls ermitteln (Tabelle 5.2, Daten aus [5.5]).

Die Wartezeiten mit Bezug auf die Überschreitung des 10-m-Pegels sind als Histogramm in Bild 5.6 aufgetragen. Zum Vergleich sind die Werte angeben, die sich aus der Dichte einer Exponentialverteilung (siehe Anhang A3.1) ergeben:

$$f_X(x) = \lambda\, e^{-\lambda x} \quad .$$

Schwellwert	mittlere Wartezeit
10.00 m	37.875 Jahre
10.50 m	53.091 Jahre
11.00 m	73.67 Jahre
12.00 m	205 Jahre

Tabelle 5.2: Wartezeiten

Der Parameter λ der Exponentialverteilung wurde aus dem Mittelwert der Wartezeiten T=37.875 Jahre bestimmt (vgl. Anhang A5, Beispiel A5.6):

$$\lambda = \frac{1}{T} = 0.0264 \quad .$$

Der eingetragene Wert der Exponentialverteilung ist z.B. für die Wartezeit 30 Jahre

$$f_{30} = f_X(30) \cdot dx = 0.0264 \cdot e^{-0.0264\,\cdot\,30} \cdot 20 = 0.24 \quad .$$

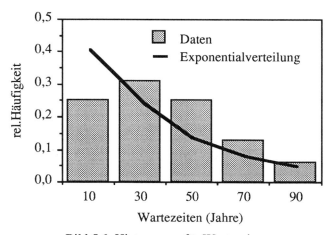

Bild 5.6: Histogramm für Wartezeiten

Die verhältnismäßig großen Abweichungen zwischen der Exponentialverteilung und dem Histogramm zeigen, daß der diskrete Prozeß der Überschreitungen des 10-m-Pegels (siehe

Bild 5.5) aufgrund der geringen Größe der Stichprobe (16 Werte) nicht befriedigend genau als Poisson-Prozeß modelliert werden kann. Die Abweichung bei den kürzeren Wartezeiten ist darauf zurückzuführen, daß in den historischen Unterlagen nicht jeder Wasserstand erfaßt wurde, sondern vor allem die Auswirkungen der Überschwemmungskatastrophe beschrieben wurden. Vor der Ermittlung von Bemessungswerten mit Hilfe der Exponentialverteilung muß die Vollständigkeit und Brauchbarkeit des Datenmaterials überprüft werden.

Aus der Annahme einer Exponentialverteilung ergibt sich die Wahrscheinlichkeit, daß die Wartezeit kleiner ist als die durchschnittliche Wartezeit zu

$$P(t<T) = F(T) = 1 - e^{-\lambda T} = 1 - e^{-1} = 0.6321 \, .$$

63.21% aller Wartezeiten für die Überschreitung des Schwellwertes sind also kürzer als die mittlere Wartezeit.

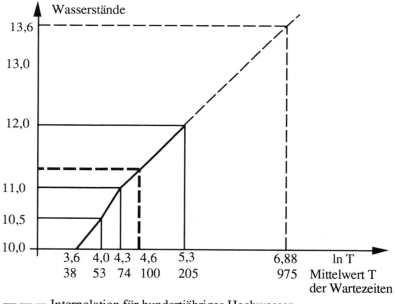

Bild 5.7: Pegelstände und Wartezeiten

Aus den Daten der Wartezeiten lassen sich die Bemessungswerte für den Pegelstand nur auf indirektem Wege bestimmen. Ausgehend von der Annahme, daß die Zusammenhänge zwischen Pegelständen und Wartezeiten im wesentlichen durch Exponentialfunktionen beschrieben werden können, kann eine Funktion der Pegelstände in Abhängigkeit der Logarithmen der Wartezeiten punktweise aufgestellt werden (Bild 5.7).

Wird stückweise linear interpoliert, so ergibt sich als Pegelstand für das Jahrhunderthochwasser (Wartezeit 100 Jahre, ln(100)=4.6)

$$HW_{100} = \frac{12.00 - 11.00}{5.32 - 4.3} \cdot (4.6 - 4.3) + 11.00$$
$$= 11.3 \ [m].$$

Als Pegelstand für ein Hochwasser, das in 50 Jahren lediglich mit der Wahrscheinlichkeit von 5% überschritten wird (zugehörige Wartezeit T = 975 Jahre, siehe Beispiel A5.-6, ergibt sich mit ln(975)=6.88

$$HW_{95/50} = \frac{12,00 - 11,00}{5,32 - 4,3} \cdot (6,88 - 5,3) + 12,00$$
$$= 13,5 \ [m].$$

Aus dem Datenmaterial, welches durch die Markierungen in Bild 5.4 oder den diskreten Prozeß Bild 5.5 dargestellt ist, kann die durchschnittliche Wartezeit für die Überschreitung des Schwellwerts 10.00 m zwar ermittelt werden, die durchschnittlichen Wartezeiten für die Überschreitung der höheren Wasserstände sind jedoch mit einer erheblichen Unsicherheit behaftet, da nur wenige Werte vorliegen. In einer strengen Parameterschätzung wird diese Unsicherheit durch ein Konfidenzintervall für die berechneten Werte angegeben.

Die Extrapolation eines so extremen Wertes wie $HW_{95/50}$=13.5 [m] aus dem gegebenen Datenmaterial ist zudem nur dann sinnvoll, wenn die Verhältnisse, unter denen die Stichprobe ermittelt wurde, auch für den gesamten betrachteten Zeitraum konstant bleiben. Durch die Überflutung von größeren ufernahen Gebieten im Bereich flußaufwärts des betrachteten Pegels ergibt sich ein natürlicher Höchstwert des Pegels, der auch bei größten Abfließmengen nicht überschritten wird. Ebenso kann die Erosion der Flußsohle zu einem Absinken des Pegels führen. Auf der anderen Seite ist in letzter Zeit die weiträumige Regulierung der Zuflüsse dafür verantwortlich gemacht worden, daß höhere Wasserstände in schnellerer Folge auftreten (vgl.[5.5]).

Bei Hochwasserschutzmaßnahmen (Deiche, Absperrtore o.ä.) und anderen permanenten Bauten (Dämme, Schleusen, Brückenpfeiler etc.) wird für einen längeren Zeitraum (50, 100

Jahre) geplant und eine Absicherung gegen höchste Wasserstände angestrebt. Bei Baugrubensicherungen ist die Absicherung gegen höchste Wasserstände unwirtschaftlich, da die Wahrscheinlichkeit, daß während einer kurzen Bauzeit (gegebenenfalls kürzer als ein Jahr) höchste Wasserstände auftreten, gering ist.

Die Bestimmung entsprechender Bemessungswerte verlangt eine kontinuierliche Aufzeichnung der Wasserstände. Mit einer solchen "Grundgesamtheit" kann dann eine Verteilungsfunktion der Daten ermittelt und aus dieser Verteilungsfunktion können Bemessungswerte als Fraktilen bestimmt werden.

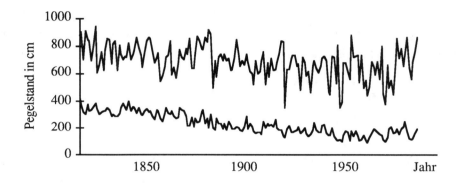

Bild 5.8: Höchste und niedrigste Wasserstände am Pegel Mannheim
als kontinuierliche stochastische Prozesse

Kontinuierliche Daten über die Wasserstände und die Abfließmengen von Flüssen werden vor allem seit Beginn des Industriezeitalters gesammelt und aufbereitet. Zu dieser Zeit begannen die Flüsse einerseits für den Gütertransport eine wesentliche Rolle zu spielen, andererseits mußten die in Flußnähe befindlichen wertvollen industriellen Anlagen geschützt werden.

In Bild 5.8 sind die höchsten und niedrigsten jährlichen Wasserstände für den Pegel Mannheim als kontinuierliche stochastische Prozesse aus den Daten der Jahre 1816 bis 1989 angegeben.

Da sich im Bereich des Pegels eine Absenkung der Sohle vollzogen hat, wurden die Daten für die Ermittlung von Bemessungswerten um 1,5 cm/Jahr abgemindert.
Für den höchsten Wasserstand ergibt sich der Mittelwert m=666.82 und die Standardabweichung s=107.88.

Mit

$$\alpha = \frac{\pi}{\sqrt{Var(X) \cdot 6}} = \frac{\pi}{\sqrt{6} \cdot 107.88} = 0.01189$$

und

$$\beta = E[X] - \frac{0.577}{\alpha} = 666.82 - \frac{0.577}{0.01189} = 618.27$$

werden die Parameter einer Extremwertverteilung für die vorliegenden Daten berechnet (siehe Anhang A3, (A3.58) und (A3.59)).

Mit dieser Extremwertverteilung läßt sich ein Bemessungswasserstand für eine Standzeit von 50 Jahren als 95%-Fraktilwerte (entsprechend einer 99.89746%-Fraktile, siehe Anhang A5, Beispiel A5.4) zu

$$HW_{95/50} = 11.97 \ [m]$$

bestimmen.

Für das Jahrhunderthochwasser (= 1% Fraktilwert) ergibt sich der Pegelstand

$$HW_{100} = 10.05 \ [m].$$

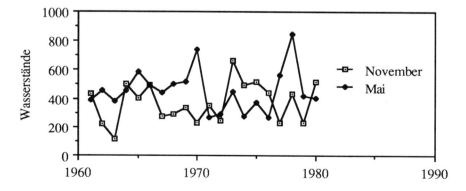

Bild 5.9: Rheinpegel Mannheim: Wasserstände der Monate Mai und November

Die Bestimmung von wahrscheinlichen Niedrigwasserständen, bzw. Mittelwasserständen für kleine Zeiträume ist mit einem solchen Datenmaterial nicht möglich. Hierzu müssen die jahreszeitlichen Unterschiede berücksichtigt werden. Entsprechende vollständige Daten werden z.B. im Gewässerkundlichen Jahrbuch ([5.6]) zusammengefaßt.

Exemplarisch für die jahreszeitlichen Unterschiede sind in Bild 5.9 die Mittelwerte der monatlichen Maxima am Pegel Mannheim für die Monate Mai und November für die Jahre 1961 bis 1980 als Jahresganglinie dargestellt.

Aus dieser Jahresganglinie läßt sich ersehen, daß im Mai im Durchschnitt ein höherer Wasserstand zu erwarten ist (Mittelwert 457 cm), im November ein niedrigerer Wasserstand (Mittelwert 372 cm).

	Mittelwert [m]	Streuung [m]	Bemessungswert [m] 95%-Fraktile
Mai	4.57	1.46	7.29
November	3.72	1.37	6.28

Tabelle 5.3: Berechnung des Bemessungswertes

Aus Mittelwert und Streuung dieser Wasserstände ergeben (s.o.) sich die Parameter einer Extremwertverteilung Typ I. Für eine kurzfristige Baumaßnahme (sie muß vollständig in dem betreffenden Monat durchgeführt werden) kann aus diesen Daten ein Bemessungswasserstand als 95%-Fraktile der Extremwertverteilung ermittelt werden (Tabelle 5.3).

5.2.3 Wind

Zur Beschreibung der Windwirkung auf Bauwerke müssen folgende Parameter in ihren stochastischen Eigenschaften bekannt sein (vgl [5.7], [5.8]) :

Windgeschwindigkeit,
Windrichtung,
Formfaktor,
Windprofil,
Böigkeitsspektrum.

Der Formfaktor ist von der Geometrie eines Bauwerks abhängig und gibt an, welche Kräfte auftreten, wenn der ungestörte Luftstrom durch ein Bauwerk unterbrochen wird. Es handelt sich somit um eine zeitunabhängige Bauwerkseigenschaft. Er wird in der Regel durch Messungen im Windkanal bestimmt und ist demnach mit Ungenauigkeiten behaftet, die durch eine entsprechende Verteilungsfunktion beschrieben werden können.

Das Windprofil über die Höhe beschreibt den Übergang von der in Ruhe befindlichen Erdoberfläche zum ungestörten Luftstrom (Gradientenwind). Je nach Bepflanzung und Bebauung ist diese Übergangszone unterschiedlich ausgebildet ([5.9]). Aus einer Vielzahl von Messungen wurden Funktionen der Windgeschwindigkeit in Abhängigkeit von der Höhe abgeleitet. Diese Funktionen enthalten als wesentlichen Parameter die Rauhigkeit. Diese ist neben der Meßgenauigkeit von vielen unterschiedlichen Einflüssen abhängig und sollte entsprechend durch eine Verteilungsfunktion beschrieben werden.

Da Formfaktor und Windprofil ausschließlich von gegebenen geometrischen Beziehungen abhängen, sind sie zeitunabhängige Größen.

Demgegenüber ändern sich Windgeschwindigkeit und Windrichtung mit der Zeit, und bei ihrer Beschreibung muß ihre Zeitabhängigkeit einbezogen werden.

Bei der Windgeschwindigkeit werden zwei Problemklassen unterschieden:

1. Erfassung extremer Windgeschwindigkeiten als jahreszeitliche oder mehrjährige Extremwerte der Spitzenwerte, Stunden-, 10-Min.-, 3-Sek.- Mittelwerte,

2. Erfassung der Schwankungen um einen Mittelwert als Geschwindigkeitsänderungen im Sekundenbereich (Böigkeit).

Die extremen Windgeschwindigkeiten ergeben sich aus den Aufzeichnungen der Wetterämter oder Wetterwarten. Aus einem kontinuierlich ablaufenden 24-Stunden-Schrieb eines Anemometers werden die Spitzenwerte abgelesen und hieraus stündliche, tägliche, monatliche oder jährliche Maxima und Durchschnittswerte bestimmt.

Für nachfolgende Erläuterungen stand Datenmaterial der Wetterwarte Mannheim für die Jahre 1957 bis 1989 zur Verfügung.

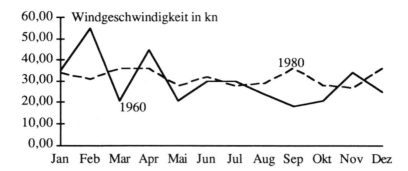

Bild 5.10: Mannheim: Monatliche maximale Windgeschwindigkeiten

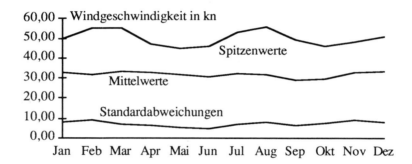

Bild 5.11: Mannheim: Monatliche Windgeschwindigkeiten
Auswertung 1957 bis 1989

Auf Grund des globalen klimatischen Geschehens ist die Auftretenswahrscheinlichkeit der Extremwerte der Windgeschwindigkeit von den Jahreszeiten abhängig. Im Bild 5.10 sind die monatlichen Spitzenwerte (Böen) für die Jahre 1960 und 1980 einander gegenübergestellt. Es ist zu ersehen, daß die jahreszeitlichen Schwankungen unterschiedlich stark ausgeprägt sind.

Daß es sich bei den jahreszeitlichen Schwankungen um eine allgemeine Eigenschaft dieses Vorgangs *Wind* handelt, ist aus der Darstellung der Mittelwerte der monatlichen Windgeschwindigkeiten über den gesamten Zeitraum der Erhebung (33 Jahre) zu erkennen (Bild 5.11).

Im Bild 5.11 sind zusätzlich auch die Standardabweichungen für die auf den Monat bezogenen Maximalwerte angegeben. Hieraus zeigt sich auch, daß die Monate mit geringerer mittlerer Windgeschwindigkeit (Juni) auch mit geringeren Schwankungen behaftet sind als die
Monate mit hoher mittlerer Windgeschwindigkeit (Februar).

Die jahreszeitlich unterschiedliche Auftretenswahrscheinlichkeit zeigt sich am deutlichsten
bei der Betrachtung der in 33 Jahren aufgetretenen monatlichen Spitzenwerte (Bild 5.11).

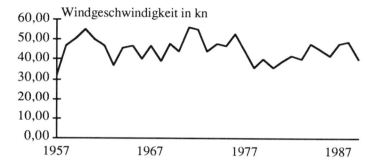

Bild 5.12: Extreme jährliche Windgeschwindigkeiten als
Stochastischer Prozeß

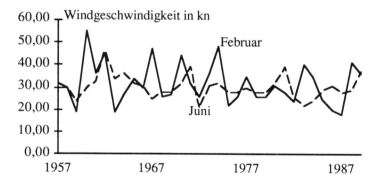

Bild 5.13: Extreme Windgeschwindigkeiten der Monate Februar
und Juni als stochastische Prozesse

Aus der monatlichen Schwankung der Windgeschwindigkeiten ergibt sich, daß eine homogene Datenbasis im Sinne eines stochastischen Prozesses nur dann gegeben ist, wenn die
jährlichen Maxima betrachtet werden (Bild 5.12). Die Zuordnung der Extremwerte zu den
Jahren eliminiert den Einfluß der Monate, da die Extremwerte nicht einem bestimmten Mo-

nat zugeordnet werden können (Bild 5.13 im Vergleich zu Bild 5.12), sowie auch die in den Jahren aufgetretenen unterschiedlichen Schwankungen (Bild 5.14 im Vergleich zu Bild 5.12).

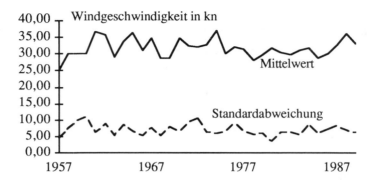

Bild 5.14: Mittelwerte der monatlichen Extremwerte und
Standardabweichung

Aus der 33-jährigen Stichprobe kann für diese monatlichen Windgeschwindigkeiten die relative Häufigkeit bestimmt werden (Bild 5.15, vgl. auch [5.9]).

Aus den relativen Häufigkeiten, bzw. mit aus diesen abgeleiteten statistischen Verteilungsfunktionen kann z.B. für kurzzeitige Montagearbeiten ein geeignetes "Wetterfenster" als Zeitraum mit geringen erwarteten Windgeschwindigkeiten ermittelt werden.

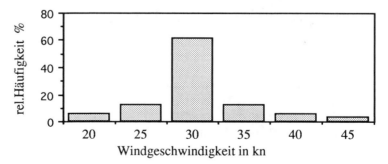

Bild 5.15: Histogramm der extremen Windgeschwindigkeiten
im Monat Juni

Die jährlichen Extremwerte lassen sich ebenfalls in einem Histogramm als relative Häufigkeiten darstellen. Im Bild 5.16 ist zusätzlich eine Extremwertverteilung eingezeichnet, wobei die Parameter aus der Methode der Momente bestimmt wurden (siehe Anhang A2, vgl. auch Abschnitt 5.2.2).

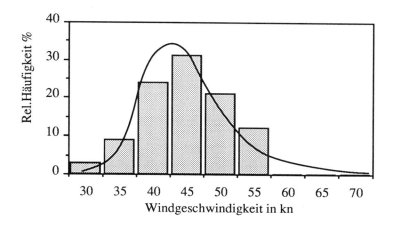

Bild 5.16: Histogramm und Dichtefunktion für jährliche
extreme Windgeschwindigkeiten

Aus der Extremwertverteilung können Überschreitungswahrscheinlichkeiten, Wiederkehrperioden und erwartete Extremwerte für gegebene Zeiträume (Lebensdauern) berechnet werden (siehe Anhang A5, vgl. auch [5.10]).

- Beispiel 5.1:

  Aus dem vorhandenen Datenmaterial der extremen Windgeschwindigkeiten werden für unterschiedliche Zeitbereiche die Parameter einer Extremwertverteilung mit der Methode der Momente bestimmt. Aus dieser Extremwertverteilung können Bemessungswindgeschwindigkeiten als 95%-Fraktile für eine 50-jährige Lebensdauer bestimmt werden (vgl. Anhang A5, Beispiel A5.4).

  Die Ergebnisse sind in Tabelle 5.4 zusammengefaßt.

Wie die Auswertung ergibt, ist eine Extrapolation mit einer lediglich elfjährigen Stichprobe nicht ausreichend für die Bestimmung von Bemessungswerten. Während sich für zwei Intervalle identische Werte ergeben, weicht das dritte Intervall wesentlich von diesen ab. Die Annahme, daß die Sonnenflecken mit ihrer Aktivität zu elfjährigen klimatischen Zyklen führen und daß dieses Zeitintervall somit das Geschehen vollständig beschreibt, konnte bei der Auswertung des hier vorliegenden Datenmaterials nicht bestätigt werden.

Zeitraum	m	s	u	a	v[kn]	v[m/s]	v[km/h]
1957-1989	44.9	5.8	42.3	0.22	73.4	37.7	136
1957-1967	45.4	6.3	42.5	0.2	76.2	39.2	141
1968-1978	46.7	6.0	44.0	0.21	76.2	39.2	141
1979-1989	42.6	4.1	40.8	0.32	62.6	32.2	116

m: Mittelwert

s: Standardabweichung

u: Parameter der Extremwertverteilung

a: Parameter der Extremwertverteilung

v: Extrapolierte Bemessungswindgeschwindigkeiten

Tabelle 5.4: Auswertung der Daten extremer Windgeschwindigkeiten

Der Bemessungswert als 95%-Fraktile für 50 Jahre ist um 31% größer als der im Zeitraum aufgetretetene Maximalwert (vgl.Bild 5.12, v_{max}=56 [kn]). Ein für den Zeitraum 33 Jahre ermittelter Bemessungswert wäre noch um 28% größer als der tatsächlich aufgetretene Maximalwert. Aus der Extremwertverteilung mit den Werten der Tabelle 5.3 ergibt sich für eine Wiederkehrperiode von 33 Jahren eine Windgeschwindigkeit von 58 [kn]. Dieser Wert wurde im betrachteten Intervall nicht erreicht.

Die Aussagen aus der kurzzeitigen Stichprobe können ähnlich wie bei den Wasserständen (vgl. Abschnitt 5.2.2) durch die Auswertung historischer Daten stabilisiert werden. Hierzu werden Archivberichte den Beaufort-Kategorien und hierüber wiederum den Windgeschwindigkeiten zugeordnet (z.B. Windstärke 10 nach Beaufort - schwerer Sturm -; Auswirkungen auf dem Land: Entwurzelte Bäume, bedeutende Schäden an Häusern, Windgeschwindigkeit 48-55 [kn]). Die Bedeutung der Auswertung dieses Archivmaterials wurde im Zusammenhang mit den schweren Stürmen im Januar und Februar 1990 auch einer größeren Öffentlichkeit bekannt (vgl. [5.15]).

Die ermittelten Bemessungswerte sind, bedingt durch das vorliegende Datenmaterial, standortbezogen. In exponierten (Höhen-)Lagen oder an der Küste werden andere Extremwerte gemessen als in den Mittelgebirgen. Bei der Bemessung sind somit die lokalen geographischen Gegebenheiten zu berücksichtigen.

Das meteorologische und klimatologische Umfeld kann bei der Bemessung dadurch berücksichtigt werden, daß eine Zoneneinteilung vorgenommen wird. Die Beschränkung auf eine geringe Anzahl von Zonen führt jedoch dazu, daß an den Zonengrenzen ein Sprung im Bemessungswert auftritt, was durch das natürliche Geschehen nicht gerechtfertigt ist. Die damit einhergehende Wettbewerbsverzerrung kann durch Optimierungsstrategien minimiert werden; trotzdem ist eine solche Zoneneinteilung nicht unumstritten ([5.8]).

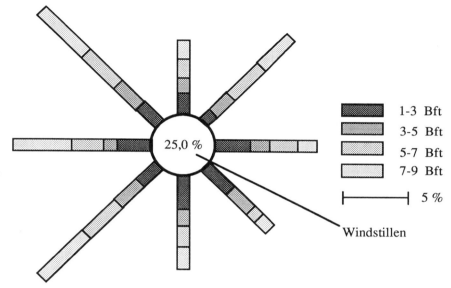

Bild 5.17: Windrichtungen und Windgeschwindigkeiten (aus [5.9])

Auf Grund des meteorologischen Geschehens ist die Windrichtung Änderungen unterworfen. Da diese Änderungen zeitabhängig sind, kann die Windrichtung auch als stochastischer Prozeß angesehen werden. Durch die Verteilung von Land- und Wasserflächen ergibt sich für bestimmte Gebiete jedoch eine bevorzugte Windrichtung.

Insbesondere konnte durch die Auswertung der Winddaten festgestellt werden, daß vor allem die extremen Windgeschwindigkeiten mit Windrichtungen korrelieren ([5.9], [5.11], [5.12]). In Bild 5.17 sind zwei Windrosen mit Angabe der Häufigkeiten von Windgeschwindigkeiten, angetragen auf die jeweilige Windrichtung, dargestellt (aus [5.9]).

Für Mitteleuropa sind extreme Winde aus westlichen Richtungen häufiger als aus den übrigen Richtungen. Die vorliegenden Untersuchungsergebnisse konnten noch nicht dahingehend ausgenutzt werden, daß eine Ausrichtung der Gebäude auf eine bestimmte Windrichtung die anzusetzende Windbelastung verringern könnte (siehe [5.11]).

Die kurzzeitigen Schwankungen der Windgeschwindigkeit müssen erfaßt werden, wenn sie aufgrund ihres Frequenzgehaltes in der Lage sind, schwingungsfähige Bauwerke zu Eigenschwingungen anzuregen. Dadurch können Spannungen und Verformungen hervorgerufen werden, die die aus dem statischen Staudruck ermittelten Werte übersteigen ([5.10], [5.13], [5.14], siehe Abschnitt 2.4 und Anhang A5).

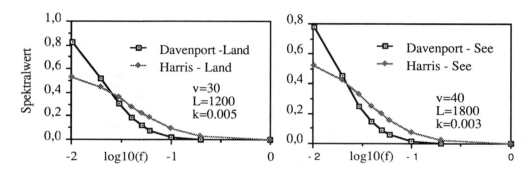

Bild 5.18: Davenport- und Harris-Spektren der Böigkeit

Aus Messungen der Zeitverläufe der Geschwindigkeiten konnte der Frequenzgehalt durch Fouriertransformation ermittelt werden. Für Bauwerke im Landesinnern, bzw. auf dem Festland hat sich das von Davenport vorgeschlagene Spektrum durchgesetzt. Demgegenüber wird für die Bemessung von Seebauwerken das Harris-Spektrum verwendet. Im Harris-Spektrum werden langwellige Anteile im Bereich von unter 0,1 Hz höher bewertet als im Davenport-Spektrum. Beide Spektren sind im Bild 5.18 einander gegenübergestellt.

Bei der Anwendung der Spektren wird davon ausgegangen, daß die Zeitabhängigkeit einem Gaußschen Prozeß entspricht. Dadurch ergibt sich die Möglichkeit, durch Berechnung im Frequenzbereich aus den Erregerspektren über die Vergrößerungsfunktion des Bauwerks ein Antwortspektrum zu bestimmen. Hieraus kann auch die Verteilungsfunktion der Antworten ermittelt werden, und daraus können benötigte Bemessungswerte als Fraktilenwerte errechnet werden (siehe auch Anhang A5).

5.2.4 Erdbeben

Die Einwirkung von Erdbeben auf Bauwerke als Belastung ist durch mehrere verschiedene
Parameter bestimmt :

- maximale Bodenbeschleunigung,
- Dauer des Bebens,
- Frequenzgehalt .

Werden Erdbeben unter dem Aspekt ihrer Wirkung betrachtet, so läßt sich als ein integraler
Parameter die Intensität angeben. Für die Definition einer Erdbebenintensität gibt es verschiedene Vorschläge (vgl. [5.16], [5.17]). Während die in USA übliche Verwendung der
Modified-Mercalli-Intensität oder die in Europa übliche Medjejev-Sponheuer-Karnik-Inten-
sität auf einer anschaulichen Beschreibung der Schädigung aufbauen (z.B. MM VI: Felt by
all, many are frightened and run outdoors; falling plaster and chimneys; damage small;
MSK VI: Leichte Schäden an Gebäuden, feine Risse im Verputz) gibt die Arias-Intensität
sowie auch die Richter-Magnitude ein physikalisches Maß für die Erdbebenstärke. Zwischen den verschiedenen Angaben bestehen unter bestimmten Voraussetzungen funktionale
Zusammenhänge ([5.17]).

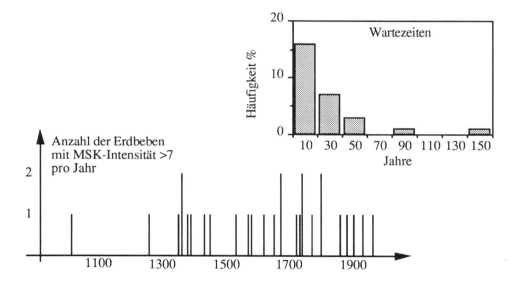

Bild 5.19: Erdbeben als diskreter stochastischer Prozeß

Da jeweils zwischen den Erdbeben eine Phase seismischer Ruhe eintritt, kann die Intensität als diskreter stochastischer Prozeß aufgefaßt werden. In Bild 5.19 sind die Jahre, in denen Erdbeben im Oberrheingraben (Schweiz, Frankreich, Deutschland) eine MSK-Intensität von 7 oder höher erreichten, auf der Zeitachse markiert (Daten aus [5.18]). Für einen gegebenen Schwellenwert ist der stochastische Prozeß durch die Verteilung der Wartezeiten bestimmt (vgl. Histogramm in Bild 5.19).

Vor allem für die Gebiete geringer seismischer Aktivität kommt bei der Ermittlung der Verteilungsfunktion der Wartezeiten historischen Untersuchungen eine große Bedeutung zu (vgl. [5.18], [5.19], [5.20]). Erst durch sie können Aussagen über die Auftretenswahrscheinlichkeit von Starkbeben mit großer Wiederkehrperiode gewonnen werden.

Zur Abschätzung der Gefährdung durch Erdbeben kann auch die Wirkung früherer Starkbeben auf eine heute bestehende Bebauung untersucht werden. In der Schweiz wurde zum Beispiel der Schaden, der durch das Baseler Erdbeben von 1356 in heutiger Zeit verursacht würde, zu 13 bis 47 Mrd. Franken bestimmt ([5.21]).

Jedes Erdbeben weist charakteristische Eigenheiten in Dauer und Frequenzgehalt auf. Für die Bemessung wird üblicherweise von einem Antwortspektrum ausgegangen, in dem die Wirkung auf schwingungsfähige Bauteile einbezogen ist und zudem die Wirkung aus einer Vielzahl unterschiedlicher Erdbeben gemittelt wurde.

Bei der Untersuchung von Starkbebenwirkungen ist die Einbeziehung der Möglichkeiten des Energieverzehrs für die Beurteilung der Sicherheit unabdingbar (vgl. auch Abschnitt 2.4). Hierfür muß eine nicht-lineare Berechnung im Zeitbereich durchgeführt werden. Als Belastung dient dabei ein Zeitverlauf der Bodenbeschleunigung.

Da vorhandene gemessene Zeitverläufe nur selten das mögliche Geschehen umfassen, wird sinnvollerweise von synthetischen Zeitverläufen ausgegangen. Durch die Erzeugung von Zufallszahlen und gezielte Filterung ist es möglich, Erdbebenzeitverläufe mit beliebigem Frequenzgehalt im Amplituden- oder im Antwortspektrum, beliebiger Dauer und Maximalamplitude als Belastung zu erstellen ([5.22]). Diese Parameter sind aus den gegebenen Daten als wahrscheinlichste oder als erwartete Extremwerte für bestimmte Zeitbereiche abzuleiten.

Erdbeben werden von der gegenseitigen Verschiebung von Erdschollen verursacht, und somit bestehen große regionale Unterschiede in der Gefährdung. In den einschlägigen Normen wird dies durch eine Zoneneinteilung berücksichtigt. Die Anzahl der Zonen richtet sich nach der Größe ihres Geltungsbereichs und den erforderlichen Differenzierungen bezüglich der Erdbebengefährdung (DIN 4149 enthält 4 Zonen [5.23], NPD Richtlinien für die norwegische Nordsee 3 Zonen ([5.24]), API RP2A für die Küstengebiete der USA ebenfalls 4 ([5.25]), SNiP der UdSSR 9 Zonen ([5.26])).

Das komplexe Zusammenwirken von Erregung und Antwort im Erdbebenlastfall kann durch ein Nachweiskonzept erfaßt werden, in welchem die Erdbebenbelastung zum einen als wahrscheinlich während der Standzeit des Bauwerks auftretendes Erdbeben für einen Standort (Bemessungserdbeben, z.B. mit 100-jähriger Wiederkehrperiode) und zum anderen als an dem Standort mögliches Erdbeben (Sicherheitserdbeben, z.B. mit 10000-jähriger Wiederkehrperiode) angegeben wird.

5.2.5 Welle

Ähnlich wie Wasserstände und Wind sind die Wellenhöhen jahreszeitlichen Schwankungen unterworfen, die sich aus dem klimatischen bzw. meteorologischen Globalgeschehen ergeben.

Dementsprechend ist bei der Bestimmung von extremen Wellenhöhen für Bemessungslasten und auch bei der Festlegung von "Wetterfenstern" für Baumaßnahmen im Bereich der Küste oder Offshore ein differenziertes Datenmaterial erforderlich.

Schadensfälle zeigen, daß den zu erwartenden Extremwerten eine hohe Bedeutung zukommt (Sturmflut Holland 1953, Sturmflut Hamburg 1962, Alexander Kjelland 1980, Ocean Ranger 1981).

Die Wirkung von Wellen auf Bauwerke hängt nicht nur von der Wellenhöhe, sondern auch von der Frequenz ab. Dementsprechend muß das Wellengeschehen als zweidimensionaler stochastischer Prozeß beschrieben werden. Diese Beschreibung geht für das Langzeitgeschehen von den Auftretenswahrscheinlichkeiten der signifikanten Wellenhöhe und der Zero-Upcrossing-Period aus. Die Zero-Upcrossing-Period erfaßt nur diejenigen Perioden im Zeitverlauf der Wellenhöhen, die mit einem Nulldurchgang verbunden sind (siehe Bild 5.20).

H_S [m]	T_Z [sec]	Auftretenswahrscheinlichkeit
0.75	4.7	0.1276
1.4	4.9	0.1884
1.4	6.4	0.0280
2.1	5.4	0.1645
2.1	6.8	0.0219
2.9	6.2	0.1259
2.9	7.5	0.0434
3.6	6.8	0.0797
3.6	8.4	0.0271
4.5	8.4	0.0896
5.5	9.0	0.0552
6.8	9.3	0.0321
8.3	10.1	0.0123
9.8	10.6	0.0033
11.3	11.4	0.0008
12.8	12.1	0.00015
14.5	12.5	0.00005

Tabelle 5.5: Auftretenswahrscheinlichkeiten der signifikanten Wellenhöhe H_S und der Zero-Upcrossing-Period T_Z für ein Gebiet der mittleren Nordsee

Die signifikante Wellenhöhe ist der Mittelwert aller Wellenhöhen, die das oberste Drittel der Verteilungsdichte bestimmen (vgl.Bild 5.21).

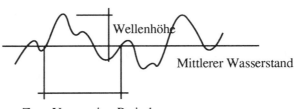

Bild 5.20: Definition der Zero-Upcrossing-Period

Zwischen Wellenhöhe und Frequenz besteht eine starke Korrelation, wie sich anhand der Auftretenswahrscheinlichkeiten für Parameterkombinationen eines bestimmten Standortes in der mittleren Nordsee ersehen läßt (Tabelle 5.5).

Für die Bemessung wird aus den vorhandenen Daten ein Bemessungssturm ermittelt, der durch die zugehörige signifikante Wellenhöhe und Zero-Upcrossing-Period im Sinne einer 95%-Fraktile definiert ist.

Für Offshorekonstruktionen, die aufgrund ihrer Nachgiebigkeit bei jedem Wellenangriff eine Spannungsänderung erfahren, ist gegenüber Küstenbauwerken auch die Gesamtzahl der Lastwechsel für den Dauerfestigkeitsnachweis zu bestimmen (vgl.[5.33], [5.34]).

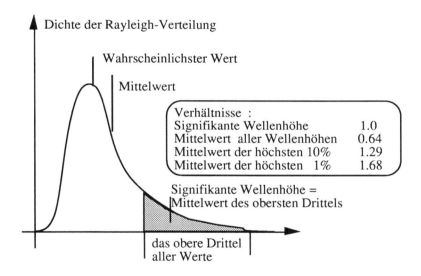

Bild 5.21: Definition der signifikanten Wellenhöhe nach [5.27]

Zur Berechnung der Lastwechselzahlen ist die Anregungsfähigkeit der Bauwerke zu berücksichtigen. Das Vorgehen der Berechnung entspricht der Berechnung der Böfaktoren. Die Wellenbelastung ist durch einen stochastischen Prozeß vorgegeben, der durch das Eigenschwingungsverhalten der Bauwerke gefiltert wird. Der stochastische Prozeß wird durch Verteilungsfunktionen und Spektren beschrieben.

Als Seegangsspektren kommen vor allem das Pierson-Moskowitz-Spektrum und das JONSWAP-Spektrum zur Anwendung. Beide enthalten als Parameter die signifikante Wellenhöhe und die Zero-Upcrossing-Period. Ein Vergleich ist in [5.28] gegeben. Stürme mit kleinen Wellenhöhen beinhalten dabei eine größere Bandbreite der Anregung, während Stürme mit großen Wellenhöhen stärker durch eine ausgeprägte Anregungsfrequenz bestimmt werden.

Die Bemessung erfolgt in folgenden Schritten:

A. Standsicherheitsnachweis (Ultimate Limit State)

1. Bestimmung der Übertragungscharakteristik des Bauwerks für einen Bereich der Wellenhöhen und Perioden,

2. Filterung des für eine gegebene Lebensdauer zu erwartenden extremen Sturmes (im Sinne einer 95%-Fraktile),

3. Berechnung der extremalen Systemantwort aus Gl. A5.4.

B. Dauerfestigkeitsnachweis (Fatigue Limit State)

1. Bestimmung der Übertragungscharakteristik des Bauwerks für einen Bereich der Wellenhöhen und Perioden,

2. Filterung der für eine gegebene Lebensdauer zu erwartenden Spektren für alle durch die Langzeitstatistik vorgegebenen Parameterkombinationen (vgl.Tabelle 5.5),

3. Berechnung der Häufigkeitsverteilung der Spannungsänderungen,

4. Bestimmung der zu erwartenden akkumulierten Schädigung.

Durch die Bedeutung des Dauerfestigkeitsnachweises für die Beanspruchbarkeit der Offshorekonstruktionen kommt der Zeitabhängigkeit der Beanspruchbarkeit und der sprunghaften Veränderung durch Wartungsarbeiten besonderes Gewicht zu ([5.29], [5.34]).

5.3 Sicherheitslastfälle

Die Erstellung industrieller Anlagen mit sehr hohem Gefährdungspotential (Kernkraftwerke, Offshoreplattformen, Flüssigerdgasbehälter) hat dazu geführt, daß neben den Lastfällen, die erfahrungsgemäß auftreten und für die somit auch statistisch erfaßbare Daten vorliegen, Beanspruchungen der Konstruktion zu untersuchen sind, die sich dem Erfahrungsbereich entziehen. Hierzu gehören Lastfälle wie Gaswolkenexplosion, Flugzeugabsturz auf ein Gebäude, Unterwasserdetonation in einem Kühlwasserkanal, U-Boot-Anprall an die Stützkonstruktion einer Offshoreplattform.

5.3.1 Flugzeugabsturz

Im Vergleich zu Lastfällen wie Wind, dessen Fähigkeit, Druck auf Wände, Dächer oder Schornsteine auszuüben, schon mehrfach in situ und im Windkanal durch Messungen nachgewiesen werden konnte, ist ein Flugzeugabsturz auf den Reaktordruckbehälter noch nicht beobachtet worden und wird hoffentlich auch nicht beobachtet werden.

Wie groß die Wahrscheinlichkeit für das Auftreten eines Flugzeugabsturzes auf ein Gebäude ist, muß offen bleiben, da kein entsprechendes Datenmaterial vorhanden ist. Schätzwerte für die Wahrscheinlichkeit können aus der Häufigkeit der Flugzeugabstürze in bestimmten Gebieten, gegebenenfalls unter besonderer Berücksichtigung der Militärflugzeuge und aus der Dichte des Verkehrs auf den Luftverkehrswegen in der Nähe von Flughäfen abgeleitet werden (vgl. [5.36]). In Beispiel 5.2 wird der Berechnungsweg gezeigt, wobei vereinfachend angenommen wird, daß Flugzeugabstürze über dem gesamten Bundesgebiet gleich wahrscheinlich sind.

- Beispiel 5.2:
  Anzahl der Flugzeugabstürze des Gefährdungstyps über dem Gebiet der Bundesrepublik: 2 pro Jahr
  flächenmäßige Ausdehnung der Bundesrepublik: $356\,945\ km^2$

  Auftrefffläche sicherheitsrelevanter Bauwerke eines Kernkraftwerks:
  $2\ ha = 0.002\ km^2$

  Anzahl der Kernkraftwerke: 20

Wahrscheinlichkeit für Flugzeugabsturz pro Jahr:

$$P(F) = 2 \cdot 20 \cdot \frac{0.002}{356\ 945} = 2.24 \cdot 10^{-7}$$

Betriebsdauer: 30 Jahre

Wahrscheinlichkeit für Flugzeugabsturz auf Kernkraftwerk während der Betriebsdauer:

$$P(F) = 30 \cdot 2.24 \cdot 10^{-7} = 6.72 \cdot 10^{-6}.$$

Durch Einbeziehung von Überflugverbot und Standortwahl würde sich zwar ein geringerer Wert ergeben, jedoch mangels Daten kann diese Verringerung nur sehr grob abgeschätzt werden.

Wie schon für die Auftretenswahrscheinlichkeit so gibt es auch für die Intensität des Lastfalls kein Datenmaterial aus Beobachtungen. Da es sich bei dem Lastfall zudem um einen Stoß handelt, muß auch der zeitliche Ablauf der Belastung beschrieben werden. Solche Lastzeitfunktionen für den Lastfall Flugzeugabsturz wurden durch numerische Simulation bestimmt.

Wesentliche Parameter wie Masse und Geschwindigkeit des auftreffenden Flugzeugs oder Flugzeugteils (speziell Triebwerk) können hierbei in den möglichen Grenzen variiert werden. Ein weiterer Einfluß ist durch die Verhältnisse von Steifigkeit und Beanspruchbarkeit des Flugzeugkörpers einerseits und der getroffenen Betonschale andererseits gegeben ([5.37]).

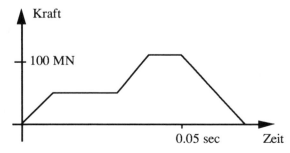

Bild 5.22: Lastzeitfunktion für den Lastfall Flugzeugabsturz

Aus den Ergebnissen der Berechnungen sowie auch von Versuchen zur Stoßmechanik ergab sich ein Lastzeitdiagramm des Stoßkraftverlaufs (Bild 5.22, [5.38]), welches, abgesehen vom Nullpunkt, durch fünf Punkte definiert ist. In einem konsistenten Sicherheitskonzept wären die Koordinaten dieser Punkte als stochastische Variable anzusehen, die aus statistischen Beobachtungen zu bestimmen sind.

Die Brauchbarkeit der Simulation konnte durch Versuche an Platten unter Beschuß von Projektilen überprüft werden ([5.38]). Erst in jüngster Zeit wurde ein Versuch im Großmaßstab durchgeführt, der durch umfangreiches Film-, Video- und Bildmaterial dokumentiert ist (vgl.[5.39]) und die wesentlichen Parameter des Stoßkraftzeitverlaufes bestätigen konnte ([5.40]).

5.3.2 Explosionsdruck

Eine Gaswolkenexplosion ist durch die physikalisch-chemischen Möglichkeiten des Gases begründet. Als Gaswolkenexplosion wird folgendes Phänomen betrachtet ([5.41]):

Nach einem Versagen, auch Leckage einer Gasrohrleitung oder eines Gasbehälters (auch Flüssigerdgasbehälters), bildet sich eine Wolke eines schnell entflammbaren Gases. Durch entsprechende klimatische Bedingungen kann es dazu kommen, daß diese Wolke über eine größere Strecke transportiert wird, ohne sich aufzulösen. Trifft diese Wolke auf eine Entzündungsquelle, so ist bei bestimmten Durchmischungsverhältnissen des Gases mit dem Sauerstoff der umgebenden Luft eine Explosion möglich.

Das Zustandekommen ist also im wesentlichen vom Vorhandensein spezieller klimatischer Bedingungen abhängig: Die Luftbewegung muß so gering sein, daß ein Auflösen der Gaswolke durch Turbulenz nicht auftritt, die Luftbewegung muß aber andererseits wiederum groß genug sein, um eine Durchmischung des Gases mit Luftsauerstoff bis zu einem explosionsfähigen Gemisch zu ermöglichen.

In Versuchen konnte zwar die Ausbreitung einer Explosionsdruckwelle nach der Entzündung eines brennbaren Materials in einem Behälter beobachtet werden, nicht aber das Phänomen Gaswolkenexplosion mit der Entstehung einer Druckwelle, die als Belastung auf ein Bauwerk wirkt.

Auch ein Lastfall Explosionsdruckwelle kann bislang nicht durch Daten wahrscheinlichkeitstheoretisch erfaßt werden, da dort, wo Explosionen stattfinden, in der Regel keine
Druckmeßdosen vorhanden sind. Gegenüber den vorher beschriebenen Lastfällen läßt sich
die Wirkung von Explosionen aber leider des öfteren beobachten ([5.42]) und von ihrer
Zerstörungskraft her auch in gewisser Weise als Belastung erfassen. Zusätzliche Daten,
insbesondere über den Lastzeitverlauf, konnten aus Versuchen gewonnen werden ([5.43]).

Beide Lastfälle werden bislang in der Regel durch eine deterministische Lastzeitfunktion beschrieben (Bild 5.23). Diese Lastzeitfunktion wird über die Lastanstiegszeit und die Lastab-
fallzeit sowie über den Spitzenwert und den Dauerwert beschrieben. Alle diese vier Werte
wären in einem konsistenten Sicherheitskonzept als stochastische Variable zu betrachten.
Die derzeit verwendeten deterministischen Lastzeitfunktionen sollen jedoch die wesentlichen
möglichen Parameterkonstellationen und damit Lastwirkungen abdecken.

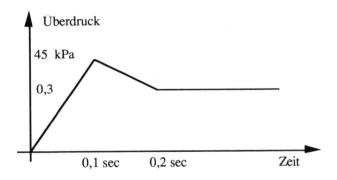

Bild 5.23: Druckverlauf bei Explosion

5.3.3 Kälteschock-Reißverschlußversagen

Ein Lastfall, der auch mit der Entzündung von Behälterinhalten verbunden ist, ist das Zip-
Failure bei Flüssigerdgasbehältern aus Stahl. Ein Flüssigerdgasbehälter enthält Erdgas, das
durch Kühlung bis -170° verflüssigt wurde. Die Behälter bestehen aus einem inneren Tank
und einem äußeren Sicherheitsbehälter.

Kommt es zu einem Sprödbruchversagen des inneren Behälters, weil das Material bei tiefen
Temperaturen versprödet, so kann der gesamte Speicherinhalt plötzlich in den Zwischen-

raum eindringen und auf den äußeren Sicherheitsbehälter eine dynamische Lastwirkung ausüben.

Das Versagen von Stahlbehältern in einer LNG-Anlage in Qatar in 1967 ([5.43]) gab Anlaß, einen solchen Vorgang für möglich zu halten. Spätere Versuche zeigten jedoch, daß das Isoliermaterial im Zwischenraum beider Behälter die Ausbreitung des Behälterinhalts soweit verzögert, daß der Lastfall als statisch (nicht dynamisch) zu betrachten ist ([5.44]).

Bei neueren LNG-Behältern aus Edelstahl oder Spannbeton konnte bislang im Versuch gezeigt werden, daß ein Sprödbruch in der angenommenen Form auch bei Kälteschock (einseitige Temperaturänderung auf -170 Grad C) nicht auftritt ([5.45]).

5.3.4 Stellung der Sicherheitslastfälle in einem konsistenten Sicherheitskonzept

Die vorgenannten Lastfälle entziehen sich aus Mangel an Datenmaterial der Einbindung in ein Sicherheitskonzept auf wahrscheinlichkeitstheoretischer Basis. Da die Lastwirkung nicht nur von den angegebenen Spitzenwerten der Belastung, sondern vor allem auch vom zeitlichen Ablauf abhängt, müßte Datenmaterial über alle diese Parameter vorliegen. Erst dann wäre es möglich, ausgehend von der Lastwirkung, z.B. eine 95%-Fraktile anzugeben.

Die Ertüchtigung der Bauwerke gegen Sicherheitslastfälle, die mit Bezug auf ihre Auftretenswahrscheinlichkeit nicht definiert sind, läßt sich vor allem dadurch rechtfertigen, daß mit einem endlichen Aufwand zusätzlicher bautechnischer Maßnahmen ein Risiko unbekannter Größenordnung vermindert wird.

Eine zusätzliche Begründung liefern die tatsächlich eingetretenen Unfälle und Katastrophen. Hierzu gehört u.a. die Entzündung einer Gaswolke, die sich nach Austritt des Gases aus einer Pipeline bei Windstille in einer Senke gesammelt hatte, durch die ein Bahngleis führte ([5.46]), oder auch der Anprall eines U-Bootes an die Stützen einer Offshoreplattform ([5.47]).

Da U-Boote üblicherweise mit umfangreichen Navigationstechniken ausgestattet sind, um ihre Aufgabe erfüllen zu können, wurde ein solches Ereignis für unmöglich gehalten. Zudem muß aus Gründen der Sicherheit der Besatzung ein Zusammenstoß vor allem unter

Wasser auf jeden Fall vermieden werden. Daß es trotzdem geschah, zeigte wiederum die Gültigkeit des wahrscheinlichkeitstheoretisch schwer erfaßbaren Murphyschen Gesetzes:

Was schief gehen kann, geht schief.

Erweiterung: ... und richtet den größtmöglichen Schaden an.

Die betreffenden Sicherheitslastfälle spielen in der Politik bei Standortentscheidungen und den zugehörigen Akzeptanzdiskussionen von Industrieanlagen mit hohem Gefährdungspotential eine große Rolle. Aus technischer Sicht sind deswegen Zweifel angebracht, ob die Beherrschung dieser Lastfälle im Sinne einer Kosten-Nutzen-Abwägung zur größtmöglichen Verringerung des Risikos führen kann (vgl. Kapitel 6).

Ein Grund für die Bedeutung dieser Lastfälle bei Akzeptanzdiskussionen scheint darin zu liegen, daß es attraktiver ist, durch eine einmalige bautechnische Maßnahme ein Risiko durch Verringerung der Versagenswahrscheinlichkeit zu vermindern, als durch Schutz- und Vorsorgemaßnahmen (z.B. Evakuierungsprogramme und entsprechende Übungen) eine Verringerung des Schadens zu erreichen. Schutz- und Vorsorgemaßnahmen sind für die gesamte Betriebszeit durchzuführen und somit einerseits konstenintensiv und andererseits unangenehm, da sie bei allen Beteiligten das Bewußtsein der Gefährdung permanent aufrechterhalten und so die Entwicklung einer optimistischen Lebenseinstellung beeinträchtigen können.

5.4   Kombination extremer Lastfälle

Wegen der geringen bis unbekannten Auftretenswahrscheinlichkeit extremer Lastfälle wird in einem Nachweiskonzept üblicherweise von der Forderung nach Reversibilität der Lastwirkung (elastisches Verhalten) abgegangen. Es wird lediglich verlangt, daß die Standsicherheit gewährleistet ist. Durch die Belastung kann es zu bleibenden Verformungen kommen.

Nach KTA 2201.3 ([5.48]) wird z.B. für den Lastfall Erdbeben definiert: "Beim Sicherheitserdbeben (...) dürfen bleibende Verformungen auftreten." Eine entsprechende Regelung für Offshorekonstruktionen gibt API-RP2A ([5.49]): "ductility requirements are intended to ensure that the platform has sufficient energy absorption capacity to prevent collapse during rare intense earthquake motions." ("Zähigkeitsanforderungen sollen gewährleisten, daß die Plattform ausreichende Möglichkeiten des Energieverzehrs besitzt, um einen

Einsturz bei seltener extremer Erdbebenanregung zu vermeiden."). Bleibende Verformungen werden also in Kauf genommen.

Insbesondere bei Sicherheitslastfällen sehr niedriger Auftretenswahrscheinlichkeit ergibt sich als Wahrscheinlichkeit des zeitgleichen Auftretens in der Regel ein so niedriger Wert, daß die Berücksichtigung einer entsprechenden Lastfallkombination nicht vertreten werden kann. Eine Abschätzung für die Wahrscheinlichkeit des gemeinsamen Auftretens läßt sich aus der Kombination zweier unabhängiger Ereignisse ableiten:

$$P(AB) = P(A) \cdot P(B)$$

Bei Wahrscheinlichkeiten der Sicherheitslastfälle von $1 \cdot 10^{-6}$ ergibt sich also eine Wahrscheinlichkeit von $1 \cdot 10^{-12}$ für das gemeinsame Ereignis, woraus sich ableiten läßt, daß eine Berücksichtigung der Lastfallkombination nicht erforderlich ist.

Eine vollständige Berechnung der Auftretenswahrscheinlichkeit des Zusammentreffens extremer Belastungen gelingt, wenn die betrachteten Ereignisse als stochastische Prozesse beschrieben werden können ([5.50]). Dies ist vor allem für die im Abschnitt 5.3 beschriebenen Sicherheitslastfälle nicht gegeben.

Grenzzustand	ULS					PLS			
Wind	100	10	10	-	-	10000	100	10	-
Welle	100	10	10	-	-	100	10000	10	-
Strömung	10	100	10	-	-	10	10	10000	-
Eis	-	-	100	-	-	-	-	-	-
Schnee	-	-	-	100	-	-	-	-	-
Erdbeben	-	-	-	-	100	-	-	-	10000
Wasserstand	100	100	m	m	m	m*	m*	m*	m

ULS : Ultimate Limit State (Grenzzustand der Tragfähigkeit)

PLS : Progressive Limit State (Grenzzustand progressiven Versagens)

10, 100, 10000 : Wiederkehrperioden

m : Mittelwert

m* : Gegebenenfalls muß Sturmflut berücksichtigt werden.

Tabelle 5.6: Überlagerung extremer Lastfälle nach [5.24]

Nur wenn die Ereignisse, z.B. Wind und Wellen auf Offshorebauwerke, nicht unabhängig voneinander sind, ergibt sich für das gleichzeitige Auftreten eine Wahrscheinlichkeit, die den Nachweis für die Lastfallkombination erforderlich macht.

Als Beispiel für die Kombination extremer Lastfälle ist in Tabelle 5.6 die Überlagerung entsprechend den Richtlinien des norwegischen Petroleumdirektorats zusammengestellt.

Der Nachweis für den Grenzzustand der Tragfähigkeit bei extremer Belastung erfordert, daß die Sicherheit der Konstruktion nach dem Auftreten eines extremen Lastfalls für einen anderen extremen Lastfall nachgewiesen wird, da sich das Tragverhalten der Konstruktion ja nach einer möglichen örtlichen Überschreitung einer Festigkeitsgrenze ändern kann.

Zum Beispiel ist davon auszugehen, daß in der Folge eines extremen Erdbebens (Sicherheitserdbeben, vgl. Abschnitt 5.2.4) die Explosion eines Behälters zu einer Explosionsdruckwelle führt, die eine schon durch das extreme Erdbeben teilgeschädigte Konstruktion einer neuerlichen Extrembelastung unterwirft.

In diesem Sinne werden die extremen und Sicherheitslastfälle nicht als simultan auftretende Lastfälle kombiniert, sondern als Lastfallfolgen. Der Nachweis erfolgt für den Grenzzustand progressiven Versagens (Limit State of Progressive Collapse).

In den DNV-Rules ([5.31]) wird der Limit State of Progressive Collapse in folgender Form definiert: "The limit state of progressive collapse (PLS) corresponds to a progressive collapse after damage to the structure by misuse or accident." ("Der Grenzzustand progressiven Versagens betrifft das progressive Versagen einer geschädigten Konstruktion bei einem Sicherheitslastfall."). Sinngemäß ist also der Limit State of Progressive Collapse als Versagen bei aufeinanderfolgenden extremen Belastungen zu definieren.

Die wahrscheinlichkeitstheoretische und damit sicherheitstheoretische Problemstellung bei diesen Nachweisen liegt nicht so sehr in der Lastfallbeschreibung, da diese entweder durch Daten vorgegeben ist oder mangels Daten deterministisch vorgegeben wird, sondern in der richtigen Erfassung des nichtlinearen Tragverhaltens und der richtigen Einschätzung der Resttragfähigkeit.

Während das elastische Verhalten genügend genau auch statistisch beschrieben werden kann, ist das Verhalten bis zum Bruch vergleichsweise ungenau erfaßt. Nicht nur die Grenzen der Festigkeit, sondern auch die Grenzen der Verformbarkeit müssen als stochastische Größen in der Berechnung erfaßt werden.

Durch die Berechnung mit mehreren Parametervarianten wird in der Regel versucht, eine Abschätzung der Streubreite der Auswirkungen eines extremen Lastfalls zu erreichen (best estimate = Mittelwerte der Belastung, worst case = Mittelwerte+50%, best case = Mittelwerte-50%).

Die Umsetzung der allgemeinen Vorgabe "Bleibende Verformungen sind erlaubt" bzw. "Es muß Vorsorge für ausreichenden Energieverzehr getroffen werden" in feste Grenzen für Spannungen und Dehnungen im Zusammenhang mit der Angabe der Bemessungswerte setzt in jedem Fall eine intensive Zusammenarbeit zwischen Bauherren, Behörden, gegebenenfalls Versicherungen und den beteiligten Ingenieuren voraus.

Literatur

[5.1]   Ruppert, W.-R.: Achslasten und Gesamtgewichte schwerer LKW, Verlag TÜV Rheinland, Köln 1981(zitiert nach [5.4])

[5.2]   Pfeifer, M.R.: Erweiterte Auswertung von Verkehrslastmessungen zur statistischen Absicherung eines Lastmodells, Schlußbericht, Fraunhofer Institut Betriebsfestigkeit, Darmstadt 1982 (zitiert nach [5.4])

[5.3]   Herzog, M.: Die wahrscheinliche Verkehrslast von Straßenbrücken, Der Bauingenieur 51, S.451-454, 1976

[5.4]   König, G.; Gerhardt, H.-C.: Verkehrslastmodell für Straßenbrücken, Der Bauingenieur 60, S. 405-409, 1985

[5.5]   Wallerang, E.: Köln: Hart an der Katastrophe vorbei, VDI-Nachrichten Nr. 14, 8.April 1988

[5.6]   Gewässerkundliches Jahrbuch, Rheingebiet Teil I, Abflußjahr 1987, herausgegeben von der Landesanstalt für Umweltschutz Baden-Württemberg, Institut für Wasser- und Abfallwirtschaft Karlsruhe

[5.7]   Simiu, E.; Scanlan, R.H.: Wind Effects in Structures, John Wiley & Sons, New York 1978

[5.8]   Petersen, C.: Baupraxis und Aeroelastik, Probleme - Lösungen - Schadensfälle, Mitt. Curt-Risch-Institut, Hannover 1978

[5.9]   Christoffer, J.; Ulbricht-Eissing, M.: Die bodennahen Windverhältnisse in der Bundesrepublik Deutschland, Selbstverlag des Deutschen Wetterdienstes, Bericht Nr.147, Offenbach am Main 1989

[5.10]   Schuëller, G.I.; Panggabean, H.: Ermittlung der Bemessungswindgeschwindigkeit unter Zugrundelegung eines Zuverlässigkeitskonzeptes, Beiträge zur Anwendung der Aeroelastik im Bauwesen, Heft 2, TU München 1975

[5.11]   Schmid, H.: Die Richtungsabhängigkeit der Extremböen in Nord- und Westdeutschland, Kurzberichte aus der Bauforschung, Bericht Nr. 65, März 1989

[5.12]   Gallimore, D.; Madsen, T.: The North Sea Environmental Guide, Oilfield Publications Ltd., Ledbury 1984

[5.13]   König, G.; Zilch, K.: Ein Beitrag zur Berechnung von Bauwerken im bögen Wind, Mitteilungen aus dem Institut für Massivbau der TH Darmstadt, Heft 15, W.Ernst & Sohn, Berlin 1970

[5.14]   Petersen, C.: Aerodynamische und seismische Einflüsse auf die Schwingungen insbesondere schlanker Bauwerke, Fortschr.-Ber. VDI-Z., Reihe 11, Heft 11, VDI-Verlag, Düsseldorf 1971

[5.15]   Kommen die stürmischen Zeiten erst? Mannheimer Morgen Nr. 49, 28. Februar 1990

[5.16]   Newmark, N.M.; Rosenblueth, E.: Fundamentals of Earthquake Engineering, Prentice-Hall, Inc., Englewood Cliffs, NJ 1971

[5.17]   Wiegel, R.L. (ed.): Earthquake Engineering, Prentice-Hall, Inc., Englewood Cliffs NJ, 1970

[5.18]   Leydecker, G.: Erdbebenkatalog für die Bundesrepublik Deutschland mit Randgebieten für die Jahre 1000-1981, Geologisches Jahrbuch, Reihe E, Heft 36, Hannover 1986, (E. Schweizerbart'sche Verlagsbuchhandlung, Stuttgart)

[5.19]   Ringdal, F. e.a.: Earthquake Hazard Offshore Norway, A Study for the NTNF Safety Offshore Committee, Norsar Contribution No. 302, Oslo 1982

[5.20]   Ambraseys, N.N.: Magnitude Assessment of Northwestern European Earthquakes, Earthq. Eng. and Struct. Dyn., Vol. 13, 1985

[5.21]   Schaad, W.: Erdbebenszenarien Schweiz, Kurzfassung des Untersuchungsberichts, herausgegeben vom Schweizerischen Pool der Erdbebenversicherung, Bern 1988

[5.22]   Meskouris, K.: Beitrag zur Erdbebenuntersuchung von Tragwerken des Konstruktiven Ingenieurbaus, RUB-KIB, Technisch-wissenschaftliche Mitteilungen Nr. 82-12, Bochum 1982

[5.23]   DIN 4149, Teil 1: Bauten in deutschen Erdbebengebieten, Lastannahmen, Bemessung und Ausführung üblicher Hochbauten, Beuth Verlag, Berlin 1981

[5.24]   Norwegian Petroleum Directorate (Oljedirektoratet): Retningslinjer for Fastsettelse
         av Laster og Lastvirkninger, Stavanger 1985

[5.25]   American Petroleum Institute: Recommended Practice for Planning, Designing and
         Constructing Fixed Offshore Platforms, API RP2A, Dallas 1982

[5.26]   SNiP Teil 2, Kapitel 7 (Russische Vorschrift für das Bauen in Erdbebengebieten),
         herausgegeben vom staatlichen Komitee für das Bauwesen mit Beschluß Nr. 94
         vom Juni 1981

[5.27]   Gaythwaite, J.: The Marine Environment and Structural Design, van Nostrand
         Reinhold Comp., New York 1981

[5.28]   Schuëller, G.I.: Einführung in die Sicherheit und Zuverlässigkeit von Tragwer-
         ken, Verlag W.Ernst & Sohn, Berlin 1981

[5.29]   Skjong, R.: Extended Lifetime of Offshore Structures, Lecture Note at NIF -
         Course, Hoevik 1987

[5.30]   Diamantidis, D.: Untersuchungen zur Sicherheit existierender Offshore-Konstruk-
         tionen in der Nordsee, Bauingenieur 61, 1986, S. 313-318

[5.31]   Det Norske Veritas: Rules for the Design, Construction and Inspection of Off-
         shore Structures, Appendix A: Environmental Conditions, Hoevik 1977

[5.32]   Wagner, P.: Einführung in den Seebau, Verlag W.Ernst & Sohn, Berlin 1990

[5.33]   Almar-Naess, A.(ed.): Fatigue Handbook - Offshore Steel Structures, Tapir
         Trondheim 1984

[5.34]   Madsen, H.O.: Random Fatigue Crack Growth and Inspection, ICOSSAR '85

[5.35]   Clauss, C.; Lehmann, E.; Oestergard, C.: Meerestechnische Konstruktionen,
         Springer Verlag, Berlin 1988

[5.36]   Gesellschaft für Reaktorsicherheit (Herausgeber): Deutsche Risikostudie Kern-
         kraftwerke, Fachband 2: Zuverlässigkeitsanalyse, Verlag TÜV Rheinland, 1980

[5.37]   Zorn, N.F.; Riera, J.D.; Schuëller, G.I.: On the Definition of the Excitation due
         to Engine Impact. RILEM-CEB-IABSE-IASS-Interassociation Symposium on
         Concrete Structures under Impact and Impulsive Loading, Berlin 1982

[5.38]   Nachtsheim, W.; Stangenberg, F.; Gurski, B.: Ausgewählte Ergebnisse der Mep-
         pener Plattenversuche - Gegenüberstellung parametrischer Berechnungen, 4.Tech-
         nischer Fachbericht, Zerna, Schnellenbach und Partner, Bochum 1983

[5.39]   Crash ins Kernkraftwerk, Geoskop in Geo, Verlag Gruner und Jahr, Hamburg,
         Januar 1990

[5.40]   Stangenberg, F.; Schwarzkopp, D.: Berechnung stoßinduzierter Erschütterungen
         bei nichtlinearem Stahlbeton-Materialverhalten, Deutsche Gesellschaft für Erdbe-
         beningenieurwesen und Baudynamik, Jahrestagung, München 1989

[5.41] Geiger, W.: Statusbericht über die denkbare äußere Druckbelastung von Kern-
        kraftwerken durch Gasexplosionen, Battelle Institut, Frankfurt 1977

[5.42] Was für eine Bombe, Der Spiegel 45, 5. November 1984

[5.43] Lom, W.L.: Liquified Natural Gas, Applied Science Publishers, London 1974

[5.44] Adorjan, A.S., et al.: Damping Effect of Ferlite or Fiberglass Insulation on Outer
        Tank Dynamic Loads in Double-Walled Cryogenic Tanks, 7th Conf. on LNG,
        Djakarta 1983

[5.45] Speidel, S.R.: An Experimental Study on the Behaviour of the Outer Concrete
        Wall of a Double Wall LNG Storage Facility under Extreme Thermal Loads,
        Gastech - 10th Int. LNG/LPG Conference, Amsterdam 1984

[5.46] Nur noch Asche, Der Spiegel, 12. Juni 1989

[5.47] Oseberg Schaden rund 22 Mio. DM, Ozean+Technik 15/88, Verlag Maritim,
        Hamburg 1988

[5.48] Auslegung von Kernkraftwerken gegen seismische Einwirkungen, Kerntechni-
        scher Ausschuß KTA 2201.3, Köln 1980

[5.49] Recommended Practice for Planning, Designing and Constructing Fixed Offshore
        Platforms, API RP2A, American Petroleum Institute, Dallas 1982

[5.50] Wen, Y.-K.: Statistical Combination of Extreme Loads, Journal of the Structural
        Division, Proc. of ASCE, Vol. 102, No. ST5, May 1977

6   Risikoanalyse

6.1   Vorbemerkungen

In den vorhergehenden Kapiteln wurde gezeigt, wie die Sicherheit von Baukonstruktionen gewährleistet wird. Der wahrscheinlichkeitstheoretisch erfaßten Beanspruchung wird die wahrscheinlichkeitstheoretisch beschriebene Beanspruchbarkeit gegenübergestellt, und durch Erfüllung der Sicherheitsungleichung wird eine vorgegebene Versagenswahrscheinlichkeit eingehalten.

In der Einleitung wurde erörtert, daß die Versagenswahrscheinlichkeit nicht gleich Null sein kann. Das heißt aber, daß auch die durch die Bemessung erreichte Versagenswahrscheinlichkeit nicht ausschließt, daß es zu einem Versagen kommen kann. Diesem Problem zugeordnet ist die Frage, was passiert, wenn ein in der Bemessung nicht vorgesehener Beanspruchungsfall auftritt. Es stellt sich somit die Frage nach den Schadensfolgen und deren Bewertung.

Für ein unerwünschtes Ereignis wird die Wahrscheinlichkeit des Auftretens mit den zum unerwünschten Ereignis gehörigen Verlust im Begriff *Risiko* zusammengefaßt.

Die Untersuchung dieser Problemstellung ist Gegenstand der *Risikoanalyse*.

Die Problemstellung ist nicht nur auf den Bereich des Konstruktiven Ingenieurbaus beschränkt, und der Begriff Risiko spielt dementsprechend in der Technik, aber auch in der Medizin und Ökologie, vor allem aber im Bereich der Betriebs- und Volkswirtschaft eine große Rolle. Durch die Beschreibung des Verlustes in wirtschaftlichen Kategorien (Geld) wird der enge Zusammenhang zwischen technischen und wirtschaftlichen Dimensionen deutlich (siehe auch [6.28], [6.29]).

In der Regel gibt es eine Vielzahl von Möglichkeiten, die zum Eintreten eines unerwünschten Ereignisses führen können, und ebenso gibt es viele verschiedenartige Verlustmöglichkeiten (Personenschäden, Sachschäden, Umweltschäden), wie an folgender Zusammenstellung veranschaulicht wird:

Konstruktiver Ingenieurbau

1.   Einsturz der Westgate Bridge in Melbourne, Australien, beim Montieren eines Teilstücks, 1970: 35 Tote

2.   Einsturz der Rheinbrücke Koblenz beim Einhängen des letzten Teilstücks im Freivorbau, 1972: 14 Tote, Abriß des abgeknickten Teilstücks und Wiederaufbau

3.   Einsturz eines Wohn- und Geschäftsgebäudes (Skyline Plaza) im Bauzustand; nach dem Bruch einer Decke im 12. Geschoß erfolgt das Versagen der darunterliegenden Geschosse durch Überlastung aufgrund der herabfallenden Betonbauteile, 1973: 14 Tote, 31 Verletzte

4.   Fußgängersteg über den mittleren Ring, München, Einsturz durch Lastwagenanprall, 1976: 3 Verletzte, Berufsverkehr vollständig unterbrochen

5.   Leergerüsteinsturz einer Autobahnbrücke bei Kempten, 1979: 9 Tote, 11 Verletzte

6.   Einsturz einer Kletterschalung für einen Kühlturm in Virginia, 1978: 51 Tote

7.   Brücke über die Autobahn Hannover - Oberhausen, 1979, Einsturz durch Lastwagenanprall: 1 Toter, 6 Verletzte, keine Angaben zum Sachschaden

8.   Bruch eines Dammes in Morvi, Indien, 1979: 1 000-20 000 Tote (unklare Angabe); eine Stadt mit 60 000 Bewohnern wird unbewohnbar

9.   Einsturz des Tragwerks der Kongreßhalle in Berlin, 1980: 1 Toter, Abriß und Wiederaufbau

10.   Einsturz einer Straßenbrücke über den Dortmund-Ems-Kanal, 1980: 1 Toter, Schiffahrt für 2 1/2 Tage unterbrochen, Autoverkehr unterbrochen

11.   Hallenbad in Ulster, Schweiz, Herunterbrechen einer abgehängten Decke 1985: 12 Tote

12.   Einsturz eines Wohnhauses bei Umbauten in Valencia, Spanien, 1989: 4 Tote

13.   Grundbruch unter dem Pfeiler der Autobahnbrücke Kufstein, 1990: Unterbrechung des Straßengüterverkehrs Deutschland-Italien für ca. 4 Monate.

Erdbeben

1.   Thangschan - Mandschurei, 1976: 242 000 Tote; der Sachschaden wird auf 5.6 Mrd. US$ geschätzt (das Gebiet war vorher nicht als seismisch aktiv bekannt)

2.   Friaul, 1976 : 1000 Tote, 1000 Schwerverletzte, 100 000 Obdachlose, 20 000 zerstörte oder schwer beschädigte Wohnungen, 6000 betroffene Industrie- und Gewerbebetriebe, der Sachschaden wird auf 3.6 Mrd. US$ geschätzt

3.   Schwäbische Alb 1978: Sachschaden ca.150 Mio US$

4.   Mexiko 1985: mehr als 10 000 Tote, ca. 50 000 Verletzte, 250 000 Obdachlose, der Sachschaden wird auf 4 Mrd. US$ geschätzt

5.   Armenien 1988: 25 000 Tote, mehr als 25 000 Schwerverletzte und 40 000 Leichtverletzte, der Sachschaden wird auf 10 Mrd. Rubel (damals ca. 20 Mrd. US$) geschätzt

6.   Loma Prieta bei San Francisco 1989: ca. 70 Tote, der Sachschaden wird auf ca. 7 Mrd. US$ geschätzt

Sonstige Schadensfälle

1.   Sedco135, Mexiko 1979: 476 000 Tonnen Öl ausgeflossen

2.   Sedco135C, Nigeria, 1980: 30 000 Tonnen Öl ausgeflossen, 180 Tote durch vergiftetes Wasser

3.   Aleksander Kjelland, schwimmende Hotel-Insel für Plattform-Personal im norwegischen Nordseegebiet, im Sturm gekentert, 1980: 123 Tote

4.   Ocean Ranger, schwimmende Bohrinsel im kanadischen Atlantik, im Sturm gekentert, 1982: 84 Tote

5.   Bhopal Chemieunfall, 1985: 3000 Tote, ca. 50000 Verletzte, 800 Mio US$ Schadenersatz

6.   Piper Alpha Offshore-Bohrinsel im britischen Nordseegebiet, ausgebrannt nach Explosion 1988: 167 Tote, 100 Mio. £ Schadenersatz für die Hinterbliebenen, Unterbrechung der Ölförderung, 2 Milliarden DM wirtschaftlicher Gesamtschaden

7.   Die Exxon Valdez läuft auf ein Riff auf, 1989: 40 000 m^3 Öl verseuchen den Prinz William Sound, es wird 1 Mrd. US$ zur Beseitigung der Schäden aufgewendet

8.   Tschernobyl - Reaktorbrand, 1986: während das Ereignis selbst lediglich 15 Opfer forderte, ist die Gesamtzahl der Toten und Verletzten, bzw. an Krebs Erkrankten noch nicht abzuschätzen, ebenso wie die Folgeschäden unter anderem durch Anreicherung des Caesiums im Boden in vielen Gebieten Europas

9.   UdSSR, 1988: Abbrennen einer Gaswolke tötet mehr als 500 Fahrgäste einer Eisenbahn

10.   Sturm Vivian/Wiebke in West-Europa, 1989: ca. 90 Tote, mehrere Milliarden
       DM Sachschaden

Die willkürliche Auflistung aus Unterlagen der Autoren (Tagespresse, sowie [6.24],
[6.25],[6.26]) soll veranschaulichen, welcher Schadensumfang jeweils zu Schadensfällen
gehören kann. Lediglich bei den fünf letztgenannten Fällen der Gruppe "Sonstige Schadensfälle" handelt es sich um Ereignisse, die allein der Verfahrenstechnik und gegebenenfalls den Planungsbehörden zuzuordnen sind. Bei allen übrigen Schadensfällen, insbesondere auch bei den Erdbebenschäden, spielte die Sicherheit der Tragwerke eine wesentliche
Rolle.

Für Versicherungen ist die Erfassung von Schadensfällen und zugehörigen Auftretenswahrscheinlichkeiten Grundvoraussetzung für die Berechnung der Prämien.

Für die Berechnung der Prämien müssen die Kosten für einen Schaden im Zusammenhang
mit der Wahrscheinlichkeit für das Auftreten des betreffenden Schadens berücksichtigt werden. Bei der Übernahme einer großen Anzahl gleichgearteter Versicherungsfälle ergibt sich
die Höhe der Prämie aus dem Erwartungswert der zu regelnden Schadensfälle.

Werden zum Beispiel 1000 Policen mit einem Einzelumfang von je 1000 DM abgeschlossen, beträgt zudem für jeden Fall die Wahrscheinlichkeit, daß es zum Schadensfall kommt,
1%, so ist der Erwartungswert der Prämienleistungen $1000 \cdot 1000 \cdot 0.01 = 10000$ DM. Pro
Police würde sich also folgerichtig eine Prämie von $10000/1000 = 10$ DM ergeben. Um eine
Prämie berechnen zu können, muß das Versicherungsunternehmen somit die Wahrscheinlichkeit für ein Versagen und die möglichen Kosten ermitteln. In der Regel ist es natürlich
einem Versicherungsunternehmen möglich, hierzu auf eigenes Datenmaterial zurückzugreifen.

Im Zusammenhang mit Bauwerken wurde die Risikoanalyse vor allem bei der Untersuchung der Sicherheit von Kernkraftwerken entwickelt. Das Zusammenwirken der Baukonstruktionen mit den verschiedenen Installationen bei inneren oder äußeren Störfällen
kann nur verstanden werden, wenn das Kernkraftwerk als technisches System betrachtet
wird. Die Komponenten sind miteinander verknüpft, so daß sie einerseits die Funktionsfähigkeit des Systems gewährleisten, andererseits sich bei Ausfall aber auch gegenseitig
beeinflussen (gegebenenfalls ersetzen) können.

Die bekannteste Risikoanalyse ist im Rasmussen-Report, bzw. nach der amtlichen Bezeichnung WASH 1400 ([6.1]), enthalten. Die Schwierigkeit, brauchbare Zuverlässigkeitsdaten für alle in der Risikoanalyse zu berücksichtigenden Komponenten eines Kernkraftwerkes zu sammeln und auszuwerten, wurde hier erstmals aufgezeigt. Dementsprechend enthält die Studie umfangreiche Listen der verfügbaren Daten aus der Qualitätssicherung der eingebauten mechanischen Komponenten (Ventile, Pumpen, etc.).

Im Resümee der Studie wurden die ermittelten Risikowerte mit den Risiken des täglichen Lebens in einer zivilisierten Gesellschaft - Straßenverkehr, Flugreisen, Haushalt, etc. verglichen. Hieraus ergab sich zwar eine wesentliche Argumentationshilfe in der Akzeptanzdiskussion, aber gerade diese Schlußfolgerung wurde in Fachkreisen auch kritisiert ([6.3], [6.18]).

Spätere Risikoanalysen von Kernkraftwerken, insbesondere die Deutsche Risikoanalyse "Kernkraftwerke" der Gesellschaft für Reaktorsicherheit, GRS, ([6.2]) konzentrieren sich mehr auf den Bereich der Systemanalyse, d.h., sie untersuchen das Zusammenwirken der Systemkomponenten untereinander und mit den Baukonstruktionen. Auch aus diesen Risikoanalysen werden oftmals Ergebnisse dem technisch-fachlichen Kontext entrissen und in die Akzeptanzdiskussion eingebracht.

Der Zusammenhang zwischen Risikoanalysen und Akzeptanzdiskussionen wird von Kunreuther et al. ([6.3]) anhand von vier verschiedenen Standortentscheidungen für Flüssigerdgasbehälter aufgezeigt. Obwohl die Risikoanalysen unabhängiger Gruppen zu jeweils vergleichbaren Ergebnissen kommen, werden die Schlußfolgerungen bei der Übersetzung aus der technischen Fachsprache in eine allgemein verständliche Sprache meist nachinterpretiert und in der Standortdiskussion jeweils von der Auftraggeberseite als Argumentationshilfe pro oder contra verwendet.

Eine umfangreiche Risikoanalyse wurde vom Health and Safety Executive über die petrochemische Industrie auf Canvey-Island in der Themsemündung durchgeführt. Der Canvey-Report ([6.4]) zeigte anhand einiger Beispiele, wie die Nachbarschaft verschiedener Industrieanlagen mit hohem Gefährdungspotential zusammenwirkt.

Allein durch die Bestandsaufnahme, die als Vorbereitung zur Risikoanalyse zu erstellen war, konnten im Canvey-Report einige risikoträchtige Schwachpunkte entdeckt werden. So wurden zum Beispiel einige mit LNG-Behältern verbundene Rohrleitungen aus früheren Produktionsphasen, die mittlerweile nicht mehr verwendet wurden, abgebaut, und dadurch die Wahrscheinlichkeit eines unkontrollierten Austretens von LNG wesentlich verringert. Die Fluchtwege wurden untersucht und es wurde ein Vorschlag für verbesserte Evakuierungsmöglichkeiten gemacht, der das Risiko für die Personen erheblich verminderte.

Ähnliche Risikoanalysen sind von niederländischen Behörden für die Industrieansiedlungen im Bereich der Rheinmündung vor Rotterdam vorgenommen worden und werden permanent fortgeschrieben ([6.5]).

In neuerer Zeit wird auch diskutiert, mit welchem Nutzen Risikoanalysen für Ingenieurbauwerke ([6.6]) oder auch Deponien ([6.7], [6.27]) durchgeführt werden können. Bei letzteren ist der Zusammenhang zwischen Risikoanalyse und Umweltverträglichkeitsprüfung offensichtlich.

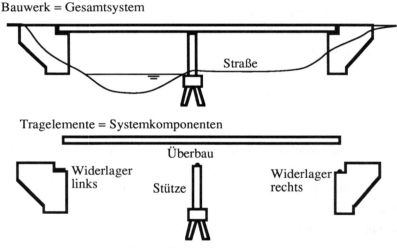

Bild 6.1: Bauwerk als System

In einer Risikoanalyse wird ein System als Summe seiner Komponenten (Elemente) erfaßt. Diese Komponenten werden zuerst im Zusammenhang mit möglichen Systemzuständen und Systemabläufen deterministisch beschrieben, indem die Einzelkomponenten und ihr Zusammenwirken tabellarisch und wenn möglich grafisch dargestellt werden. Das heißt, ein Bauwerk muß für sich als System mit einer Anzahl verknüpfter Elemente dargestellt (siehe Bild 6.1) oder in eine Systembeschreibung einer Gesamtanlage einbezogen werden.

Ein System besteht aus einer Anzahl von Komponenten, die miteinander in Funktionsbeziehungen verküpft sind. Nur das planmäßige Zusammenwirken der Komponenten garantiert die Funktionsfähigkeit des Systems. Ein Versagen *einer* Komponente (z.B. durch Fehlbedienung, Materialfehler) bedingt entweder das Versagen oder die erhöhte Beanspruchung einer angeschlossenen Komponente oder erfordert eine spezielle Aktion von aktiven Systemkomponenten oder Bedienern. Die Verfolgung der Zustände durch die angeschlossenen Komponenten gibt Aufschluß über die Funktionsfähigkeit des Gesamtsystems beim Versagen einer einzelnen Komponente (*Ausfalleffektanalyse*).

Bei der Untersuchung von technischen Systemen sind Verzweigungen nicht die möglichen Entscheidungen oder Folgen, sondern die möglichen Zustände der Systemkomponenten. Ausgangspunkt ist jeweils ein Ereignis (Störfall, Fehler, Ausfall).

Die Darstellung der möglichen Systemzustände, bzw. der Folgen von Komponentenzuständen als Baum für Systeme ist vergleichbar mit Schaltplänen für (elektrische oder andere) Anlagen.

Bei einem Störfall (z.B. Flugzeugabsturz, extremes Erdbeben) können mehrere Komponenten beeinflußt werden. Die Untersuchung der Folgen für die übrigen Komponenten und für das Gesamtsystem heißt *Störfallablaufanalyse* .

Vom Standpunkt der Sicherheit aus gesehen, ist vor allem zu untersuchen, welche Möglichkeit besteht, daß es zu einem vollständigen Ausfall des Systems kommt, insbesondere wenn damit eine Gefährdung von Menschen und Gütern außerhalb des Systems verbunden ist. Die Rückverfolgung zu den verschiedenen möglichen Ursachen soll durch die *Fehlerbaumanalyse* geleistet werden.

In einem zweiten Schritt wird den jeweiligen Ereignissen und Komponentenzuständen die zugehörige Wahrscheinlichkeit zugeordnet und für alle als möglich angesehenen Abläufe die zugehörige Wahrscheinlichkeit errechnet. Die Summe der Wahrscheinlichkeiten ergibt die Gesamtwahrscheinlichkeit für das Auftreten des Fehlers, also die Wahrscheinlichkeit für das Versagen des Gesamtsystems.

Der nächste Schritt besteht in der Zuordnung des zu erwartenden Schadens zu den möglichen Fehlern und die Bestimmung des Risikos.

Während Ausfalleffektanalyse und Störfallablaufanalyse zur systematischen Untersuchung des Zusammenwirkens der Komponenten dienen, wird durch die Fehlerbaumanalyse die

Wahrscheinlichkeit für das Gesamtversagen ermittelt. Ist der Fehler (Systemversagen) auf verschiedene Ereignisse mit den entsprechenden Versagenswahrscheinlichkeiten zurückzuführen, so ergibt sich bei unabhängigen Ereignissen die Gesamtversagenswahrscheinlichkeit des Systems als Summe der Einzelwahrscheinlichkeiten der Ereignisse. Bei nicht unabhängigen Ereignissen muß der Fehlerbaum so aufgebaut werden, daß er die Abhängigkeit erfaßt und in die Berechnung mit einbeziehen kann.

Außerhalb des Bauwerks oder der Industrieanlage ergeben sich je nach der räumlichen Zuordnung und Art der möglichen Schädigung unterschiedliche Gefährdungen. Dies kann in einem *Risikokataster* (risk-mapping, z. B. in [6.4]) anschaulich dargestellt werden.

6.2 Einführendes Beispiel zur Risikoanalyse

Vor einer systematischen Darstellung sollen im folgenden einführenden Beispiel die miteinander verknüpften Problemstellungen, die im Rahmen der Risikoanalyse erfaßt werden können, veranschaulicht werden.

6.2.1 Die Situationsbeschreibung

Im Verlauf einer Bundesstraße befindet sich eine Brücke, die in der Skizze (Bild 6.1) dargestellt ist.

Die Brücke sei vor einiger Zeit gebaut worden und nach den zu jener Zeit gültigen Vorschriften bemessen worden. Aus Erfahrungen mit einer großen Zahl - auch statistisch gesehen - vergleichbarer Brücken zeigt sich, daß mit dem bestimmungsgemäßen Betrieb kein Risiko verbunden ist.

Es werden zwei Situationen skizziert, bei denen es erforderlich ist, über den üblichen Bereich statischer Sicherheitsbetrachtungen hinauszugehen und eine Risikoanalyse durchzuführen.

A. Schwerlasttransport
Ein Stahlbaubetrieb in der Region hat die Möglichkeit, einen Spezialauftrag für einen Kessel zu bekommen. Der Kessel ist zwar mit den vorhandenen Betriebsmitteln ohne weiteres zu fertigen, jedoch wird der Kessel für die neue Anwendung schwerer und

hat größere Abmessungen als die bislang erstellten. Es wird ein Transport vom Betrieb zum nächstgelegenen Binnenhafen erforderlich.

Höhergeordnete Bundesstraßen oder Autobahnen können aufgrund der Bauhöhe auch mit Sondergenehmigung nicht befahren werden. Die Strecke ohne Unterführungen oder sonstige Durchfahrtbeschränkungen führt über die skizzierte Brücke (Bild 6.1). Gegenüber der maximalen Bemessungslast ergibt sich aber eine 20%ige Überschreitung. Teilung des Kessels und Endmontage vor Ort verbieten sich aufgrund der Präzisionsanforderungen und würden den Wettbewerbsvorteil des Betriebs zunichte machen.

Die Fragestellungen lauten:
1. Kann der Schwertransport zugelassen werden?
2. Was könnte passieren, wenn die Brücke überlastet wird?
3. Würden Hilfstützen das Risiko einer Gefährdung soweit verringern, daß der Einbau vorzusehen ist ?

B. Transport gefährlicher Güter

Ein anderer Betrieb in der Region hat die Möglichkeit, durch Herstellung einer speziellen Chemikalie seine Produktionspalette wesentlich zu erweitern. Diese Erweiterung bedingt aber den regelmäßigen Transport einer hochgiftigen Substanz in entsprechenden Tankfahrzeugen über die skizzierte Brücke. Das Gewicht eines solchen Tanklastzuges erreicht die angesetzte maximale Bemessungsnutzlast. Wird die Chemikalie durch einen Unfall oder ein Versagen der Brücke verloren, wird über den Bach eine Gefährdung der Trinkwasserversorgung einer benachbarten Großstadt verursacht.

Bei der Festlegung der Bemessungsrichtlinien für eine Brücke des betrachteten Typs wurde das Risiko, das mit den verschiedenen Belastungsarten der Brücke verbunden ist, nicht differenziert. Es ist allerdings anzunehmen, daß in den Gremien der Vorschriftenverfasser auch der Sonderlastfall mit hohem Gefährdungspotential diskutiert und der Schluß gezogen wurde, daß durch das Bemessungskonzept auch das seltene Auftreten (ca.einmal pro Jahr) eines extremen Lastfalles oder eines Lastfalls mit hohem Gefährdungspotential abgedeckt wird. Für die häufige, mit einem hohem Risiko behaftete Nutzung der Brücke (tägliches Befahren) besteht allerdings kein entsprechendes Sicherheitsniveau.

Eine solche Situation kann nur über eine Risikoanalyse richtig beurteilt werden.

Die Fragestellungen, die durch die Risikoanalyse beantwortet werden sollen, sind:
1. Welche Folgen können sich aus den beiden Aktivitäten Schwertransport und Transport gefährlicher Güter ergeben ?
2. Wie ist das Risiko einzuschätzen ?
3. Welche Maßnahmen können, falls erforderlich, zur Verminderung des Risikos getroffen werden ?

Es ist zwar in den skizzierten Fällen nicht üblich, umfassende Risikoanalysen durchzuführen, trotzdem aber erscheint ein solches Beispiel geeignet, die wesentlichen Punkte einer Risikoanalyse zu veranschaulichen. Im Gegensatz zu Beispielen aus dem Bereich der Kerntechnik oder der Flüssigerdgasbehälter läßt sich das mögliche Geschehen wegen der einfachen Struktur in einer überschaubaren Form darstellen.

Vor allem im ersten Szenario ist es üblich, daß eine Risikoabschätzung von den Beteiligten individuell und unter subjektiver Einschätzung der Situation durchgeführt wird. Als Beteiligte an der Entscheidung und Bewertung der beiden Aktivitäten werden betrachtet:

1. Stahlbauunternehmer,
2. Spediteur,
3. Straßenverwaltung,
4. Genehmigungsbehörde,
5. Versicherung.

Das Stahlbauunternehmen kann zwar das aktuelle geschäftliche Risiko, das im Verlust des Transportgutes liegt, auf den Spediteur abwälzen, ein Fehlschlag beim Transport würde den Ruf des Unternehmens allerdings empfindlich schädigen und gleichgeartete Aufträge auf absehbare Zeit verhindern.

Der Spediteur könnte zwar seinerseits das aktuelle Risiko auf die Versicherung abwälzen, ein Fehlschlag hat aber auch für ihn Konsequenzen, zum einen, weil für potentielle Auftraggeber die Zuverlässigkeit wichtiger ist als der Preis, zum anderen, weil ein Fehlschlag ihm bei der Beantragung zukünftiger Sondertransporte die Genehmigung zumindest erschwert.

Die Straßenverwaltung ist eventuell indifferent, jedoch muß sie über den tatsächlichen Zustand der Brücke und die Gefahren bei Überlastung Auskunft erteilen. Obwohl eventuell
weder haftbar noch eigentlich verantwortlich, gibt sie doch die wesentliche Stellungnahme
über den Transport ab, als Grundlage der Genehmigung durch übergeordnete Stellen.

Die Behörde, die die Genehmigung erteilt (Landrat, o.ä.), wird insbesondere für mögliche
Personenschäden die Verantwortung übernehmen müssen. Sie muß die Risiken der Über-
lastung gegen die Verbesserung der Infrastruktur (Erhöhung der Leistungsfähigkeit des
Unternehmens gleich Stabilisierung der Arbeitsplätze) aufrechnen.

Die weitestgehende Risikoabschätzung wird vom Versicherungsunternehmen durchgeführt,
da es für die Kosten eines möglichen Schadens aufkommen muß.

Alle fünf Beteiligten machen sich Gedanken über dasselbe Problem. Das beste Ergebnis
wäre zu erwarten, wenn die Daten aller Beteiligten (also der tatsächliche Zustand der Brücke
und mögliche Schäden, soweit sie von der Straßenbauverwaltung angegeben werden können, Gewinn- und Verlusterwartung des Stahlbauunternehmens, des Transportunterneh-
mens und des Versicherungsunternehmens) in einer einzigen Risikoanalyse erfaßt würden.

Falls wegen mangelnder Daten am Ende doch eine mehr subjektiv-spontane Entscheidung
gefällt wird, ist jedenfalls der Entscheidungsträger und Verantwortliche klar erkennbar. Das
ist wohl auch ein Grund dafür, warum die Durchführung der Risikoanalyse in solchen An-
wendungsfällen wenig beliebt ist.

6.2.2 Die Risikoanalyse

Ausgangspunkt der Risikoanalyse ist die Zerlegung des Bauwerksversagens in eine Folge
von möglichen Einzelereignissen. Es wird ein vereinfachtes Modell der Brücke betrachtet,
in dem das Versagen der Brücke (Einsturz, Beschädigung) durch eine Kombination des
jeweiligen Versagens folgender Elemente gegeben ist:

- Überbau,
- Widerlager rechts,
- Stütze.

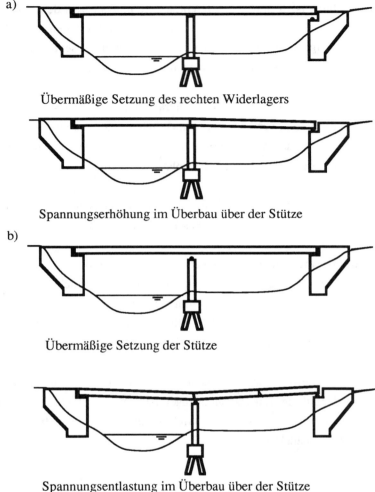

a)

Übermäßige Setzung des rechten Widerlagers

Spannungserhöhung im Überbau über der Stütze

b)

Übermäßige Setzung der Stütze

Spannungsentlastung im Überbau über der Stütze
Spannungserhöhung im Überbau im Feld - Rißbildung

Bild 6.2: Sanierbarkeit nach Teilversagen

Versagen des Überbaus ist gegeben, wenn das tatsächliche Bruchmoment M_U (Beanspruchbarkeit R) durch das vorhandene Biegemoment M (Beanspruchung S) erreicht wird. Da das Tragwerk einfach statisch unbestimmt ist, muß das Bruchmoment in zwei Querschnitten erreicht sein, so daß ein kinematisch zulässiger Mechanismus gebildet werden kann. Ein Einsturz des Überbaus ergibt sich erst, wenn die Rotationskapazität in einem Querschnitt erreicht ist, so daß kein Gleichgewicht der Spannungen mehr hergestellt werden kann.

Mögliche Versagensformen sind zur Veranschaulichung in den Bildern 6.2 und 6.3 zusammengestellt.

Der genaue Versagensvorgang im Betonquerschnitt wird hier nicht untersucht. Das Versagen des Überbaus reduziert sich auf die beiden Möglichkeiten:

1. eigenständiges Versagen ohne Beteiligung anderer Elemente,

2. Versagen, wenn aufgrund vorherigen Versagens von Widerlager oder Stütze eine erhöhte Überlast auftritt.

a)

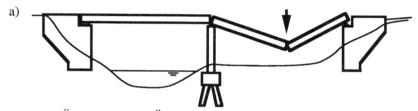

Überlastung des Überbaus
Spannungserhöhung im Überbau über dem Pfeiler
Spannungserhöhung im Überbau im Feld - Rißbildung
Versagen durch Überschreitung der Dehnungsgrenzen
= Bildung einer kinematischen Kette

b)

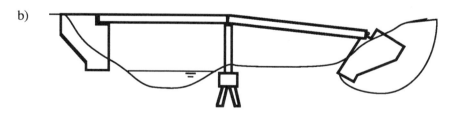

Grundbruch unter dem rechten Widerlager
Spannungserhöhung im Überbau über der Stütze
Versagen durch Überschreitung der Dehnungsgrenzen

Bild 6.3: Gesamtversagen

Unter Versagen des Widerlagers oder der Mittelstütze wird im folgenden auch ein globaler Verlust der Tragfähigkeit verstanden, welcher durch Spannungsüberschreitung im Untergrund bedingt ist. Ein Versagen von Stütze oder Widerlager als Bauteil wird demgegenüber für vernachlässigbar gehalten. Zwischen einer übermäßigen Setzung und einer Schiefstellung wird ebenfalls nicht unterschieden. Durch das Versagen dieser beiden Bauteile kann eine Überlastung des Überbaus verursacht werden, die zum Einsturz führt (Bild 6.3). Wird die Tragfähigkeit des Überbaus in der Folge des Versagens von Widerlager oder Stütze nicht überschritten, so erfolgt kein Einsturz. Die Brücke bleibt nach dem Vorgang in verschobener Position stehen, sie ist also reparierbar (Bild 6.2).

Die tatsächlichen Tragfähigkeiten der Bauteile Überbau, Widerlager und Stütze sind nicht bekannt. Es handelt sich um stochastische Variablen, deren stochastische Eigenschaften als bekannt vorausgesetzt sind, also z.B. der Typ der Verteilungsfunktion und die zugehörigen Parameter.

Die Überfahrt des Schwertransports über die Brücke führt zu einer Überbelastung der Bauteile entsprechend der Überschreitung der Bemessungsverkehrslast. Nach dem Versagen eines Bauteils ergibt sich durch Lastumlagerung eine erhöhte Überbelastung der anderen Bauteile. Zur Festlegung, ob Versagen gegeben ist, muß die Tragfähigkeit der Bauteile mit der Überbelastung oder gegebenenfalls mit der erhöhten Überbelastung verglichen werden.

Grundlage der Risikoanalyse für das Beispiel Schwertransport über eine Brücke ist die Erfassung des möglichen Geschehens: Der Schwertransport beansprucht zuerst das rechte Widerlager. Ist die Tragfähigkeit des Widerlagers geringer als die Beanspruchung, ergibt sich eine erhöhte Überbelastung des Überbaus. Hält der Überbau dieser Belastung stand, verbleibt die Brücke im verschobenen Zustand, oder eine erhöhte Überbelastung des Stütze führt zum Einsturz.

Ist die Tragfähigkeit des Widerlagers größer als die Beanspruchung, ergibt sich eine Überlastung des Überbaus. Durch die Überlastung des Überbaus in einem Querschnitt erfolgt eine Lastumlagerung, die eine erhöhte Überbelastung in einem anderen Querschnitt zur Folge hat. Ist die Tragfähigkeit in diesem Querschnitt geringer als die erhöhte Überlast, so kann sich eine kinematische Kette im Überbau ausbilden, d.h. Einsturz. Bildet sich keine kinematische Kette aus, weil nur in einem Querschnitt Versagen eintritt, so wird in diesem Beispiel davon ausgegangen, daß die Brücke in einem sanierbaren Zustand verbleibt (z.B. verpreßbare Risse im überlasteten Querschnitt).

Ist die Tragfähigkeit des Überbaus größer als die einfache Überlast, so kann weiterhin eine Überbelastung der Stütze erfolgen. Ist die Tragfähigkeit der Stütze größer als die Überlast, entsteht im Überbau eine erhöhte Überbelastung. Ist die Tragfähigkeit des Überbaus größer als die erhöhte Überlast, so erfolgt kein Einsturz, die Brücke bleibt mit verschobener Stütze stehen und kann saniert werden.

Der Ablauf und das mögliche Geschehen können in übersichtlicher Form in einem Baum dargestellt werden. Wird der Schwerlasttransport als Störfall angesehen, gehört die betreffende Darstellung in den Bereich der Störfallablaufanalyse.

Zur systematischen Aufstellung eines Ablaufbaumes werden die Einzelereignisse mit Abkürzungen bezeichnet:

Versagen des Widerlagers:	V_W
kein Versagen des Widerlagers:	$\overline{V}_W$
Versagen des Überbaus:	$V_Ü$
kein Versagen des Überbaus:	$\overline{V}_Ü$
Versagen der Stütze:	V_P
kein Versagen der Stütze:	$\overline{V}_P$
Ausbildung einer kinematischen Kette:	K_{kin}
keine Ausbildung einer kinematischen Kette:	$\overline{K}_{kin}$

Das beschriebene Geschehen bei der Überfahrt des Schwertransportes kann nun durch ein Störfallablaufdiagramm dargestellt werden (Bild 6.4).

Das Ablaufdiagramm enthält hier acht Pfade, an deren Beginn der Störfall Schwertransport steht. Am Endpunkt jeden Pfades steht der Zustand, den die Brücke einnimmt, wenn der Schwertransport zu einer Abfolge der Ereignisse entsprechend dem betreffenden Pfad geführt hat. Beim Pfad 1 tritt kein Versagen auf. Bei den Pfaden 2, 4 und 6 bleibt die Brücke sanierbar. Es wird angenommen, daß der Transport an sich in diesen Fällen erfolgreich abgeschlossen werden konnte. Bei den Pfaden 3, 5, 7 und 8 wurde der Einsturz der Brücke verursacht. Einsturz ist gleichbedeutend mit Gefährdung von Menschen, Verlust der Brücke, Verlust des Transportgutes und des Transportfahrzeuges.

Die Überbeanspruchung durch den Schwertransport beträgt 20%. Nach vorausgehendem Versagen eines anderen Bauteils beträgt die erhöhte Überbeanspruchung 50%. Beim vollständigem Versagen der Stütze kann der Überbau als Balken über die gesamte Länge der Brücke spannen, oder beim vollständigen Versagen des Widerlagers kann sich ein Kragträger auf der rechten Seite ausbilden. Versagen der Stütze bzw. des Widerlagers ist hier demgegenüber so angenommen, daß nicht ein völlig anderes statisches System erzeugt wird, sondern lediglich eine Lasterhöhung durch übermäßige Setzungen entsteht.

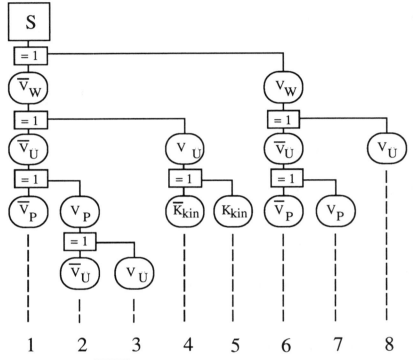

Das Symbol $\boxed{=1}$ kennzeichnet eine Verzweigung zu einander sich ausschließenden Ereignissen (vgl. DIN 25 419)

Bild 6.4: Störfallablaufdiagramm

Nachdem in der Störfallablaufanalyse das mögliche Geschehen beschrieben ist, folgt als nächster Schritt in der Risikoanalyse die Bestimmung der Wahrscheinlichkeiten für die jeweiligen Abläufe. Der Ablauf entsprechend einem bestimmten Pfad im Ablaufdiagramm wird im wahrscheinlichkeitstheoretischen Zusammenhang als Vereinigung der Einzelereignisse betrachtet. Wenn die Einzelereignisse, die in den jeweiligen Abläufen verknüpft sind, im stochastischen Sinne unabhängig voneinander sind, ergibt sich die Wahrscheinlichkeit für einen speziellen Ablauf als einfaches Produkt aus den Wahrscheinlichkeiten der beteiligten Einzelereignisse (siehe Anhang A2).

Im Ablaufdiagramm (Bild 6.4) sind an den Pfaden 1, 4, 5, 6, 7, und 8 jeweils voneinander unabhängige Einzelereignisse beteiligt. Lediglich in den Pfaden 2 und 3 wird das Versagen der Stütze erst auftreten, wenn vorher der Überbau nicht versagt hat. Die Tragfähigkeit des Überbaus ist also ausreichend für einfache Überlastung. Das Ereignis Versagen des Überbaus nach Stützenversagen ist also unter der Bedingung Tragfähigkeit größer als einfache Überlast ($R_{\ddot{U}}$>1.2), aber kleiner als erhöhte Überlast ($R_{\ddot{U}}$<1.5) zu betrachten.

Für die Berechnung der Wahrscheinlichkeiten werden folgende Annahmen getroffen:

- Die Tragfähigkeiten können durch Normalverteilungen beschrieben werden:
  Überbau - $R_{\ddot{U}}$:   Bemessungswert   1.75,   Mittelwert   1.98
              Variationskoeffizient   0.07
  Widerlager - R_W: Bemessungswert   2.0 ,   Mittelwert   2.65
              Variationskoeffizient   0.15
  Stütze - R_P: Bemessungswert   2.0 ,   Mittelwert   2.98
              Variationskoeffizient   0.2

Die Bemessungswerte entsprechen jeweils 5%-Fraktilen.

A :   Auswertung Schwerlasttransport

Für die Einzelereignisse können aus diesen Annahmen die Wahrscheinlichkeiten errechnet werden:

$$P(V_W) = P(R_W<1.2) = \Phi\left(\frac{1.2\text{-}2.65}{0.15\cdot2.65}\right) = 1.3 \cdot 10^{-4}$$

$$P(V_{\ddot{U}}) = P(R_{\ddot{U}}<1.2) = 1.05 \cdot 10^{-8}$$

$$P(V_{\ddot{U}}/V_W) = P(R_{\ddot{U}}<1.5) = 2.7 \cdot 10^{-4}$$

$$P(V_{\ddot{U}}/V_P) = P(R_{\ddot{U}}<1.5) = 2.7 \cdot 10^{-4}$$

$$P(V_{\ddot{U}}/\overline{V}_{\ddot{U}}) = P(1.2<R_{\ddot{U}}<1.5) = \Phi\left(\frac{1.5\text{-}1.98}{0.07\cdot1.98}\right) - \Phi\left(\frac{1.2\text{-}1.98}{0.07\cdot1.98}\right) = 2.7 \cdot 10^{-4}$$

$$P(V_P) = P(R_P<1.2) = 1.4 \cdot 10^{-3}$$

$$P(V_P/V_W) = P(R_P<1.5) = 6.5 \cdot 10^{-3}$$

$$P(K_{kin}) = P(V_{\ddot{U}}/V_{\ddot{U}}) = P(R_{\ddot{U}}<1.5) = 2.7 \cdot 10^{-4}$$

Für das komplementäre Ereignis gilt

$$P(\overline{V}_W) = 1 - P(V_W) \quad ;$$

für die anderen Ereignisse gilt die Beziehung analog.

Da es sich um unabhängige Ereignisse handelt, ist die Wahrscheinlichkeit für die Vereinigung der Ereignisse gleich dem Produkt der Wahrscheinlichkeiten der jeweiligen Einzelereignisse :

$$P("1") = P(\overline{V}_W) \, P(\overline{V}_{\ddot{U}}) \, P(\overline{V}_P) \qquad\qquad = 0.99847$$

$$P("2") = P(\overline{V}_W) \, P(\overline{V}_{\ddot{U}}) \, P(V_P) \, P(\overline{V}_{\ddot{U}}/V_P/\overline{V}_{\ddot{U}}) \qquad = 1.4 \cdot 10^{-3}$$

$$P("3") = P(\overline{V}_W) \, P(\overline{V}_{\ddot{U}}) \, P(V_P) \, P(V_{\ddot{U}}/V_P/\overline{V}_{\ddot{U}}) =$$

$$(1 - P(V_W)) \, (1 - P(V_{\ddot{U}})) \, P(V_P) \, P(V_{\ddot{U}}/V_P) =$$

$$(1 - 1.3 \cdot 10^{-4}) \, (1 - 9.7 \cdot 10^{-9}) \cdot 1.4 \cdot 10^{-3} \cdot 2.8 \cdot 10^{-4} =$$

$$= 3.8 \cdot 10^{-7}$$

$$P("4") = P(\overline{V}_W) \, P(V_{\ddot{U}}) \, P(\overline{K}_{kin}) \qquad\qquad = 1.05 \cdot 10^{-8}$$

$$P("5") = P(\overline{V}_W) \, P(V_{\ddot{U}}) \, P(K_{kin}) \qquad\qquad = 2.8 \cdot 10^{-12}$$

$$P("6") = P(V_W) \, P(\overline{V}_{\ddot{U}}) \, P(\overline{V}_P) \qquad\qquad = 1.3 \cdot 10^{-4}$$

$$P("7") = P(V_W) \, P(\overline{V}_{\ddot{U}}) \, P(V_P) \qquad\qquad = 8.6 \cdot 10^{-7}$$

$$P("8") = P(V_W) \, P(V_{\ddot{U}}) \qquad\qquad = 3.5 \cdot 10^{-8}$$

Da vorstehende acht Pfade nicht alle möglichen Kombinationen der Ereignisse einschließen, ist die Summe der Wahrscheinlichkeiten nicht exakt gleich 1,0. Dies ergibt sich nur, wenn durch die untersuchten Abläufe auch alle möglichen Abläufe erfaßt sind.

Die Wahrscheinlichkeit, daß die Überfahrt des Schwertransports überhaupt zu einem Schaden führt, ergibt sich also zu

$$P(V) = 1 - P("1") = 1.544 \cdot 10^{-3}$$

oder als reziproker Wert: einmal bei 648 Überfahrten.

Die Wahrscheinlichkeiten für die einzelnen Abläufe spiegeln sehr deutlich die angenommenen Eingangsdaten wider. Die Versagenswahrscheinlichkeit ist für das Überbauversagen mit dem geringen Variationskoeffizienten (V=0.07) geringer als für das Versagen von Stütze oder Widerlager (V=0.15 bzw. V=0.2).

Da für das vollständige Versagen (3, 5, 7 und 8) bei zwei Bauteilen gemeinsam die vorhandene Tragfähigkeit überschritten sein muß, ist die zugehörige Versagenswahrscheinlichkeit um mehrere Größenordnungen kleiner als für das Versagen eines einzigen Bauteiles, nach welchem die Brücke sanierbar bleibt (Pfade 2, 4 und 6).

Da die Ereignisse sich gegenseitig ausschließen, ergibt sich die jeweilige Wahrscheinlichkeit für die beiden Folgen Versagen mit Sanierungsmöglichkeit (SAN) und Einsturz als Totalverlust (VER) aus der Addition

$$P(SAN) = P("2") + P("4") + P("6") = 1.543 \cdot 10^{-3},$$

und

$$P(VER) = P("3") + P("5") + P("7") + P("8") = 1.27 \cdot 10^{-6}.$$

Nachdem die Versagensmöglichkeiten und die zugehörigen Wahrscheinlichkeiten bekannt sind, ist der nächste Schritt in der Risikoanalyse die Verknüpfung der Versagenswahrscheinlichkeiten mit dem zugehörigen möglichen Schaden.

Personenschaden
Es wird angenommen, daß im Falle eines Einsturzes einerseits Fahrer und Beifahrer des Transportfahrzeuges und andererseits unbeteiligte Benutzer der darunter liegenden Straße (Bild 6.1) gefährdet sind.

Aus Verkehrserhebungen kann die Zahl der gefährdeten Unbeteiligten auf 10 geschätzt werden.

Sachschaden
Unmittelbare Folgekosten des vollständigen Versagens sind:

- Verlust der Brücke ($1.0 \cdot 10^6$ Einheiten),
- Verlust des Fahrzeugs ($1.0 \cdot 10^5$),
- Verlust des Transportguts ($5.0 \cdot 10^5$).

Mittelbare Folgekosten sind:

- Nichtbenutzbarkeit der Brücke bis zur Wiederherstellung und
- Nichtbenutzbarkeit der Durchfahrt bis zum Abschluß der Aufräumungsarbeiten ($1.0 \cdot 10^6$ Einheiten),
- eventuell finanzieller Verlust der Herstellungsfirma durch Auftragsrücknahme.

Bei einem Versagen, nach welchem die Brücke sanierbar bleibt, wird davon ausgegangen, daß der Schwertransport an sich erfolgreich abgeschlossen werden kann. Kosten entstehen durch die erforderliche Sanierung der Brücke ($2 \cdot 10^5$ Einheiten).

Aus der Verknüpfung des möglichen Schadens mit der Wahrscheinlichkeit für das Auftreten des Schadens ergibt sich das vorhandene Risiko zu

$$R = 2 \cdot 10^5 \cdot 1.54 \cdot 10^{-3} + (1 \cdot 10^6 + 1 \cdot 10^6 + 1 \cdot 10^5 + 5 \cdot 10^5) \cdot 1.27 \cdot 10^{-6}$$
$$+ (2 + 10) \cdot 1.27 \cdot 10^{-6}$$

Da die Gefährdung von Personen nicht eindeutig in Einheiten auszudrücken ist, die mit denen des Sachschadens zusammengefaßt werden können, werden beide Anteile hier getrennt aufgeführt (vgl. Abschnitt 4.4).

Beim materiellen Schaden zeigt sich, daß die Annahmen dazu führen, daß das Teilversagen mit Sanierbarkeit der Brücke aufgrund der hohen Wahrscheinlichkeit ungefähr neunmal soviel zum Risiko beiträgt wie der Einsturz.

Wird die Gefährdung von Personen durch Vorsorgemaßnahmen verhindert, so kann das materielle Gesamtrisiko

$$R = 312 \text{ Einheiten}$$

mit dem erwarteten Gewinn verglichen werden. Theoretisch ergibt sich eine Entscheidung für die Durchführung des Schwertransportes dann, wenn der Gewinn das Risiko übersteigt und das Datenmaterial die Aussage ermöglicht.

B : Auswertung Transport gefährlicher Güter

Für den Transport gefährlicher Güter wird derselbe Ablauf erwartet. Die Überfahrt des Tanklastzuges erreicht die Bemessungslast. Erst bei Versagen eines Bauteils tritt eine erhöhte Überlast von 30% auf.

Als Versagenswahrscheinlichkeiten für die Bauteile ergeben sich:

$$P(V_W) = P(T_W < 1.0) = 1.6 \cdot 10^{-5}$$
$$P(V_{\ddot{U}}) = P(T_{\ddot{U}} < 1.0) = 2 \cdot 10^{-12}$$
$$P(V_{\ddot{U}}/V_W) = P(T_{\ddot{U}} < 1.3) = 5.1 \cdot 10^{-7}$$
$$P(V_P) = P(T_P < 1.0) = 4.5 \cdot 10^{-4}$$
$$P(V_P/V_W) = P(T_P < 1.3) = 2.4 \cdot 10^{-3}$$

Die Wahrscheinlichkeiten für die möglichen Abläufe lassen sich daraus wie oben berechnen:

$$P("1") = 0.9995$$
$$P("2") = 4.5 \cdot 10^{-4}$$
$$P("3") = 2 \cdot 10^{-10}$$
$$P("4") = 2 \cdot 10^{-12}$$
$$P("5") = 9 \cdot 10^{-19}$$
$$P("6") = 1.6 \cdot 10^{-5}$$
$$P("7") = 3.9 \cdot 10^{-8}$$
$$P("8") = 8 \cdot 10^{-12}$$

Die Wahrscheinlichkeit, daß überhaupt etwas passiert, ist also

$$P(V) = 1 - P("1") = 0.0005.$$

Als reziproker Wert ausgedrückt: einmal bei 2000 Fahrten.

Die Wahrscheinlichkeit für sanierungsfähiges Teilversagen ergibt sich zu

$$P(SAN) = 4.6 \cdot 10^{-4},$$

die Wahrscheinlichkeit für Totalversagen zu

$$P(VER) = 4 \cdot 10^{-8}.$$

Der mögliche Schaden besteht in diesem Fall darin, daß der Tankwagen beim Einsturz der Brücke beschädigt wird, so daß die gefährliche Flüssigkeit austritt und den Grundwasserträger kontaminiert.

Personenschaden

Da der Grundwasserträger eine wichtige Position im Rahmen der Trinkwasserversorgung einer Großstadt besitzt, kommt es durch die Vergiftung zu einer Gefährdung der Bevölkerung. Es wird hier beispielhaft davon ausgegangen, daß bei 1000 Personen Gesundheitsschäden auftreten können, 100 würden sterben.
Wie beim Schwertransport sind natürlich auch Fahrer und Beifahrer des Tanklastzuges gefährdet.

Sachschaden

Unmittelbare Folgen sind der Verlust der Brücke, Kosten von Fahrzeug und Transportgut (zusammen $1.1 \cdot 10^6$ Einheiten).
Mittelbare Folgen sind die Sperrung von Brücke und Durchfahrt bis zur Wiederherstellung (zusammen $1 \cdot 10^6$ Einheiten).
Als wesentlicher Sachschaden ist jedoch die mittelbare Folge bezüglich der Trinkwasserversorgung anzusehen. Dekontamination, Übergangsversorgung und Wiederherstellung einer Trinkwasserqualität, die den gesetzlichen Vorschriften entspricht, erfordern einen Aufwand von $1.0 \cdot 10^8$ Einheiten.

Bei Teilversagen mit Sanierbarkeit der Brücke entstehen dieselben Kosten wie im Fall des Schwertransportes.

Das Risiko berechnet sich somit zu

$$R = 2 \cdot 10^5 \cdot 4.6 \cdot 10^{-4} + 1.01 \cdot 10^8 \cdot 4 \cdot 10^{-8} + (1000+100+2) \cdot 4 \cdot 10^{-8}$$

$$R = 92 + 4 + (1000+100+2) \cdot 4 \cdot 10^{-8}.$$

Wie auch beim Schwertransport ist das materielle Risiko des Teilversagens mit Sanierbarkeit der Brücke, bedingt durch die größere Wahrscheinlichkeit, größer als das Risiko bei Totaleinsturz.

Das Risiko für dieses Szenario ist aber im stärkeren Maße durch den möglichen Personenschaden bestimmt. Da diese Gefährdung nicht in so einfacher Weise eliminiert werden kann wie beim Schwertransport, ist es nicht in gleicher Weise möglich, das Risiko mit einem möglichen Vorteil zu vergleichen, um eine Entscheidung für oder gegen den Transport gefährlicher Güter auf dieser Brücke zu treffen.

Im einführenden Beispiel wurden die Elemente einer Risikoanalyse

- Systemanalyse,
- Bestimmung von Ereigniswahrscheinlichkeiten,
- Erfassung des möglichen Schadens

im Zusammenhang vorgestellt.

Aus dem Beispiel können einige allgemeingültige Schlußfolgerungen abgeleitet werden:

1. Bei der Systemanalyse stellt sich die Frage, ob die Ereignisabläufe das mögliche Geschehen vollständig erfassen. Weiterhin ist zu erkennen, daß die skizzierten Ereignisabläufe das mögliche Geschehen weitgehend vereinfachen. Die Möglichkeit, daß trotz Einsturz der Brücke keinerlei Folgeschäden bezüglich Fahrzeug und Transportgut auftreten, wurde nicht in Betracht gezogen. Vor allem beim zweiten Szenario ist diese Möglichkeit für die Ermittlung des Risikos wichtig.

2. Zur Berechnung der Ereigniswahrscheinlichkeiten wurden sehr starke Vereinfachungen getroffen. Tatsächlich aber ist es keine elementare Aufgabe, vorhandenes Datenmaterial zu eindeutigen statistischen Aussagen zusammenzufassen.

3. Der mögliche Schaden wurde zur Veranschaulichung sinnvoll angenommen. Während der unmittelbare Schaden noch befriedigend exakt angegeben werden kann, besteht bezüglich des mittelbaren Schadens doch eine große Unsicherheit in den Annahmen. Dazu gehört auch, inwieweit Schäden als Folgen des betrachteten Versagens anzusehen sind, oder auch noch Ursachen vorliegen, die mit dem betrachteten Versagen nicht zusammenhängen. Erst durch das ungünstige Zusammentreffen tritt Schaden auf. Zum Beispiel kann im Zeitraum des Schwertransports ein anderes Produkt des Betriebs zu erheblichen Verlusten geführt haben, die durch einen Erfolg dieser neuen Aktivität ausgeglichen werden könnten. Bei einem Fehlschlag des Schwertransportes ist jedoch der geschäftliche Zusammenbruch und damit der Verlust von Arbeitsplätzen zu erwarten.

Die verschiedenen Teilaufgaben einer Risikoanalyse und die zugehörigen Probleme sollen in
den folgenden Abschnitten näher erläutert werden.

6.3   Systemanalyse

6.3.1   Was ist ein System ?

Als System wird eine Summe von Einzelteilen bezeichnet, die entsprechend einer vorgegebenen Ordnung zusammengefügt sind, so daß das System in der Lage ist, einen vorgegebenen Zweck zu erfüllen.

Beispiel für Systeme und deren Einzelteile oder Komponenten sind:

-    Tisch mit Tischbeinen und Tischplatte,
-    Radio mit Empfänger, Verstärker, Lautsprecher,
-    Fahrzeug mit Rädern, Achse, Rahmen/Aufbau, Antrieb,
-    Brücke mit Stütze, Widerlager, Überbau.

Aus der Aufzählung für die verschiedenartigen Systeme läßt sich ersehen, daß die Beschreibung des Systems als Summe der Einzelkomponenten nicht eindeutig ist, da je nach dem
Zweck des Beschreibens eine spezielle Differenzierung gewählt werden kann. So besteht
ein Brückenpfeiler aus Gründung (eventuell Gründungspfähle), Schaft, Lagern. Bei Stahl-
betonkonstruktionen kann weiter zwischen Beton und Bewehrung, gegebenenfalls zwischen Spannstahl, statisch erforderlicher und konstruktiver Bewehrung unterschieden werden, bei Stahlkonstruktionen entsprechend zwischen Trägern und Verbindungen, Schweiß-
nähten, Schrauben usw.

Auf der anderen Seite können die Baukonstruktionen auch als Komponenten (Einzelteile)
eines übergeordneten Systems angesehen werden und somit als Ganzes Komponenten sein.
Ein Energieversorgungssystem besteht aus

-    Staudamm, Kraftwerk,
-    Leitungsnetz mit Umspannstationen.

Ein Wasserversorgungssystem besteht aus

- Speicherbauwerk,
- Leitungsnetz,
- Pumpstationen,
- Druckerhöhungsbehälter, Zwischenspeicher, Wassertürmen.

In beiden Systemen sind die Bauwerke, u.a. Staudamm und Wasserturm, als Komponenten anzusehen. Diese Integration der Bauwerke in übergeordnete Netze spielt insbesondere in der Erdbebensicherheit eine Rolle. Bei der Definition der Sicherheitsanforderungen genügt es nicht, die Bauwerke für sich zu betrachten, sondern auch ihre Rolle in sogenannten Lifelines ([6.8]) einzubeziehen.

Nachdem nunmehr ein System als die zweckentsprechende Verknüpfung von Einzelteilen beschrieben ist, kann unter Systemanalyse das Aufdecken der Funktionszusammenhänge dieser Einzelteile verstanden werden.

Da die Einzelteile in der Regel zu einem System verknüpft sind, so daß das Gesamtsystem in der Lage ist, bestimmte vorgegebene Funktionen zu erfüllen, muß für die Verknüpfung der Einzelteile ein Bauplan vorhanden sein. Es stellt sich damit die Frage, ob die Funktionsfähigkeit und die Arbeitsweise des Systems nicht vollständig durch diesen Bauplan bestimmt sind.

Wozu also eine Systemanalyse ?

Im Bauplan für ein System ist das Zusammenwirken der Einzelteile so beschrieben, daß das System den planmäßigen Zweck erfüllt. Das Zusammenwirken der Komponenten bei erhöhten Anforderungen oder nach dem Versagen eines Einzelteils ist im Bauplan nicht erfaßt. Diese unplanmäßigen und ungewollten Systemzustände werden durch Ausfalleffektanalyse, Störfallablaufanalyse und Fehlerbaumanalyse erfaßt. Um sich dieser Hilfsmittel bedienen zu können, müssen die Daten der Systemkomponenten und ihre Verknüpfung bekannt sein.

Einerseits kann es sein, daß das System aufgrund von Änderungen nicht dem früheren Planungszustand entspricht (Unterschiede zwischen Ausführungs- und Bestandsplänen), andererseits können die vorhandenen Baupläne zwar zur Ausführung gedient haben, geben aber keinen Überblick über das Zusammenwirken der Komponenten im Endzustand. Insbesondere diese letztere Problematik tritt vor allem dadurch auf, daß das Augenmerk in der Bauphase mehr auf die Erstellung des Gesamtsystems durch das Zusammenfügen der Komponenten gerichtet ist und das System gar nicht als ein solches betrachtet wird.

Eine Systemanalyse gibt dann Aufschluß über die Verknüpfung der Einzelkomponenten und schafft die Grundlage dafür, daß die vorhandenen Daten über die Komponenten so aufbereitet und verfügbar gehalten werden (Datenbank), daß sie für eine Ausfalleffektanalyse, Fehlerbaumanalyse, oder Störfallablaufanalyse verwendet werden können.

Bei der praktischen Durchführung der Systemanalyse werden folgende Teilschritte ausgeführt:

    A. Systembeschreibung,
    B. Ausfalleffektanalyse,
    C. Fehlerbaumanalyse,
    D. Störfallablaufanalyse

6.3.2 Systembeschreibung

Die Systembeschreibung mit einer Auflistung der Systemkomponenten sollte für die spätere Verwendbarkeit in einer Datenbank verstanden werden. Das heißt, nicht nur die Namen der Systemkomponenten, sondern auch technische Daten sollten in dieser Auflistung enthalten sein. Da die Daten im Rahmen der Risikoanalyse zur Berechnung des Risikos benötigt werden, müssen in der Datenbank auch zuverlässigkeitsbezogene Daten enthalten sein. Hierzu gehören Angaben von Ausfallraten oder Versagenswahrscheinlichkeiten bei planmäßigem, bestimmungsgemäßen Einsatz der Komponenten, aber auch Daten über das wahrscheinliche Verhalten bei nicht planmäßiger Nutzung. Für Bauteile im konstruktiven Ingenieurbau sind dies die Festigkeitswerte, bzw. Angaben über die Verteilungsfunktion der Festigkeitswerte. Da wahrscheinlichkeitstheoretisches Datenmaterial immer von der Größe der zugrunde gelegten Datenbasis abhängig ist, müssen auch diese Angaben enthalten sein. Auf jeden Fall sollte die Quelle und die Genauigkeit (Vertrauensintervall) für zuverlässigkeitsbezogene Daten angegeben werden.

Für die zu speichernden Daten werden verschiedene Konzepte vorgeschlagen. In DIN 25448 ([6.9]) ist als Anhang ein Datenblatt der Systemkomponenten angegeben. Im internationalen Rahmen, vor allem im EG-Bereich, werden Versuche unternommen, einheitliche Datenbanken zu gründen (EuReData). Dadurch soll es möglich sein, risikobezogene Daten aus verschiedenen Bereichen miteinander zu verknüpfen. Für die Risikoanalyse petrochemischer Anlagen müssen Daten aus den Bereichen der chemischen Verfahrenstechnik ebenso berücksichtigt werden wie Daten über die Sicherheit mechanischer Komponenten, z.B.

Ventile oder Pumpen und Daten über die bautechnische Sicherheit der Anlagen und eventuell vorhandene Sicherheitsreserven in den Konstruktionen.

Mit Bezug auf das Ziel der Verwendung der Daten in einer Risikoanalyse sind als wesentliche Daten zu sammeln:

- Stellung der Komponente im System
- benachbarte Elemente,
- Zuverlässigkeitsdaten, Produktionsdaten, Hinweise auf die Quelle der Daten.

Aus einem Konzept für die Risikoanalyse läßt sich ableiten, in welcher Form welche Daten
bereitgehalten werden sollen. Durch eine entsprechende Strategie gelingt es dann, die Daten
für die optimale Verfügbarkeit zu ordnen und eine entsprechend übersichtliche Organisation
der Datenbank zu erhalten (vgl. [6.7], [6.10], [6.11]).

Ein Konzept für die Risikoanalyse von Flüssigerdgasbehältern sieht für die Zusammenstellung der Daten fogende Liste vor:

1. Komponente - Code und verbale Bezeichnung,
2. Funktion,
3. Unterlagen,
4. Ausfallart,
5. Versagenswahrscheinlichkeit,
6. Ursachen,
7. Ausfallerkennung,
8. Maßnahmen,
9. Auswirkungen,
10. Bemerkungen

Zur Erläuterung des Vorgehens wird auf das einführende Beispiel in Abschnitt 6.2 Bezug
genommen. Die dort untersuchte Brücke wird als System folgender Komponenten angesehen:

1. Überbau, 2. Stütze, 3. Widerlager rechts, 4. Widerlager links.

Die zugehörigen Datenblätter können folgendermaßen aussehen:

Überbau

1.	Komponente K001 - Überbau
2.	Lastübertragung von der Fahrbahn auf die Stützkonstruktionen
	Stütze, Widerlager rechts, Widerlager links
3.	Schalpläne, Bewehrungspläne, Statik, Prüfzeugnisse Beton,
	Lieferbedingungen für Schlaffstahl und Spannstahl
4.	Ausbildung einer kinematischen Kette
5.	$1.0 \cdot E\text{-}6$
6.	Überlastung
7.	Rißbildung - übermäßige Verformungen
8.	Maßnahmen : Verstärken, Sanieren
9.	Veränderung der Belastung in
	Pfeiler K002
	Widerlager rechts K003
	Widerlager links K004
10.	Bemerkungen : keine

Stütze

1.	Komponente K002 - Stütze
2.	Unterstützung des Überbaus -
	Lastübertragung vom Lager in tragfähigen Baugrund
3.	Schalpläne, Bewehrungspläne, Statik, Prüfzeugnisse Beton,
	Lieferbedingungen für Schlaffstahl und Spannstahl
	Baugrunduntersuchungen
4.1	Stabilitätsversagen
4.2	Grundbruch
4.3	übermäßige Setzungen
5 1	$1.0 \cdot E\text{-}6$
5.2	$1.0 \cdot E\text{-}5$
5.3	$1.0 \cdot E\text{-}4$
6.	Überlastung
7.1	Rißbildung - übermäßige Verformungen
7.2	Versinken
7.3	Messung unplanmäßiger Setzungen
8.	Maßnahmen : Aufrichten, Verstärken, Sanieren
9.	Lasterhöhung im Überbau
10.	Bemerkungen : keine

Widerlager rechts

1.	Komponente K003 - Widerlager rechts
2.	Unterstützung des Überbaus -
	Lastübertragung vom Lager in tragfähigen Baugrund,
	Stützmauer für die Böschung
3.	Schalpläne, Bewehrungspläne, Statik,
	Prüfzeugnisse Beton,
	Lieferbedingungen für Schlaffstahl und Spannstahl,
	Baugrunduntersuchungen
4.1	Grundbruch
4.2	übermäßige Setzungen
5 1	$1.0 \cdot E\text{-}5$
5.2	$1.0 \cdot E\text{-}4$
6.	Überlastung
7.1	Versinken
7.2	Messung unplanmäßiger Setzungen
8.	Maßnahmen : Aufrichten, Bodenverbesserung
9.1	Lasterhöhung im Überbau K001
9.2	Lasterhöhung im Pfeiler K002
10.	Bemerkungen : keine

Widerlager links

1.	Komponente K004 - Widerlager links
2.	Unterstützung des Überbaus -
	Lastübertragung vom Lager in tragfähigen Baugrund,
	Stützmauer für die Böschung
3.	Schalpläne, Bewehrungspläne, Statik,
	Prüfzeugnisse Beton,
	Lieferbedingungen für Schlaffstahl und Spannstahl,
	Baugrunduntersuchungen
4.1	Grundbruch
4.2	übermäßige Setzungen
5 1	$1.0E\text{-}5$
5.2	$1.0E\text{-}4$
6.	Überlastung
7.1	Versinken
7.2	Messung unplanmäßiger Setzungen
8.	Maßnahmen : Aufrichten, Bodenverbesserung
9.1	Lasterhöhung im Überbau K001
9.2	Lasterhöhung im Pfeiler K002
10.	Bemerkungen : keine

Mit diesen Datenblättern soll das prinzipielle Vorgehen veranschaulicht werden. In praktischen Fällen ist es meist erforderlich, die in DIN 25448 vorgegebene Form oder auch Anforderungen der Datenaufnahme von Datenbanken zu beachten, so daß für die Weiterverarbeitung Schnittstellenkompatibilität besteht.

Bei Speicherbauwerken (Stauseen, Öltanks, Gasbehältern etc.) ist auch das gespeicherte Medium als Komponente aufzunehmen. Einerseits wirkt es auf das Bauwerk als Belastung, andererseits beeinflußt es im Schadensfall gegebenenfalls die Bauwerkskomponenten (z.B. Entzündung eines Tankinhalts bedeutet erhöhte Temperaturbeanspruchung in Bauteilen). Durch Freisetzung wegen Versagen des Speichers kann das Speichermedium zudem die Umwelt beeinflussen.

6.3.3 Ausfalleffektanalyse

Die Ausfalleffektanalyse (DIN 25448, [6.9]) untersucht das System unter der Bedingung, daß ein Element, bzw. eine Komponente nicht mehr funktionsfähig ist. Der Ausfall einer Komponente kann auf Grund von Ermüdungserscheinungen auftreten oder auch dadurch, daß die Komponenten durch den Produktionsprozeß eine statistisch zu ermittelnde Ausfallrate besitzen. Das Versagen erfolgt üblicherweise ohne äußere Einflüsse und wird als intrinsisch bezeichnet.

Wenn die Datenbank die Verknüpfung der Elemente enthält, kann von dieser ausgegangen werden. Die Ausfalleffektanalyse untersucht also zum Beispiel das Wasserversorgungssystem unter der Bedingung des Verlustes der Funktionsfähigkeit der Druckerhöhung. Kann das Betriebspersonal steuernd in einen Ablauf eingreifen, so ist der Bediener als Komponente im System zu betrachten.

Da die Ausfalleffektanalyse je nach der Differenzierung des Systems und der Anzahl der Komponenten einen erheblichen Umfang einnehmen kann, wird üblicherweise eine Beschränkung auf die wichtigsten Elemente vorgenommen. Damit ist jedoch die Schwierigkeit verbunden, eine Hierarchie der Elemente festzulegen. Kriterien für eine solche Hierarchie sind aber nicht eindeutig zu bestimmen. Sind die wichtigsten Elemente die, die einen entscheidenden Anteil an der Funktion des Gesamtsystems haben, oder sind es die, welche im Versagensfall aktiviert werden, also auch Alarmanlagen, Detektoren etc. ?

Als weitere Möglichkeit der Beschränkung der Ausfalleffektanalyse wird in der DIN 25448 die Vorläufige Gefahrenanalyse genannt. Bei einer solchen Analyse werden lediglich die Komponenten eines Systems untersucht, denen ein Gefährdungspotential zugeordnet werden kann.

Bei einem Wasserversorgungssystem würde in der vorläufigen Gefahrenanalyse also einzig der Ausfall (Einsturz) einer Staumauer betrachtet. Der Zusammenbruch der Wasserversorgung aufgrund eines Ausfalls einer Druckerhöhungseinrichtung würde an sich nicht mit einer Gefährdung verbunden sein. Erst bei einer übergeordneten Betrachtung der Wasserversorgung als Element einer Lifeline würde die behinderte Wasserversorgung zu einer Gefährdung führen. Dann wäre auch ein Versagen von Pumpen und anderen Komponenten zu untersuchen.

Bei elektrotechnischen Systemen kann auf einen Schaltplan zurückgegriffen werden, bei Industrieanlagen liegt gegebenenfalls ein Funktionsschema vor.

Wird für ein System des Konstruktiven Ingenieurbaus, also ein Tragwerk, eine Ausfalleffektanalyse durchgeführt, so ist das Zusammenwirken der Einzelkomponenten formal zwar durch die Gleichgewichtsbedingungen beschrieben, diese können aber bei einem Ausfall (Bruch) einer Komponente nicht mehr erfüllt werden.

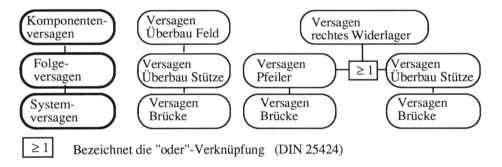

≥ 1   Bezeichnet die "oder"-Verknüpfung   (DIN 25424)

Bild 6.5: Ausfalleffektanalyse für Brückenkomponenten

Eine "freie" systematische Darstellung als Ablaufdiagramm kann auf der Basis der Datenblätter erzeugt werden. Hierfür kann durch eine verbale Beschreibung des möglichen Geschehens ein Überblick gewonnen werden, der auf die Darstellung in einem Ablaufdiagramm hinführt (Bild 6.5), also z.B.:

a) Die Überlastung des Überbaus im Feld kann zu einer Überlastung des Überbaus über der Stütze führen, dann entsteht eine kinematische Kette, die als Verlust des Gesamtsystems anzusehen ist.

b) Bei einem Grundbruch des rechten Widerlagers ergibt sich einerseits eine Überlastung der Stütze, diese kann wiederum einen Grundbruch des Stützenfundaments zur Folge haben, andererseits kann auch die Überlastung des Überbaus über der Stütze den Verlust des Systems bedeuten.

6.3.4 Fehlerbaumanalyse

In der Fehlerbaumanalyse (DIN 25424, [6.12]) wird nach den Ursachen gesucht, wenn das System die geplante Funktion nicht mehr ausführt.

Bezogen auf die Brücke werden als Fehler der Einsturz der Brücke oder die Unbrauchbarkeit auf Grund zu großer Setzungen angesehen.

Wiederum kann eine erste verbale Formulierung auf die Zusammenhänge führen:

Einsturz ist gegeben, wenn entweder
>   a) zwei Fließgelenke im Überbau eine kinematisch Kette bilden (Ereignis E1),
oder
>   b) Grundbruch im rechten Widerlager *und* Fließgelenk über der Stütze vorliegt (E2),
oder
>   c) Grundbruch im rechten Widerlager *und* in der Stütze gegeben ist (E3),
oder
>   d) Grundbruch im linken Widerlager *und* Fließgelenk über der Stütze vorliegt (E4),
oder
>   e) Grundbruch im linken Widerlager *und* in der Stütze gegeben ist (E5).

>   a)   Eine kinematische Kette entsteht, wenn
>   aa)   nach einer Überlastung im Feld die Lastumlagerung im Überbau zur Überlastung des Überbaus über der Stütze und damit zu einem zweiten Fließgelenk führt (E11),
oder
>   ab)   nach einer Überlastung des Überbaus über der Stütze die Lastumlagerung zu einem zweiten Fließgelenk im Feld führt (E12).

aaa)   Überlastung im Feld ensteht durch Überschreitung der Festigkeit
(E111).

Überlastung über der Stütze entsteht entweder
aba)   durch Überschreitung der Festigkeit (E121),
oder
abb)   durch übermäßige Setzung des Widerlagers (E122),
usw.

Die Beschreibung der Ereignisfolgen ist bis zu einer ausreichenden Aufzählung aller Fehler-
möglichkeiten und Zurückführung auf das quantifizierbare (also durch Versagenswahrscheinlichkeiten) Einzelversagen fortzuführen.

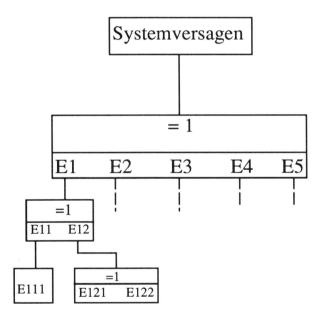

Bild 6.6: Fehlerbaumanalyse (DIN 25424)

6.3.5 Störfallablaufanalyse

In der Störfallablaufanalyse (DIN 25419 Teil 1 und Teil 2, [6.13]) wird untersucht, wie
das System auf eine ungeplante Beanspruchung reagiert.

Ein Störfall ist in der Regel auf eine Einwirkung von außen zurückzuführen und wird deshalb als extrinsisch bezeichnet. Führt die außergewöhnliche Beanspruchung zu einem Versagen von Komponenten, so geht die Störfallablaufanalyse in eine Ausfalleffektanalyse über. Im Konstruktiven Ingenieurbau sind alle nicht bei der Planung/Bemessung berücksichtigten Lastfälle als Störfälle anzusehen.

Wird zum Beispiel beim Bau einer Flußbrücke ein Schiffstoß auf die Pfeiler von 1500 kN angesetzt, so gilt bei der Einführung größerer Schiffe eine eventuell höhere Stoßkraft als Störfall. Entsprechend sind bei älteren Kernkraftwerken die Lastfälle Flugzeugabsturz oder Sicherheitserdbeben als Störfälle anzusehen, da sie bei der Auslegung nicht angesetzt wurden. Für später gebaute Kernkraftwerke wurden dann entsprechende Lastfälle definiert, so daß auf sie die Bezeichnung Störfall nicht mehr zutrifft.

Für Wasserversorgungssysteme wäre als ungeplante Systembeanspruchung eine Überlastung der Leitungen nach extremen Hochwasser oder eine Kontamination im Bereich des Vorfluters genannt. Neben diesen können auch außergewöhnliche Einwirkungen, wie z.B. extreme Erdbebenbelastung oder auch Sabotage, als Störfälle angesehen werden und in ihrer Wirkung auf das System untersucht werden.

6.4   Schadenskosten und Berechnung des Risikos

6.4.1 Sachschaden

Bei den materiellen Schäden wird zwischen *direkten Kosten* und *indirekten Kosten* unterschieden. Direkte Kosten bestehen aus dem Verlust des Systems, der Konstruktion, bzw. bei Teilversagen den entsprechenden Teilkosten. Sie können in der Regel den Wiederherstellungskosten gleichgesetzt werden.

Zu diesen Versagenskosten kommen bei Lagerbauwerken der Verlust des gelagerten Gutes (z.B. Fertigprodukte und Waren aller Art in Lagerhäusern oder Hochregallagern, Rohstoffe, Benzin, Erdgas oder auch Wasser in Massenspeichern). Der Wert des gelagerten Gutes kann den Wert des Bauwerks weit übersteigen.

Indirekte Kosten sind alle Kosten, die als Folge des Systemversagens anzusehen sind. Als Beispiele seien genannt: Kosten, die durch Nichtbenutzbarkeit einer zerstörten Brücke, bzw. der darunterliegenden Verkehrswege entstehen; Kosten, die durch Produktionsausfall nach der Zerstörung von Industrieanlagen entstehen (auch etwaige Arbeitslosigkeit); Kosten, die durch die Zerstörungen an benachbarten Gebäuden in Folge einer Druckwelle bei der Explosion von Gasbehältern entstehen; Kosten für Dekontamination, die durch Austritt von Radioaktivität bei Unfällen im Zusammenhang mit Kernenergieproduktion oder beim Versagen von Deponieabdichtungen entstehen.

Wie weit die Erfassung von Folgekosten geht, kann nicht allgemein angegeben werden. Ob zum Beispiel außer dem Verlust des Speicherinhalts bei einem Erdölspeicher auch die Beschaffung von Öl auf dem freien Markt zu einem erhöhten Preis als Folgekosten des Versagens einzurechnen ist, muß im Einzelfall entschieden werden.

6.4.2 Personenschaden

Wenn durch einen Versagenszustand Personen gefährdet sind, ist die Aufrechnung eines möglichen Risikos gegen einen möglichen Gewinn nicht so elementar durchzuführen, wie wenn ausschließlich Sachschäden erwartet werden. Materielle Schäden lassen sich widerspruchsfrei in vergleichbare Einheiten (Geldwerte) umrechnen und so mit entsprechenden materiellen Gewinnen aufrechnen.

Einige grundsätzliche Probleme bei der Berücksichtigung der Gefährdung von Personen in Risikoanalysen sollen im folgenden erläutert werden.

Zunächst ist es üblich, bei Personenschäden zwischen der Gefährdung aktiv Beteiligter (z.B. Mitarbeiter eines Betriebes, durch deren Aktivitäten eine mögliche Gefährdung erzeugt wird; mit Bezug auf das einführende Beispiel in Abschnitt 6.2 könnten hierzu Fahrer und Beifahrer des Transportfahrzeugs gezählt werden) und der Gefährdung unbeteiligter Dritter zu unterscheiden. Diese Unterscheidung kann sinnvoll sein, da angenommen werden kann, daß Beteiligte bezüglich der Übernahme des Risikos Entscheidungsfreiheit besitzen und in Kenntnis des Risikos auf eine mögliche Gefahr vorbereitet sind, so daß sie die Chancen der Rettung nutzen können.

Bei Unbeteiligten hingegen (mit Bezug auf das einführende Beispiel in Abschnitt 6.2 sind dies Personen, die die überführte Straße benutzen oder die Einwohner der benachbarten Großstadt), kann nicht davon ausgegangen werden, daß ihnen die Gefahr bekannt ist und daß sie deswegen Entscheidungen gegen eine Konfrontation mit der Risikosituation treffen konnten. Die Frage der Entscheidungsfreiheit bei der Übernahme eines Risikos nimmt in der Diskussion um neue Technologien einen großen Raum ein. Hier wird die Gefährdung durch Autofahren, wobei aufgrund der freien Entscheidung zur Teilnahme am Straßenverkehr ein verhältnismäßig hohes Risiko in Kauf genommen wird, z.B. mit der Gefährdung durch Kernkraftwerke mit einem vergleichsweise geringen rechnerischen Risiko verglichen (vgl. [6.1]).

Bei der Ermittlung des Risikos spielt die Entscheidungsfreiheit als allein von psychologischer Bedeutung eine untergeordnete Rolle. Von größerer Bedeutung ist, daß durch die höheren Rettungschancen, heilbare Verletzung an die Stelle des Todes treten kann. In einer differenzierten Risikoanalyse können verschiedene Grade der Gefährdung berücksichtigt werden.

In dem Versuch, das Gesamtrisiko auf eine einzige Einheit zu beziehen, so daß Vergleiche möglich werden, wird verschiedentlich der Personenschaden durch versicherungstechnisch ermittelte Geldäquivalente ersetzt. Hierbei werden Kosten für Wiederherstellung bei Verletzung (ärztliche Behandlung), Invaliditätsrente oder Hinterbliebenenrente für erwartete Lebensdauern für Personenschäden eingesetzt. Vom volkswirtschaftlichen Standpunkt aus entsteht ein zusätzlicher Schaden dadurch, daß die geschädigte Person zeitweilig, bzw. teilweise oder gar nicht mehr zum Bruttosozialprodukt beitragen kann.

Die vorstehend erörterte Umrechnung von Personenschäden ist zwar prinzipiell in eindeutiger Weise möglich, bei der Verwendung in Risikoanalysen, bzw. vor allem bei der Benutzung von Risikoanalysen als Entscheidungshilfen, muß die ethische Problematik aber doch beachtet werden. Auch und gerade in zivilisierten und fortschrittlichen Regionen könnten sich sonst aus der schlichten Kosten-Nutzen-Rechnung Entscheidungen ergeben, die allein durch die soziale Stellung der betroffenen Menschen begründet sind.

Zudem zeigt die Praxis des Versicherungswesens, daß in der Bewertung von Personen erhebliche Unterschiede bestehen. So wurde für die Hinterbliebenen der 165 Toten des Piper-Alpha-Unglücks ein Gesamtbetrag von 100 Mio. Pfund bezahlt ([6.14]), 800 Mio. DM wurden als Entschädigung den ca. 3000 Opfern der Chemiekatastrophe Bhopal zugesprochen ([6.15]). Bei der individuellen Schadensregelung bei Unfällen im Straßenverkehr in Deutschland werden hingegen sehr viel geringere Beträge erstattet, die teilweise sogar von dem tatsächlichen Einkommen der Personen abhängen (vgl. [6.16]).

6.4.3 Risikokataster

Eine zusätzliche Differenzierung ergibt sich aus der örtlichen Abstufung des Risikos, da die schädigbaren Objekte unterschiedlich weit von der Quelle der Gefährdung entfernt sind. Bei Gefährdungen, die durch explosionsfähige oder giftige Gaswolken entstehen, sind für die örtliche Abstufung des Risikos auch meteorologische Aspekte zu berücksichtigen, im wesentlichen die vorherrschende Windrichtung (vgl. Bild 5.17, siehe hierzu auch [6.4], S. 168).

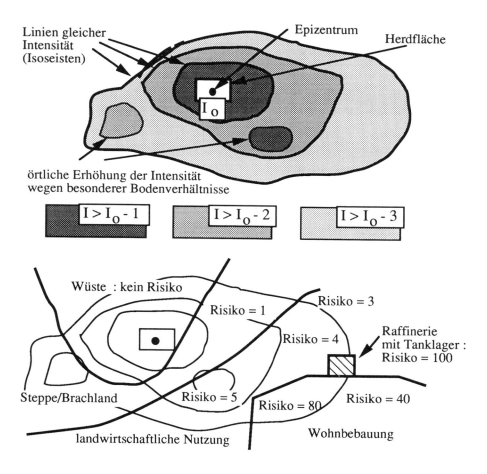

Bild 6.7: Isoseisten und Risikokartierung - Risikokataster

Eine sehr gebräuchliche Aufstellung der räumlichen Verteilung von Gefährdung gibt es im Bereich des Erdbebeningenieurwesens durch die Darstellung der Isoseisten (siehe Bild 6.7, nach der Titelseite des Mitteilungsblattes der Deutschen Gesellschaft für Erdbebeningenieurwesen und Baudynamik).

Aus der Entfernung zur Quelle der Gefährdung, der Art der Gefährdung und der Höhe des zu erwartenden Schadens ergibt sich eine räumliche Verteilung des Risikos, die durch Angabe von Linien gleichen Risikos dargestellt werden kann (Bild 6.7). Hierbei wird das Risiko als ein auf die Flächeneinheit bezogener Wert angegeben.

Das Risikokataster stellt damit eine Überlagerung der Gefährdung und der gefährdeten Werte dar. Im Bild 6.7 ist dies dadurch dargestellt, daß es in der Wüste (keine Werte - kein Schaden) kein Risiko gibt, im Bereich der landwirtschaftlichen Nutzung steigt das Risiko abhängig von der erwarteten Erdbebenintensität von 3 auf 5 (die örtliche Erhöhung ist nicht angegeben, im Bereich der Wohnbebauung ist das Risiko für die Erdbebenintensität I_0 - 3 zu 80 und für I_0 - 4 zu 40 bestimmt.

6.4.4 Berechnung des Risikos

Durch die Systemanalyse wurde die Funktionsweise eines Systems geklärt, durch Ausfalleffektanalyse, Störfallablaufanalyse und Fehlerbaumanalyse wurde das nicht planmäßige Geschehen untersucht. Der nächste Schritt in der Risikoanalyse besteht nun darin, eine mögliche Gefährdung zu bestimmen.

Die Möglichkeit für ein Versagen des Systems ergibt sich aus der Störfallablaufanalyse, der Ausfalleffektanalyse und der Fehlerbaumanalyse. Störfallablauf und Komponentenausfall müssen nicht zu einer Gefährdung führen, durch Sicherheitseinrichtungen oder Maßnahmen des Bedienungspersonals kann das Versagen ja verhindert werden. Die Fehlerbaumanalyse geht vom Versagen aus und bildet somit die Grundlage zur Bestimmung des Risikos. Je nach Art des betrachteten Versagenszustandes - Teilversagen bis vollständiges Versagen - ergeben sich verschiedene Stufen der Gefährdung.

Zur Bestimmung des Risikos wird aus dem Fehlerbaum die Wahrscheinlichkeit für das angenommene Versagen berechnet. Das Produkt aus der Wahrscheinlichkeit des Versagens p und dem zu erwartenden Schaden mit den Kosten K ist das Risiko:

$$R = p \ K. \tag{6.1}$$

Werden mehrere Stufen der Gefährdung und/oder mehrere mögliche Ereignisse betrachtet, so ergibt sich das Gesamtrisiko aus der Addition der einzelnen Risiken:

$$R = \Sigma \; (p_i \, K_{vi}) \hspace{5cm} (6.2)$$

p_i :   Wahrscheinlichkeit für das Auftreten des Ereignisses "i",

K_{vi} :   Schadenskosten für Ereignis "i".

Neben den unterschiedlichen Stufen der Gefährdung müssen bei der Berechnung des Risikos R auch die verschiedenen Arten des zu erwartenden Schadens berücksichtigt werden. Vor allem ist zwischen den Sachschäden, die in der Regel auf Geldwerte umgerechnet und miteinander in Beziehung gesetzt werden können, und Personenschäden zu differenzieren.

Wird von einer räumlichen Verteilung des Risikos ausgegangen, so ergibt sich das Gesamtrisiko aus einem Flächenintegral der bezogenen Risikowerte über den jeweils beeinflußten Bereich (siehe Bild 6.7). Wird von Linien gleicher Wahrscheinlichkeit der Gefährdung ausgegangen, so ergibt sich das Gesamtrisiko als Integral über die räumliche Verteilung der Wahrscheinlichkeit der Gefährdung multipliziert mit der Schadenshöhe der gefährdeten Objekte.

6.4.5   Bewertung des Risikos

Die Angabe eines Risikos für eine bestimmte Aktivität, z.B. Nutzung eines Bauwerks oder Betrieb einer industriellen Anlage, legt es nahe, zwischen verschiedenen Aktivitäten zu vergleichen. Solche Vergleiche ermöglichen die bessere Abschätzung von Prämien bei versicherungsmäßig abdeckbaren Risiken. In WASH 1400 ([6.1]) wurde ein solcher Risikovergleich durchgeführt, um die relative Ungefährlichkeit der Kernenergie nachzuweisen. Die für Kernkraftwerke ermittelten Risiken wurden mit den Risiken des täglichen Lebens verglichen, wie sie aus den Unfallstatistiken für Straßenverkehr und anderen Aktivitäten vorliegen. Dieses Vorgehen wurde jedoch auch kritisiert, da die Zahlen der Unfallstatistiken aus einer qualitativ völlig unterschiedlichen Datenbasis stammen.

Beim Aufbau der Unfallstatistik werden die Unfälle gezählt und auf eine Grundgesamtheit bezogen. Diese Grundgesamtheit kann in unterschiedlicher Weise definiert werden. Beim Straßenverkehr kann die Gesamtheit der Bevölkerung als Bezugsmaßstab gewählt werden; ebensogut kann als Grundgesamtheit auch lediglich die Anzahl der am Straßenverkehr teilnehmenden Personen gewählt werden, wobei nach aktiver und passiver Teilnahme weiter differenziert werden kann.

Für das Risiko des Straßenverkehrs ergeben sich damit sehr unterschiedliche Zahlen. Selbst wenn es gelänge, eine vergleichbare Grundgesamtheit für die Kernenergie zu definieren, bestünde doch zwischen den Risikowerten insofern ein Unterschied, als die Anzahl der Unfälle in Kernkraftwerken für gegebene Zeiträume nicht aus vergleichbar elementaren Abzähloperationen zu bestimmen sind, sondern aufgrund von Daten und angenommenen Szenarien extrapoliert werden müssen.

An der Unfallstatistik der Offshoreölproduktion zeigte sich die Problematik sehr deutlich. Über lange Zeit (von Beginn der Förderung bis 1980) hatte die Offshoreölproduktion eine ausgeglichene Unfallstatistik, die sich auch nach dem Beginn der Exploration in der Nordsee bestätigte. Mit dem Aleksander-Kjelland-Unglück (123 Tote, 1980) bekam die Unfallstatistik allerdings ein erheblich ungünstigeres Aussehen, und die Frage wurde diskutiert, ob derartige Unglücke als "Ausreißer" klassifiziert werden können (6.17]). Weitere schwere Unglücke (siehe Abschnitt 6.1) zeigten, daß die Risiken der Offshoreölproduktion zwar höher sind als angenommen, die Schadensfälle aber jeweils als individuell sehr komplexe Ereignisse betrachtet werden müssen, die nicht in einer einzigen Datenbasis statistisch erfaßt werden können.

Vergleiche können also nur für vergleichbare Schäden bei gleichen Voraussetzungen, z.B. bei vergleichbarer Datenbasis, durchgeführt werden. (z.B. Risiken des Transports auf der Straße verglichen mit Schiene, Wasser, Luft).

Da es aufgrund des begrenzten Datenmaterials selten möglich ist, Entscheidungen allein mit algebraischer Risikoermittlungen durchzuführen, erscheint der einzig sinnvolle Weg, im Sinne einer Nutzwertanalyse alle Schäden als nichtvergleichbare Kategorien im Ausdruck für das Gesamtrisiko zu berücksichtigen ([6.20], [6.21]).

Durch die Beibehaltung der verschiedenen Schadenskategorien bei der Angabe des Gesamtrisikos ist die Möglichkeit der Vergleichbarkeit zwar eingeschränkt, aber die differenzierte Risikoangabe gibt ein vollständiges Bild vom Ergebnis der Risikoanalyse.

Eine Bewertung kann nur insofern vorgenommen werden, als Bauwerks- (oder Anlagen-) Varianten oder Standorte miteinander in bezug auf das nunmehr unter gleichen Voraussetzungen und mit der gleichen Methodik ermittelte Risiko verglichen werden.

Ebenso wie bei der zulässigen Versagenswahrscheinlichkeit (vgl. Kapitel 1 Einleitung) zeigt sich auch beim Risiko, daß der Begriff zwar die Nähe zu durch die Massenmedien vermittelten Schadensfällen und Katastrophen suggeriert, die Komplexität der zugrunde liegenden statistischen Berechnungen sowie Annahmen über die Schadensfolgen ihn diesem Zusammenhang aber entziehen.

Aus den vorstehenden Ausführungen ergibt sich als Schlußfolgerung, daß das Ziel der Risikoanalyse nicht so sehr in der Angabe des Risikos, sondern in der Analyse einer bestimmten Situation, Aktivität oder Anlage besteht.

6.5 Auswertung der Risikoanalyse

Wie im vorangegangenen Abschnitt diskutiert wurde, ist die Angabe des Risikos nur unter einer Vielzahl von Annahmen und Voraussetzungen möglich. Es stellt sich damit die Frage, wozu eine Risikoanalyse überhaupt durchgeführt werden soll. Da die quantitative Angabe des Riskos je nach der Vollständigkeit und der Genauigkeit der verwendeten Informationen eine mehr oder weniger vage Aussage ist, kann der Sinn der Risikoanalyse nur im Analysieren selbst liegen.

Mit der Berechnung eines Wertes für das Risiko ist die Risikoanalyse also nicht abgeschlossen; vielmehr schließen sich bei der Auswertung der Risikoanalyse folgende Fragestellungen an:

1. Gibt es Komponenten, die einen größeren Einfluß auf den Risikowert besitzen als andere, und womit ist dieser Einfluß begründet?
Dieser Schritt in der Auswertung heißt *Sensitivitätsanalyse*.

2. Welche Maßnahmen, auch System- oder Komponentenveränderungen, können ergriffen werden, um das Risiko weiter zu verringern? Hierzu gehört auch die Frage der Budgetierung: Wenn ein bestimmtes Budget zur Risikoverminderung eingesetzt werden kann, wie ist es z.B. auf die Schadensbegrenzung oder die Erhöhung der Sicherheit zu verteilen?
Hieraus ergibt sich eine *Strategie zur Risikoreduktion*.

Sensitivitätsanalyse und Strategie zur Risikoreduktion stehen nebeneinander in dem Sinne, daß auch die Lösung des Budgetierungsproblems auf Komponenten hinweisen wird, die besonderen Einfluß auf das Gesamtrisiko besitzen.

Eine weitere Auswertung der Risikoanalyse besteht darin, die in der Analyse verwendeten Abläufe - Ausfalleffekte, Fehlerbäume oder Störfallabläufe - jeweils anhand realer Vorgänge, bzw. des realen Verhaltens von Systemen zu überprüfen.

Diese letzte Auswertung bietet sich vor allem bei komplexen Systemen mit hohem Sicherheitsstandard an, bei denen das berechnete Risiko nicht durch Statistik ermittelt werden kann, da insbesondere Totalausfälle selten oder nie auftreten, beherrschbare und beherrschte Teilausfälle jedoch häufiger auftreten und sogar eine im statistischen Sinn relevante Grundgesamtheit bilden können. Da diese Teilausfälle als Vorläufer des glücklicherweise unterbrochenen vollständigen Ablaufs bis zum Gesamtversagen angesehen werden können, heißt diese Auswertung der Risikoanalyse *Vorläuferanalyse* (Precursor-Studie).

6.5.1 Sensitivitätsanalyse

In der Sensitivitätsanalyse wird eine Hierarchie der Komponenten, bzw. der Komponenteneigenschaften bestimmt, die deren Einfluß auf das Risiko wiedergibt. Ausgehend vom Ausdruck

$$R = \Sigma \ (p_i \cdot K_{vi})$$

(Gl. 6.2), wird mit festen Schadenswerten K_{vi} nach den Größen gesucht, die den Wert von p_i bestimmen. Dies können Leistungsdaten oder auch Zuverlässigkeitsdaten der Komponenten sein.

Wenn eine analytische Funktion für p_i in Abhängigkeit der Leistungsdaten oder Zuverlässigkeitsdaten vorliegt, ist die Änderung der Versagenswahrscheinlichkeit p_i durch das totale Differential gegeben

$$dp_i = \Sigma \ \frac{\partial p_i}{\partial x_j} \, dx_j \ . \qquad\qquad (6.3)$$

Die einzelnen Summanden bestehen aus einem Produkt der partiellen Ableitungen der Funktion nach den einzelnen Variablen und den Änderungen der Variablen dx_j.

In der Regel sind die Systeme aber so komplex, daß die Ableitungen nicht geschlossen bestimmt werden können. Nach Art einer Variantenuntersuchung ergibt sich das totale Differential numerisch durch Berechnung der Versagenswahrscheinlichkeit für eine um Δx_j geänderte Variable.

Eine Hierarchie der Variablen bezüglich ihres Einflusses auf die Versagenswahrscheinlichkeit ist durch die Größenordnung der einzelnen Summanden gegeben.

Ausgehend vom einführenden Beispiel in Abschnitt 6.2 ergeben sich die partiellen Ableitungen wie folgt:

$$P(VER) = P("3") + P("5") + P("7") + P("8") =$$

$$P(\overline{V}_W)\, P(\overline{V}_{\ddot{U}})\, P(V_P)\, P(V_{\ddot{U}}/V_P/\overline{V}_{\ddot{U}})$$
$$+\ P(\overline{V}_W)\, P(V_{\ddot{U}})\, P(K_{kin})$$
$$+\ P(V_W)\, P(\overline{V}_{\ddot{U}})\, P(V_P)$$
$$+\ P(V_W)\, P(V_{\ddot{U}})$$

Auf Grund der Annahmen können die bedingten Wahrscheinlichkeiten $P(V_{\ddot{U}}/V_P/\overline{V}_{\ddot{U}})$ und $P(K_{kin})$ jeweils durch ein Vielfaches der Einzelwahrscheinlichkeit ersetzt werden:

$$P(V_{\ddot{U}}/V_P/\overline{V}_{\ddot{U}}) = P(V_{\ddot{U}}/V_P) = 2.8 \cdot 10^{-4} = P(V_{\ddot{U}})\,((2.8 \cdot 10^{-4}) / (9.7 \cdot 10^{-9}))$$
$$= P(V_{\ddot{U}})\,(2.9 \cdot 10^4)$$

bzw.

$$P(K_{kin}) = P(V_{\ddot{U}}/V_{\ddot{U}}) = P(V_{\ddot{U}})\,(2.9 \cdot 10^4)$$

Damit vereinfacht sich der Ausdruck für die Versagenswahrscheinlichkeit zu:

$$P(VER) = P("3") + P("5") + P("7") + P("8") =$$

$$P(\overline{V}_W)\, P(\overline{V}_{\ddot{U}})\, P(V_P)\, P(V_{\ddot{U}})\,(2.9 \cdot 10^4)$$
$$+\ P(\overline{V}_W)\, P(V_{\ddot{U}})\, P(V_{\ddot{U}})\,(2.9 \cdot 10^4)$$
$$+\ P(V_W)\, P(\overline{V}_{\ddot{U}})\, P(V_P)$$
$$+\ P(V_W)\, P(V_{\ddot{U}})$$

Die partiellen Ableitungen an der Stelle der gegebenen Teilversagenswahrscheinlichkeiten

$$P(V_{\ddot{U}}) = 9.7 \cdot 10^{-9}$$
$$P(V_W) = 1.3 \cdot 10^{-4}$$
$$P(V_P) = 1.4 \cdot 10^{-3}$$

können nunmehr leicht gebildet werden:

$$\partial P(VER)/\partial P(V_{\ddot{U}}) = P(V_P) (2.9 \cdot 10^4) + 2 P(V_{\ddot{U}}) (2.9 \cdot 10^4) + P(V_W)$$
$$= 42$$
$$\partial P(VER)/\partial P(V_W) = P(V_P) + P(V_{\ddot{U}}) = 1.4 \cdot 10^{-3}$$
$$\partial P(VER)/\partial P(V_P) = P(V_W) + P(V_{\ddot{U}}) = 1.3 \cdot 10^{-4}$$

Aus diesen Sensitivitätsfaktoren ergibt sich, daß die Verringerung der Versagenswahrscheinlichkeiten im Überbau der Brückenkonstruktion den größten Einfluß auf die Verringerung der Gesamtversagenswahrscheinlichkeit ausübt. Eine Verstärkung von Widerlager oder Pfeiler besitzt demgegenüber nur eine geringe Wirksamkeit. Dieses Ergebnis folgt aus den Unterschieden in den Größenordnungen der individuellen Versagenswahrscheinlichkeiten. Ob die Verstärkung des Überbaus (=Verringerung der Versagenswahrscheinlichkeit) tatsächlich die sinnvollste Maßnahme zur Reduktion des Risikos ist, kann nur durch die Einbeziehung zusätzlicher Informationen entschieden werden.

Ein direkter Weg der Sensitivitätsanalyse kann anhand des einführenden Beispiels (Abschnitt 6.2) gezeigt werden. Hier ergab sich die Gesamtversagenswahrscheinlichkeit aus der Addition der Versagenswahrscheinlichkeiten auf den Pfaden 1 bis 8. Der Größe nach geordnet, ergibt sich folgende Hierarchie:

Vollständiges Versagen	Teilversagen mit sanierbarem Brückenzustand
$P("7") = 2.0 \cdot 10^{-5}$	$P("2") = 1.4 \cdot 10^{-3}$
$P("8") = 8.7 \cdot 10^{-7}$	$P("6") = 1.3 \cdot 10^{-4}$
$P("3") = 4.0 \cdot 10^{-7}$	$P("4") = 9.7 \cdot 10^{-9}$
$P("5") = 2.7 \cdot 10^{-12}$	

Aus dieser Sortierung zeigt sich, daß die Elemente Pfeiler und Widerlager in dem angenommenen Szenario den größten Einfluß auf das Versagen besitzen, da sie an den Abläufen mit den größten Auftretenswahrscheinlichkeiten beteiligt sind. Diese Hierarchie wird auch durch die Bildung des totalen Differentials des Risikos mit Bezug auf die Komponenten bestätigt.

Zur Verminderung des Risikos gibt es nun verschiedene Möglichkeiten. Einerseits können die Leistungsdaten der Komponenten erhöht werden, in diesem Fall durch Verstärkung der Bauelemente und die Erhöhung des Sicherheitsfaktors. Andererseits besteht jedoch auch die Möglichkeit, die Zuverlässigkeit zu erhöhen, indem durch Injektionen die Streuung der Baugrundfestigkeit verringert wird. Es ist deutlich, daß in der Planungsphase ganz andere Möglichkeiten der Risikoverminderung bestehen als bei einem fertigen System. Welches die effektivste Maßnahme der Risikoverminderung ist, läßt sich aus dieser Hierarchie nicht ableiten.

Hierzu ist es erforderlich, den Aufwand in Beziehung zur erzielbaren Risikoverminderung zu setzen.

6.5.2 Strategie zur Risikoreduktion

Die Sensitivitätsanalyse zeigt zwar eine Hierarchie der Einzeleinflüsse mit Bezug auf das Gesamtversagen, zur Entscheidung, welche Maßnahmen zur Reduktion der Versagenswahrscheinlichkeit getroffen werden müssen, ist es aber erforderlich, die Wirksamkeit der Maßnahmen und den zugehörigen Aufwand einzubeziehen.

Zur Erläuterung der Problematik wird angenommen, daß die Maßnahmen in Kosten umgerechnet werden können und damit vergleichbare Einheiten vorliegen.

Damit kann die Risikoreduktion als Funktion der Kosten angegeben werden.

Als Beispiel werden zwei risikoreduzierende Maßnahmen 1 und 2 mit den Kosten C_1 und C_2 betrachtet.

Eine Möglichkeit der Problemformulierung besteht in der Annahme eines exponentiellen Zusammenhangs zwischen Mitteleinsatz und Risikoreduktion.

Die Verminderung des Risikos sei also in folgender Form gegeben:

$$R_1 = r_1 \, (1 - \exp(-b_1 \cdot C_1)) \tag{6.4}$$

und

$$R_2 = r_2 \, (1 - \exp(-b_2 \cdot C_2)) \tag{6.5}$$

Bei Steigerung der Kosten C_1 und C_2 wird das Risiko reduziert. Die Werte r_1 und r_2 definieren hierbei die maximal zu erreichende Reduzierung des Risikos, wenn unendliche hohe Kosten C_1, bzw. C_2 aufgewandt werden. b_1, und b_2 sind zu bestimmende Einflußfaktoren.

Das zur Verfügung stehende Budget zur Risikoreduktion ist C_0. Eine optimale Verteilung des Budgets ergibt sich aus der Lösung des mathematischen Optimierungsproblems:

$$\text{Maximiere } R_1 + R_2 \tag{6.6}$$

unter den Nebenbedingungen

$$C_1 + C_2 = C_0,$$

$$0 \le C_1 \le C_0, \qquad 0 \le C_2 \le C_0.$$

Das Vorgehen läßt sich durch Wahl der folgenden Zahlenwerte illustrieren:

$$r_1 = r_2 = 1.0, \qquad b_1 = 1.0, \qquad b_2 = 5.0, \qquad C_0 = 1.0.$$

Die Risikoreduktionsfunktionen (Bild 6.8) unterscheiden sich lediglich durch den Faktor b, der die Effektivität der Maßnahme beschreibt.

Die Maßnahme 2 ist zwar bei geringen Kosten effektiver als die Maßnahme 1, nähert sich aber schnell der Grenze r_1 (siehe Bild 6.8). Die gleichmäßige Verteilung der Mittel

$$C_1 = C_2 = 0.5$$

ergibt eine Risikoreduktion von

$$R = (1-\exp(-0.5)) + (1-\exp(-2.5)) = 1.3114.$$

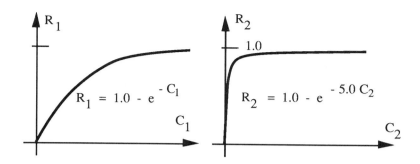

Bild 6.8: Risikoreduktionsfunktionen

Die Lösung des Problems 6.1 ergibt die optimale Verteilung der Mittel

$C_1 = 0.5651$ und $C_2 = 0.4349$

mit einer Risikoreduktion von

R = 1.3180.

Besteht bezüglich der Wirksamkeit der Maßnahme eine gewisse Unsicherheit, so ist die Summe der Risikoreduktionen durch den entsprechenden Erwartungswert zu ersetzen.

$$R = p_1 \cdot R_1 + p_2 \cdot R_2. \qquad (6.7)$$

Ist die Risikoreduktion bei Maßnahme 1 nur zu 80% gesichert, wäre in Problem (6.6) die gewichtete Funktion (6.7) zu berücksichtigen:

$$R = 0.8 \cdot R_1 + 1.0 \cdot R_2.$$

Die optimale Verteilung ist nunmehr

$C_1 = 0.5279$, und $C_2 = 0.4721$,

also entsprechend der größeren Erfolgsaussichten eine Verschiebung der Mittel auf Maßnahme 2. Die erzielbare Risikoreduktion ist mit

R = 1.3158

etwas geringer als die Lösung ohne Berücksichtigung der Unsicherheit bei Maßnahme 1.

Eine andere Möglichkeit der Formulierung einer optimalen Mittelverteilung zur Risikoreduktion ergibt sich aus der Annahme einer linearen Beziehung zwischen Risikoreduktion und Mitteleinsatz:

$$R_R = a_1 \cdot C_1 + a_2 \cdot C_2, \tag{6.8}$$

mit den Effektivitätskoeffizienten a_1 und a_2.

Wird das Optimierungsproblem mit (6.8) als Zielfunktion formuliert, ergibt sich, daß die Mittel immer auf die Maßnahme mit dem höchsten Effektivitätskoeffizienten konzentriert werden. Diese Strategie ist allerdings nur dann richtig, wenn bezüglich der Wirksamkeit absolute Sicherheit besteht.

In der Realität gibt es aber diesbezüglich immer gewisse Unsicherheiten, so daß in (6.8) der stochastische Charakter der Effektivitätsfaktoren berücksichtigt werden muß. Es ergibt sich damit die "stochastische Optimierungsaufgabe":

$$\text{Maximiere } R_R = a_1 \cdot C_1 + a_2 \cdot C_2 \tag{6.9}$$

unter den Nebenbedingungen

$$C_1 + C_2 = C_0,$$
$$0 \le C_1 \le C_0,$$
$$0 \le C_2 \le C_0.$$

Die Koeffizienten a_1 und a_2 stellen ein Maß für die Kosteneffektivität der jeweiligen Maßnahme dar. Ihre stochastischen Eigenschaften sind durch ihre Verteilungsfunktion beschrieben.

Die Lösung des stochastischen Optimierungsproblems kann unter bestimmten Voraussetzungen über den Typ der Verteilungsfunktion für die Variablen a_1 und a_2 durch die Lösung eines äquivalenten deterministischen Problems ersetzt werden ([6.22]). Das äquivalente Problem ergibt sich durch die Einführung einer Nutzenfunktion

$$U = 1 - \exp(-b \cdot R_R). \tag{6.10}$$

Der Koeffizient b gibt an, wie der stochastische Charakter der Variablen eingeschätzt wird. Er repräsentiert somit die Risikobereitschaft, die in der Lösung implizit enthalten ist.

Sind die stochastischen Effektivitätskoeffizienten a_1 und a_2 durch Normalverteilungen zu beschreiben, so kann gezeigt werden, daß die Lösung des stochastischen Optimierungsproblems mit (6.10) als Zielfunktion identisch mit der Lösung des deterministischen quadratischen Optimierungsproblems ist:

$$\text{Maximiere} \quad \bar{a}_1 \cdot C_1 + \bar{a}_2 \cdot C_2 - \frac{b}{2} \left((\sigma_1 \cdot C_1)^2 + (\sigma_2 \cdot C_2)^2 \right) \tag{6.11}$$

unter den Nebenbedingungen

$$C_1 + C_2 = C_0,$$
$$0 \leq C_1 \leq C_0,$$
$$0 \leq C_2 \leq C_0.$$

Mit $\bar{a}_1$, $\bar{a}_2$ sind die Mittelwerte von a_1 und a_2 bezeichnet, σ_1 und σ_2 sind die zugehörigen Standardabweichungen.

Zur Erläuterung wird das Problem für feste Zahlenwerte formuliert:

Mittelwerte der Kostenkoeffizienten: $\bar{a}_1 = 0.2$; $\bar{a}_2 = 1.0$
zugehörige Standardabweichungen: $\sigma_1 = 0.04$; $\sigma_2 = 0.2$
Risikobereitschaft $b = 1.0$
Zur Verfügung stehende Gesamtkosten: $C_0 = 1.0$

Das quadratische Optimierungsproblem ergibt sich für diese Zahlenwerte zu:

$$\text{Maximiere} \quad 0.2 \cdot C_1 + 1.0 \cdot C_2 - \frac{1}{2} \left(0.0016 \, C_1^2 + 0.04 \, C_2^2 \right)$$

unter den Nebenbedingungen

$$C_1 + C_2 = 1.0,$$
$$0 \leq C_1 \leq 1.0,$$
$$0 \leq C_2 \leq 1.0.$$

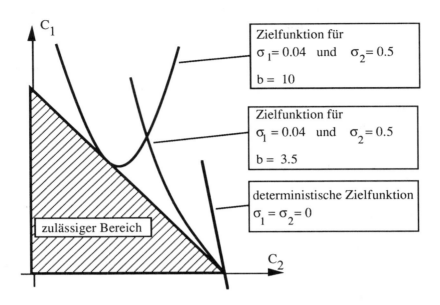

Bild 6.9: Stochastisches Optimierungsproblem mit Nutzenfunktion

Der lineare Teil der Zielfunktion, der das deterministische Problem betrifft, gilt für eine Situation, in der die Zuteilung des Gesamtbudgets auf die Maßnahme 2 eine fünfmal so große Reduktion des Risikos bewirkt wie die Zuteilung des Gesamtbudgets auf die Maßnahme 1. Die Konzentration auf die Maßnahme 2 ist für diesen Fall die optimale Lösung. Diese Lösung ist auch für höhere Standardabweichungen σ_2 des Kostenparameters a_2 optimal. Lediglich wenn die Standardabweichung für a_2 größer wird als $\sigma_2 = 0.9$, wird die Unsicherheit bezüglich des Kostenfaktors a_1 eine Verschiebung des Budgets auf die Maßnahme 1 erzwingen.

Eine Aufteilung des Budgets auf beide Maßnahmen auch bei größerer Sicherheit (kleinerer Standardabweichung als $\sigma_2 = 0.9$) bezüglich der Wirkung der Maßnahme 2 ergibt sich für einen höheren Wert des Parameters b, der die Risikobereitschaft kennzeichnet.

In Bild 6.9 ist dargestellt, wie das Optimierungsproblem mit linearer Zielfunktion bei zunehmenden Unsicherheiten (höheren Standardabweichungen) und zunehmender Risikobereitschaft (höherer Wert für b) in ein Optimierungsproblem mit nichtlinearer Zielfunktion übergeht.

Gegenüber dieser Vorgehensweise der Formulierung von Optimierungsaufgaben wird im Bereich der Individualgefährdung von Menschen (Beispiel Straßenverkehr, Gesundheitswesen) die Möglichkeit, Maßnahmen zur Erhöhung der Sicherheit anhand der *"Rettungskosten"* ([6.23]) zu unterscheiden, vorgeschlagen. Mit Rettungskosten wird der Quotient der Kosten zur Risikoreduktion, bezogen auf die Höhe einer speziellen Risikoreduktion, bezeichnet. Zum Beispiel kann anhand der Rettungskosten verglichen werden, ob die Einrichtung eines Kernspinntomographen mit Bezug auf die Rettung von Menschenleben effektiver ist als die Übernahme der Kosten einer jährlichen Vorsorgeuntersuchung durch die Krankenkasse (Rettungskosten Kernspinntomograph = Kosten für den Kernspinntomographen / Anzahl der durch die bessere Diagnose geretteten Menschenleben; Rettungskosten Vorsorgeuntersuchungen = Kosten für Vorsorgeuntersuchungen / Anzahl der durch die Untersuchung geretteten Menschenleben).

In [6.23] ist für den Konstruktiven Ingenieurbau die Anwendung des Konzeptes am Beispiel der Ertüchtigung von Bauten gegen Erdbeben in der seismisch relativ ruhigen Schweiz gezeigt worden. Weitere Übertragungen des Konzeptes auf Probleme der Sicherheit von Bauwerken erscheinen möglich.

- Beispiel 6.1:
  Mit Bezug auf das einführende Beispiel zur Risikoanalyse (Abschnitt 6.2) werden folgende Möglichkeiten der Verringerung des Risikos (Risikoreduktion) betrachtet:

    1. Schadensfolgenbegrenzung,
    2. Verringerung der Versagenswahrscheinlichkeit.

Zu 1: Durch *Absperrmaßnahmen* (1) kann der Verkehr unter der Brücke und auf der Straße selbst unterbunden werden und damit die Gefährdung für unbeteiligte Personen vermieden werden; durch Vorbereitung von schnellen Rettungsmöglichkeiten sowie *Erste Hilfe* (2) werden zusätzlich die Rettungschancen für das Personal verbessert. Da der Sachschaden lokal auf die Brücke, das Fahrzeug und auf das Transportgut beschränkt ist, gibt es keine Möglichkeit, diesen zu reduzieren.

Zu 2: Die Berechnung der Versagenswahrscheinlichkeiten geht von Annahmen über den Zustand der Brücke, bzw. über die Qualität der Baumaterialien aus. Werden diese Annahmen durch eine Untersuchung des tatsächlichen Zustandes der Brücke (*Inspektion* (3)) überprüft, so kann sich entweder direkt eine sehr viel geringere rechnerische Versagenswahrscheinlichkeit ergeben (was zu erwarten ist, da üblicherweise der Streubereich der Annahmen durch hohe Sicherheitsfaktoren abgedeckt wird) oder - bei einem Auffinden von Schwachstellen durch die gezielte Sanierung - eine niedrigere Versagenswahrscheinlichkeit erreicht werden.

Konstruktive Möglichkeiten zur Verringerung der Versagenswahrscheinlichkeiten sind: *Verstärkung des Überbaus* (4) durch das Ankleben von Stahllaschen, *Verstärkung der Stütze* (5) und *Verstärkung des Widerlagers* (6) durch Bodenverbesserung mit Verpreßmaßnahmen, Bau von *Hilfsstützen* (7) unter den Überbau.

Die sieben genannten Maßnahmen sind willkürlich herausgegriffene Handlungsalternativen, um die Problemstellung der Risikoanalyse und der Risikoreduktion zu erläutern. Zur weiteren Veranschaulichung für die Bewertung der Handlungsalternativen werden für Kosten und Wirksamkeit Zahlenwerte angenommen. Die Annahmen über die Kosten sind mit Blick auf eine bestmögliche Veranschaulichung gewählt und entsprechen nicht unbedingt tatsächlichen Kosten:

(1) Absperrmaßnahmen: Die Kosten für Absperrmaßnahmen einschließlich der Kosten für die Behinderungen (Umwege) werden mit 20.000,- DM angesetzt. Durch die Absperrmaßnahmen wird verhindert, daß unbeteiligte Personen gefährdet sind. Somit ergibt sich eine mögliche Reduktion des Risikos zu

$$R_{R0} = 10 \cdot 1.27 \cdot 10^{-6}.$$

Da durch die Absperrmaßnahmen allerdings auch Schaulustige angelockt werden können, die wiederum eine zusätzliche Gefährdung darstellen, wird die Wirksamkeit dieser Maßnahme zu lediglich 90% eingeschätzt.

(2) Die Kosten für Erste Hilfe und vorbereitende Maßnahmen zum Transport von Verletzten werden mit 10.000,- DM angesetzt. Diese Maßnahmen betreffen auch Fahrer und Beifahrer, und somit ergibt sich die mögliche Risikoreduktion zu

$$R_{R0} = (2 + 10) \cdot 1.27 \cdot 10^{-6}.$$

Da der Erfolg der Maßnahme aber von vielen nicht kontrollierbaren Umständen abhängt, wird die Wirksamkeit zu lediglich 80% eingeschätzt.

(3) Die Kosten für die Inspektion werden mit 30.000,- DM angesetzt. Es wird angenommen, daß eine solche Maßnahme die Versagenswahrscheinlichkeit um eine Zehnerpotenz verringert. Damit ergibt sich die mögliche Risikoreduktion zu

$$
\begin{aligned}
R_{R0} &= 2 \cdot 10^5 \cdot (1.54 - 0.154) \cdot 10^{-3} \\
&\quad + (1 \cdot 10^6 + 1 \cdot 10^6 + 1 \cdot 10^5 + 5 \cdot 10^5) \cdot (1.27 - 0.127) \cdot 10^{-6} \\
&\quad + (2 + 10) \cdot (1.27 - 0.127) \cdot 10^{-6} \\
&= (309 - 31) + (3.3 - 0.3) + (2 + 10) \cdot 1.14 \cdot 10^{-6} \\
R_{R0} &= 278 + 3.0 + 13.8 \cdot 10^{-6}
\end{aligned}
$$

(4) Die Kosten für die Verstärkung des Überbaus werden mit 50.000,- DM angesetzt. Diese Maßnahme wird so durchgeführt, daß die Beanspruchbarkeit des Überbaus von 1.75 auf 2.0 vergrößert wird. Die Versagenswahrscheinlichkeit für eine 20%ige Überlastung des Überbaus verringert sich dadurch von $1.05 \cdot 10^{-8}$ (vgl. Abschnitt 6.2.2) auf $1.8 \cdot 10^{-11}$, die Versagenswahrscheinlichkeit für eine 50%ige Überlastung des Überbaus verringert sich von $2.7 \cdot 10^{-4}$ auf $8 \cdot 10^{-7}$. Aus der Auswertung des Fehlerbaums ergibt sich die Versagenswahrscheinlichkeit zu $8.6 \cdot 10^{-7}$, die Wahrscheinlichkeit für Teilversagen mit sanierbarer Brückenkonstruktion wird durch die Maßnahme nicht verringert. Mit diesen Wahrscheinlichkeiten ist das reduzierte Risiko

$$
\begin{aligned}
R = \; & 2 \cdot 10^5 \cdot 1.54 \cdot 10^{-3} \\
& + (1 \cdot 10^6 + 1 \cdot 10^6 + 1 \cdot 10^5 + 5 \cdot 10^5) \cdot 0.86 \cdot 10^{-6} \\
& + (2 + 10) \cdot 0.86 \cdot 10^{-6},
\end{aligned}
$$

die entsprechende Risikoreduktion ist

$$
\begin{aligned}
R_{R0} &= (309 - 309) + (3.3 - 2.24) + (2 + 10) \cdot (1.27 - 0.86) \cdot 10^{-6} \\
&= 0 + 1.1 + 4.9 \cdot 10^{-6}.
\end{aligned}
$$

(5) Die Kosten für die Verstärkung der Stütze werden mit 30.000,- DM angesetzt. Diese Maßnahme wird so durchgeführt, daß die Beanspruchbarkeit der Stütze von 2.0 auf 3.0 vergrößert wird. Die Versagenswahrscheinlichkeit für eine 20%ige Überlastung der Stütze verringert sich dadurch von $1.4 \cdot 10^{-3}$ auf $1.3 \cdot 10^{-4}$, die Versagenswahrscheinlichkeit für eine 50%ige Überlastung des Überbaus verringert sich von $6.5 \cdot 10^{-3}$ auf $4.5 \cdot 10^{-4}$ (vgl. Abschnitt 6.2.2).

Aus der Auswertung des Fehlerbaums ergibt sich damit die Versagenswahrscheinlichkeit zu $1.3 \cdot 10^{-7}$, die Wahrscheinlichkeit für Teilversagen mit sanierbarer Brük-
kenkonstruktion zu $2.6 \cdot 10^{-4}$. Mit diesen Wahrscheinlichkeiten ist das reduzierte Risiko

$$R = 52 + 0.33 + 1.54 \cdot 10^{-6},$$

die entsprechende Risikoreduktion ist

$$R_{RO} = 257 + 3.0 + 13.7 \cdot 10^{-6}.$$

Auf Grund der technischen Probleme, die für eine solche Maßnahme gelöst werden
müssen, wird die Wirksamkeit mit lediglich 90% angenommen.

(6) Die Kosten für die Verstärkung des Widerlagers durch Bodenverbesserung werden mit 20.000,- DM angesetzt. Diese Maßnahme wird so durchgeführt, daß die Beanspruchbarkeit des Widerlagers von 2.0 auf 3.0 vergrößert wird. Da die Bodenverbesserung sich jedoch nicht gleichmäßig unter dem Widerlager einstellt, wird mit
einer Erhöhung des Variationskoeffizienten für die Beanspruchbarkeit von 0.15 auf
0.2 gerechnet. Die Versagenswahrscheinlichkeit für eine 20%ige Überlastung des
Widerlagers verringert sich dadurch lediglich von $1.3 \cdot 10^{-4}$ auf $1.27 \cdot 10^{-4}$. Aus der
Auswertung des Fehlerbaums ergibt sich damit die Versagenswahrscheinlichkeit zu
$1.24 \cdot 10^{-6}$, die Wahrscheinlichkeit für Teilversagen mit sanierbarer Brückenkonstruktion zu $1.54 \cdot 10^{-3}$. Mit diesen Wahrscheinlichkeiten ist das reduzierte Risiko

$$R = 307.6 + 3.2 + 14.9 \cdot 10^{-6},$$

die entsprechende Rsisikoreduktion ist

$$R_{RO} = 1 + 0.1 + 0.4 \cdot 10^{-6}.$$

(7) Die Kosten für die Errichtung von Hilfsstützen werden mit 20.000,- DM angesetzt. Diese Maßnahme bewirkt, daß sich die Versagenswahrscheinlichkeit auf
$8.6 \cdot 10^{-7}$ verringert, die Wahrscheinlichkeit für Teilversagen mit sanierbarer Brük-
kenkonstruktion wird durch die Maßnahme nicht beeinflußt. Damit ist das reduzierte
Risiko

$$R = 308.6 + 2.24 + 10.4 \cdot 10^{-6},$$

die entsprechende Risikoreduktion ist

$$R_{R0} = 0 + 1.1 + 4.9 \cdot 10^{-6}.$$

Es wird jedoch eine Wahrscheinlichkeit von 0.02 angenommen, daß die Maßnahme ihr Ziel verfehlt.

Maßnahme	Kosten	Wirksamkeit	Risikoreduktion	Rettungskosten
(1)	20 000,-	0.9	$12.74 \cdot 10^{-6}$	$0.174 \cdot 10^{10}$
(2)	10 000,-	0.8	$15.28 \cdot 10^{-6}$	$0.075 \cdot 10^{10}$
(3)	30 000,-	1.0	$13.76 \cdot 10^{-6}$	$0.218 \cdot 10^{10}$
(4)	50 000,-	1.0	$4.9 \cdot 10^{-6}$	$1.014 \cdot 10^{10}$
(5)	30 000,-	0.9	$13.74 \cdot 10^{-6}$	$0.243 \cdot 10^{10}$
(6)	20 000,-	0.95	$0.4 \cdot 10^{-6}$	$5.26 \cdot 10^{10}$
(7)	20 000,-	0.98	$4.9 \cdot 10^{-6}$	$0.41 \cdot 10^{10}$

Tabelle 6.1: Rettungskosten bei Personengefährdung

Maßnahme	Kosten	Wirksamkeit	Risikoreduktion	Rettungskosten
(1)	20 000,-	0.9	0	∞
(2)	10 000,-	0.8	0	∞
(3)	30 000,-	1.0	3.0	$1.0 \cdot 10^{4}$
(4)	50 000,-	1.0	1.1	$4.5 \cdot 10^{4}$
(5)	30 000,-	0.9	3.0	$1.1 \cdot 10^{4}$
(6)	20 000,-	0.95	0.1	$21.0 \cdot 10^{4}$
(7)	20 000,-	0.98	1.1	$1.9 \cdot 10^{4}$

Tabelle 6.2: Rettungskosten für Sachschäden bei Gesamtversagen

Aus den Daten für die sieben verschiedenen Maßnahmen wurden die spezifischen Rettungskosten aus

Rettungskosten = Kosten / (Risikoreduktion · Wirksamkeit)

ermittelt und in den Tabellen 6.1 bis 6.3 zusammengefaßt .

Auf Grund der numerischen Operationen mit großen Zahlen und Rundungen sind die Zahlenwerte in den Tabellen mit Ungenauigkeiten behaftet.

Maßnahme	Kosten	Wirksamkeit	Risikoreduktion	Rettungskosten
(1)	20 000,-	0.9	0	∞
(2)	10 000,-	0.8	0	∞
(3)	30 000,-	1.0	278	108
(4)	50 000,-	1.0	0	∞
(5)	30 000,-	0.9	257	130
(6)	20 000,-	0.95	1	$0.5 \cdot 10^4$
(7)	20 000,-	0.98	0	∞

Tabelle 6.3:   Rettungskosten für Sachschäden bei Teilversagen
mit sanierbarer Brückenkonstruktion

Entsprechend einer Bewertung der Maßnahmen aus den Rettungskosten bei Perso-nengefährdung (Tabelle 6.1) ergibt sich, daß die Maßnahme 2 mit geringstem Aufwand zum vergleichsweise größten Erfolg (Risikoreduktion für beteiligte und un-beteiligte Personen) führt.

Mit Bezug auf die Sachschäden (Tabelle 6.2) wird durch das vorhandene Datenma-terial die Maßnahme 3 (Inspektion) als die effektivste angesehen.

Die Entscheidung, die durch die Auswertung der Rettungskosten getroffen werden kann, bezieht sich auf ein festgelegtes Entweder/Oder-Szenario. Ist die Höhe der zu erreichenden Risikoreduktion von den eingesetzten Mitteln abhängig, ist für eine Ent-scheidung über die effektivste Maßnahme, bzw. das Herausfinden einer optimalen

Kombination von Maßnahmen bei festgelegtem Budget die Lösung des zugeordneten Optimierungsproblems erforderlich.

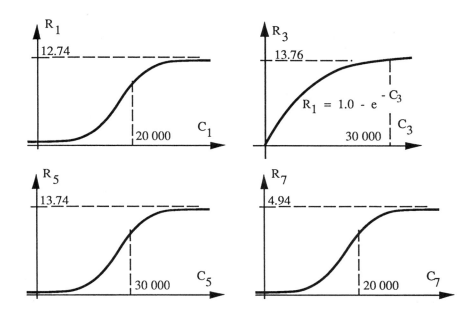

Bild 6.10: Funktionen der Risikoreduktion in Abhängigkeit der Kosten
für die Maßnahmen 1, 3, 5 und 7

Zur Erläuterung wird ein reduziertes Szenario betrachtet, in dem lediglich die Maßnahmen 1 - Absperrung, 3 - Inspektion, 5 - Verstärkung Pfeiler und 7 - Einbau von Hilfsstützen enthalten sind und nach einer optimalen Verteilung eines festgelegten Budgets auf die vier Maßnahmen mit Bezug auf die Reduktion des Risikos für Personen gefragt ist.

Für die Maßnahmen 1, 5 und 7 wird angenommen, daß sie erst bei einem bestimmten Mindestbetrag wirksam werden und ein Maximum auch durch noch so hohen Mitteleinsatz nicht überschritten werden kann (siehe Bild 6.10).

Für die Maßnahme 3 - Inspektion - wird angenommen, daß die Risikoreduktion durch eine Exponentialfunktion beschrieben werden kann, da auch bei geringem Mitteleinsatz schon ein Erfolg zu verzeichnen ist, bei höherem Einsatz der Erfolg aber nur noch wenig zunimmt (siehe Bild 6.10).

Mit den angegebenen Funktionen für die Risikoreduktion und den Faktoren für die Wirksamkeit (vgl. Tabelle 6.1) ergibt sich folgendes Optimierungsproblem:

Maximiere
$$R(c_1, c_3, c_5, c_7) = 0.9 \cdot R_{R1}(c_1) + R_{R3}(c_3) + 0.9 \cdot R_{R5}(c_5) + 0.98 \cdot R_{R7}(c_7)$$

unter den Nebenbedingungen

$$c_1 + c_3 + c_5 + c_7 \leq c_0$$
$$c_1 \geq 0.0, \quad c_3 \geq 0.0, \quad c_5 \geq 0.0, \quad c_7 \geq 0.0.$$

Maßnahme	Budget				
	10.000,-	20.000,-	30.000,-	40.000,-	50.000,-
	Budgetaufteilung nach Maßnahmen				
1	-	-	10.000,-	20.000,-	20.000,-
3	10.000,-	20.000,-	20.000,-	20.000,-	30.000,-
5	-	-	-	-	-
7	-	-	-	-	-

Tabelle 6.4: Kostenaufteilung für optimale (maximale) Risikoreduktion

Lösungen für verschiedene vorgegebene Budgets sind in der Tabelle 6.4 zusammengestellt.

Die Lösungen zeigen, daß das Risiko am meisten reduziert werden kann, wenn eine Kombination der Maßnahmen 1 und 3 durchgeführt wird. Das Ergebnis geht somit über die Bewertung der Maßnahmen anhand der Rettungskosten hinaus.

Obwohl in den Risikoreduktionsproblemen zusätzliche Größen eingeführt wurden, die üblicherweise nicht bekannt sind, ist die Auswertung der Risikoanalyse in dieser Form aus mehreren Gründen sinnvoll:

1. Das vorhandene Wissen über Unsicherheiten wird durch das strategische Vorgehen genauer erfaßt und klassifiziert.

2. Lücken in der Datenbasis werden deutlich, und es kann der Aufwand zum Schließen von Wissenslücken für die beteiligten Größen verglichen werden.

3. Als Ergänzung zur Sensitivitätsanalyse werden durch die Lösung des Distributionsproblems die Schwachstellen im System ermittelt. Das sind nämlich gerade die Komponenten, deren Versagenwahrscheinlichkeit mit dem geringsten Mitteleinsatz reduziert werden kann, wodurch wiederum das Risiko optimal reduziert wird.

Literatur

[6.1]   Reactor Study - An Assessment of Accident Risks in US Commercial Nuclear Power Plants, Wash 1400, Nuclear Regulatory Commission-075/014, Washington 1975

[6.2]   Deutsche Risikostudie Kernkraftwerke, Hauptband und Fachband 2 - Zuverlässigkeitsanalysen, Herausgeber: Der Bundesminister für Forschung und Technologie, Verlag TÜV Rheinland, Köln 1981

[6.3]   Kunreuther, H.; Linneroth, J., et al.: Risikoanalyse und politische Entscheidungsprozesse, BMFT Risiko- und Sicherheitsforschung, Springer Verlag, Heidelberg 1983

[6.4]   Health and Safety Executive: Canvey - An Investigation of Potenial Hazards from Operations in the Canvey Island/Thurrock Area, Her Majesty's Stationary Office, London 1978
Canvey - A Second Report, A Review of Potenial Hazards from Operations in the Canvey Island/Thurrock Area, Three Years after Publication of the Canvey Report, Her Majesty's Stationary Office, London 1981

[6.5]   Goos, D.; Blokker, E.F.: Data Banks with the Rijnmond Process Industry, EuReData Conference 1986, Ed.: H.J.Wingender, Springer Verlag, Heidelberg 1986

[6.6]   Grob, J.: Risikoanalyse über den Betriebszustand der Wettsteinbrücke in Basel, Schweizer Ingenieur und Architekt, Nr. 47, November 1988

[6.7]   Gossow, V.; Klingmüller, O.: Risikoanalyse und Deponietechnik, Baumark 10, 1989

[6.8]   Kozin, F.; Grigoriu, M.: Lifeline Systems Reliability, Serviceability and Reconstruction, Int.Conf. on Structural Safety and Reliability - ICOSSAR, San Francisco, Elsevier Publishers, Amsterdam 1989

[6.9]   DIN 25448: Ausfalleffektanalyse, Beuth Verlag, Köln 1980

[6.10]   Klingmüller, O.: Collection and Usage of Reliability Data for Risk Analysis of
          LNG Storage Tanks, EuReData Conference 1986, Ed.: H.J.Wingender, Springer
          Verlag, Heidelberg 1986

[6.11]   Klingmüller, O.: Influence of Structural Safety on Overall Risk Analysis of LNG
          Storage Facilities, Int.Conf. on Structural Safety and Reliability - ICOSSAR,
          Kobe, Elsevier Publishers, Amsterdam 1985

[6.12]   DIN 25424: Fehlerbaumanalyse, Beuth Verlag, Köln 1977.

[6.13]   DIN 25419: Störfallablaufanalyse, Beuth Verlag, Köln 1977.

[6.14]   dpa-Meldung im Mannheimer Morgen, 24.11.1988.

[6.15]   dpa-Meldung im Mannheimer Morgen, 13.1.1989.

[6.16]   "Wieviel ist eine Mutter wert?", ADAC motorwelt 1/89.

[6.17]   Furnes O.; Tveit, O.: Experiences with Failures and Accidents of Offshore Struc-
          tures, ICOSSAR 81, in Structural Safety and Reliability, Moan, T. and Shino-
          zuka, M. (Editors), Elsevier Publishers, Amsterdam 1981.

[6.18]   Ditlevsen, O.: The Fake of Reliability Measures as Absolutes, SMIRT VI Paris
          Post Conference Seminar, 1981

[6.19]   Schuëller, G.I.: Risikoanalyse und Akzeptanz von Großkraftwerken durch die
          Öffentlichkeit, VGB - Technische Vereinigung der Großkraftwerksbetreiber, Bau-
          tagung, Augsburg 1980

[6.20]   Gfeller, M.: Die Nutzwertanalyse - Hilfsmittel bei Straßenüberprüfungen?,
          Schweizer Ingenieur und Architekt 15/1982

[6.21]   Scherrer, H.U.; Bachmann, P.: Bewertung nichtnumerischer Größen, Schweizer
          Ingenieur und Architekt 29/1989

[6.22]   Faber, M.M.: Stochastische Programmierung, Physica Verlag, Würzburg 1972

[6.23]   Stiefel, U.; Schneider, J.: Was kostet Sicherheit?, Schweizer Ingenieur und Ar-
          chitekt, 47/1985

[6.24]   Münchner Rückversicherung, Begleitheft zur Weltkarte der Naturgefahren, 2.
          Auflage, München 1987

[6.25]   Bertrand, L.; Escoffier, P.: Accident Data Base Enhances Risk Drilling, Produc-
          tion Assessment, Offshore, September 1989

[6.26]   Bello, G.C.; Frattini, B.: 1984 : A Year of Industrial Catastrophies, Would Preli-
          minary Risk Analysis Have Avoided Many of them ?, EuReData Conference
          1986, Ed.: H.J.Wingender, Springer Verlag, Heidelberg 1986

[6.27]   Demmert, S.; Jessberger, H.L.: Risikobetrachtung für Deponien, Entsorgungs-
          praxis, Juni 1990

[6.28]   VDI-Fortschrittberichte Reihe 16, Nr.5: Technische Zuverlässigkeit und ihre wirt-
         schaftliche Bedeutung, Übersichtsvorträge der Tagung "Technische Zuverlässig-
         keit", Düsseldorf 1975

[6.29]   Habison, R.: Risikoanalyse im Bauwesen, Fortschrittberichte der VDI-Zeitschrif-
         ten, Reihe 4, Heft 23, Düsseldorf 1975

Anhang A

A1 Grundlagen der mathematischen Statistik

A1.1 Einführung

Mathematische Statistik dient der Auswertung von Datensätzen (Stichproben) einer Grundgesamtheit. Die Anzahl der Elemente einer Stichprobe wird als Stichprobenumfang bezeichnet. Unter Auswertung in der mathematischen Statistik versteht man die Beschreibung des analysierten Datensatzes mittels eines statistischen Modells (Verteilungsfunktion), das gleichzeitig die Grundgesamtheit des betrachteten physikalischen Phänomens erfaßt.

A1.2 Parameterschätzung

Eine bedeutende Funktion zur Beurteilung einer Stichprobe kommt dem empirischen Mittel zu. Das empirische Mittel ist durch das arithmetische Mittel aller Stichprobenwerte definiert:

$$\bar{x} = \frac{1}{n} \sum_{i=1}^{n} x_i \qquad (A1.1)$$

mit x_i als dem i-ten Stichprobenwert und n als dem Stichprobenumfang. Der Begriff "empirisch" wird hier verwendet, da aufgrund des begrenzten Stichprobenumfanges das tatsächliche Mittel der Grundgesamtheit nur mit bestimmter Genauigkeit berechnet werden kann.

Ein weiterer wichtiger Parameter - die sogenannte empirische Varianz - charakterisiert die Streuungseigenschaften einer Stichprobe. Sie berechnet sich als die Summe der quadratischen Abweichung der Stichprobenwerte vom Mittelwert.

$$s^2 = \frac{1}{n} \sum_{i=1}^{n} (x_i - \bar{x})^2 \qquad (A1.2)$$

oder

$$s^2 = \frac{1}{(n-1)} \sum_{i=1}^{n} (x_i - \bar{x})^2 \qquad (A1.3)$$

Aus Konsistenzgründen (erwartungstreue Schätzung) wird in der Regel Gl.(A1.3) bevorzugt. Allerdings ist zu erkennen, daß für große n der Unterschied im Ergebnis zwischen beiden Gleichungen recht klein ist. Als Maß für die Streuung einer Stichprobe wird häufig auch die empirische Standardabweichung s angegeben. Um verschiedene Datensätze miteinander vergleichen zu können, wird manchmal der empirische Variationskoeffizient c_μ verwendet:

$$c_\mu = \frac{s}{\bar{x}} \tag{A1.4}$$

In Analogie zu den in Anhang A3 definierten Momenten lassen sich für Datensätze auch die weiteren höheren Momente berechnen, die dann als empirische Momente bezeichnet werden. Aus Platzgründen sei lediglich noch das dritte zentrale empirische Moment erwähnt, das die Schiefe kennzeichnet.

$$c_s = \frac{n}{(n-1)(n-2)} \frac{\left[\displaystyle\sum_{i=1}^{n} (x_i - \bar{x})^3\right]}{s^3} \tag{A1.5}$$

Positive Werte von c_s bezeichnen eine rechtsseitige Schiefe, während negative Werte auf eine linksseitige Schiefe hindeuten (vgl. Anhang A3). Ein Wert von $c_s = 0$ deutet im übrigen auf die Normalverteilung als passendes Verteilungsmodell hin, da dieser Wert eine symmetrische Verteilung kennzeichnet. Für höhere empirische Momente wird auf die Darstellungen in [A1.1] und [A1.2] hingewiesen.

Die bisher behandelten Schätzwerte werden auch als Punktschätzungen für bestimmte Parameter einer Stichprobe bezeichnet. Keine Aussage wurde bisher über die Qualität und Genauigkeit dieser Punktschätzungen getroffen.

A1.3 Intervallschätzung des Mittelwertes

Intervallschätzung des Mittelwertes bedeutet die Bestimmung eines Intervalls, in dem der tatsächliche Mittelwert mit einer bestimmten Konfidenz auftritt. Das festgelegte Intervall wird als Konfidenzintervall bezeichnet. Ist die Auswahl der Stichproben zufällig und gehören darüber hinaus alle Stichproben einer Verteilungsfunktion an, so entspricht der Erwartungswert des empirischen Mittelwerts dem Mittelwert der Grundgesamtheit μ. In dieser

Betrachtungsweise wird der empirische Mittelwert also wiederum als Zufallsvariable interpretiert. Ist die Standardabweichung der Grundgesamtheit σ bekannt, so ergibt sich die
Standardabweichung des empirischen Mittels mit $\sigma/\sqrt{n}$ (vgl. [A1.3]).

Ferner gilt aufgrund des Zentralen Grenzwertsatzes (Anhang A3), daß bei großem n unabhängig von der Verteilungsfunktion die Verteilung des empirischen Mittelwertes immer einer Normalverteilung gehorcht. Durch Transformation auf Standardnormalverteilung und
einige Umformungen läßt sich das Konfidenzintervall wie folgt darstellen ([A1.3]):

$$P\left(\bar{x} - k_{\alpha/2} \frac{\sigma}{\sqrt{n}} \leq \mu \leq \bar{x} + k_{\alpha/2} \frac{\sigma}{\sqrt{n}} \right) = 1 - \alpha \qquad (A1.6)$$

Hierin bezeichnet $1 - \alpha$ das spezifische Konfidenzniveau sowie $-k_{\alpha/2}, k_{\alpha/2}$ die Werte der
Standardnormalverteilung mit der Auftretenswahrscheinlichkeit von $\alpha/2$ und $(1-\alpha)/2$. Für
$\alpha = 0.05$ wird das Intervall als 95% Konfidenzintervall bezeichnet, wobei k die Werte ± 1.96
annimmt (Bild A1.1).

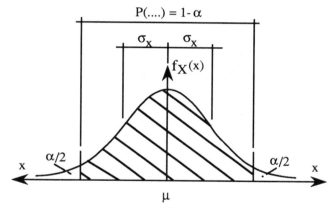

Bild A1.1: Konfidenzintervall

Das $1 - \alpha$ Konfidenzintervall von μ wird somit:

$$\mu_{1-\alpha} = \left\{ \bar{x} - k_{\alpha/2} \frac{\sigma}{\sqrt{n}} \, \mu \, ; \, \bar{x} + k_{\alpha/2} \frac{\sigma}{\sqrt{n}} \right\} \qquad (A1.7)$$

Konfidenzintervalle lassen sich für jeden Parameter einer Verteilung ermitteln (vgl.
[A1.-3]).

Ist die Standardabweichung der Grundgesamtheit nicht bekannt, so erfolgt die Berechnung von exakten Konfidenzintervallen mit Hilfe der t-Verteilung (vgl. [A1.5]). Bei ausreichend umfangreichen Stichproben wird jedoch aus praktischen Erwägungen häufig auf die Berechnung nach Gl. (A1.7) zurückgegriffen und die Standardabweichung σ durch den Schätzwert der Streuung s ersetzt.

Bei ausgesprochen kleinem Stichprobenumfang und unbekannter Standardabweichung einer normalverteilten Grundgesamtheit wird zuächst die Standardabweichung s über Gl. (A1.3) geschätzt. Bei der Berechnung des Konfidenzintervalls muß die Abhängigkeit der Faktoren $k_{\alpha/2}$ vom Stichprobenumfang n berücksichtigt werden. Ein Vorschlag zur Ermittlung der entsprechenden Größe von $k_{\alpha/2}$ findet sich in [A1.7] sowohl in Diagrammen als auch in analytischer Form.

A1.4 Bestimmung von Verteilungsmodellen für Datensätze

Eine weitere Möglichkeit zur Beurteilung von Datensätzen besteht im graphischen Vergleich zwischen Histogramm und verschiedenen Modellen von Dichtefunktionen. Zur Erstellung eines Histogramms werden zunächst die vorliegenden Daten in Intervalle gegliedert. Die Intervallzahl sollte größer als 5 sein, jedoch nicht $\sqrt{n}$ überschreiten.

Intervall-nummer	Intervall-bereich	Anzahl der Daten	Summen-häufigkeit	relative Häufigkeit	relative Summen-häufigkeit
1	375.0-385.0	2	2	0.029	0.029
2	385.0-395.0	3	5	0.044	0.074
3	395.0-405.0	6	11	0.088	0.161
4	405.0-415.0	10	21	0.147	0.307
5	415.0-425.0	17	38	0.250	0.559
6	425.0-435.0	13	51	0.191	0.750
7	435.0-445.0	12	63	0.177	0.926
8	445.0-455.0	5	68	0.074	1.000
$\bar{x}$=422.5 N/mm^2		s=17.3 N/mm^2		c_v=0.04	

Tabelle A1.1: Tabelle zur Darstellung eines Histogramms [A1.4]

Dann ermittelt man die Anzahl der Daten in jedem Intervall sowie die Summenhäufigkeit (vgl. Tabelle A1.1). Die relative Häufigkeit ergibt sich als Quotient aus Datenzahl in einem Intervall und Stichprobenumfang.

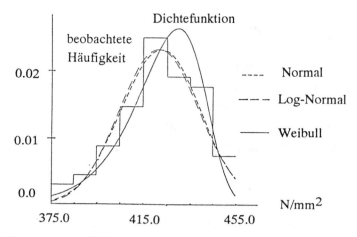

Bild A1.2: Histogramm und Dichtefunktionen möglicher Verteilungsmodelle [A1.4]

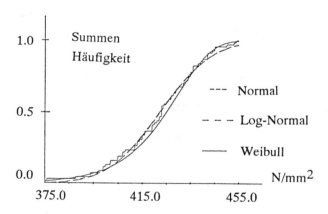

Bild A1.3: Vergleich der Häufigkeitsverteilungen [A1.4]

Mit Hilfe der in Tabelle A1.1 dargestellten Daten läßt sich nun ein entsprechendes Histogramm erstellen. Die gleichzeitig berechneten statistischen Parameter des Datensatzes erlauben außerdem, die Dichtefunktionen verschiedener Verteilungsmodelle (vgl. Anhang A3) in das Histogramm einzutragen (vgl. Bild A1.2).

Da der graphische Vergleich nicht immer einer theoretischen Verteilung eindeutig bessere Anpassungsqualitäten an das Histogramm zuordnen kann, wird häufig zusätzlich auf statistische Testverfahren zurückgegriffen.

Der χ^2 Test bestimmt die Abweichung des Histogramms von einer gewählten theoretischen Dichtefunktion. Hierzu wird die in einzelnen Intervallen festgestellte relative Häufigkeit n_i mit dem Funktionswert der betrachteten Dichtefunktion e_i verglichen. Mathematisch formuliert lautet dies:

$$D_1 = \sum_{i=1}^{k} \frac{(n_i - e_i)^2}{e_i} , \tag{A1.8}$$

wobei k die Anzahl der Intervalle bezeichnet. Durch Vergleich mit einer χ^2-Verteilung mit f=k-1 Freiheitsgraden läßt sich nun für ein bestimmtes Signifikanzniveau α (häufig auch Konfidenzniveau genannt) die Richtigkeit der Verteilungshypothese überprüfen (für detaillierte Erläuterungen hierzu siehe z.B. [A1.5]).

Der χ^2-Test ist im allgemeinen recht empfindlich gegenüber der Anzahl der ausgewählten Intervalle, was bei der Durchführung des Tests in Betracht gezogen werden muß.

Unempfindlich gegenüber der Intervallzahl ist hingegen der Kolmogoroff-Smirnow-Test [(A1.5)], der die theoretische Häufigkeitsverteilung mit der empirischen vergleicht. Der maximale Unterschied zwischen beiden Verteilungen bestimmt den Wert des K-S-Tests (siehe z.B. [A1.5]). In Abhängigkeit von der Größe der Stichprobe kann auch hier wiederum die gewählte Hypothese (z.B. beste Anpassung der Daten durch ein bestimmtes Verteilungsmodell) für ein bestimmtes Signifikanzniveau α abgelehnt oder angenommen werden.

Auf die Darstellung von Regressionsanalysen zur Untersuchung von Datensätzen wird an dieser Stelle aus Platzgründen verzichtet. Geeignete Darstellungen dieser Methoden insbesondere in Hinblick auf ingenieurmäßige Anwendung finden sich in [A1.6].

Literatur

[A1.1]   Benjamin, J.R.; Cornell, C.A.: Probability Statistics and Decision for Civil Engineers, McGraw-Hill, New York 1970

[A1.2]   Bury, K.V.: Statistical Models in Applied Science, Series in Probability and Mathematical Statistics, Wiley Series, New York 1974

[A1.3]   Hald, A.: Statistical Theory with Engineering Applications, Publication in Applied Statistics, Wiley, New York 1967

[A1.4]   Chen, Y.; Bourgund, U.: Statistical Analysis of observed Material and Structural Data, Institut für Mechanik, Universität Innsbruck, Vol.I-III, Dec. 1988

[A1.5]   Ang, A.H.-S.; Tang, W.H.: Probability Concepts in Engineering Planning and Design, Volumn I - Basic Principles, Wiley & Sons, Singapore 1975

[A1.6]   Schuëller, G.I.: Einführung in die Sicherheit und Zuverlässigkeit von Tragwerken, Wilhelm Ernst & Sohn, Berlin 1981

[A1.7]   Graf, U.; Henning, H.-J.; Stange, K.: Formeln und Tabellen der mathematischen Statistik, 2. Aufl., Springer Verlag, Berlin/Heidelberg 1966

A2 Rechenregeln für Wahrscheinlichkeiten

A2.1 Allgemeines

Die Definition des Begriffes Wahrscheinlichkeit ist äußerst schwierig, da es nahezu unmöglich ist, eine direkte Definition zu geben, sondern, ähnlich wie bei geometrischen Grundbegriffen, z.B. *Gerade* und *Ebene*, eine Charakterisierung durch die Beschreibung ihrer Beziehungen untereinander vorgenommen wird. Diese Art der Vorgehensweise - Aufstellung von Axiomen - wurde für die Wahrscheinlichkeitsrechnung von Kolmogoroff ([A2.1]) 1933 postuliert und ist durch die drei Kolmogoroffschen Axiome bekannt geworden. Danach ist der Wahrscheinlichkeit P(A) eines Ereignisses A immer ein positiver Wert zugeordnet (Gl. (A2.1)):

I. $P(A) \geq 0.$ (A2.1)

Die Wahrscheinlichkeit P(S) eines sicheren Ereignisses S ist außerdem

II. $P(S) = 1.$ (A2.2)

Für zwei einander ausschließende Ereignisse A und B ist ferner

III. $P(A + B) = P(A) + P(B).$ (A2.3)

Mit Hilfe dieser Axiome lassen sich weitere wichtige Beziehungen für die Wahrscheinlichkeitsrechnung ableiten.

Ein anderer Weg zur Definition von Wahrscheinlichkeit ist über den Begriff der relativen Häufigkeit möglich und insbesondere für die Anwendung bei Ingenieurproblemen von Bedeutung. Bezeichnet man die Auftretensanzahl von Ereignis A mit n_A und die Anzahl der durchgeführten Versuche mit n, so ist die Auftretenswahrscheinlichkeit P(A) des Ereignisses A:

$$P(A) = \lim_{n \to \infty} \frac{n_A}{n}$$ (A2.4)

Da die Anzahl der durchgeführten Versuche n immer einen endlichen Wert annimmt, muß
der Wert P(A) selbstverständlich als Hypothese verstanden werden, die mit einem mehr
oder weniger großen Fehler behaftet sein kann.

A2.2 Grundlagen

Im vorangegangenen Abschnitt wurde Wahrscheinlichkeit mit Hilfe der relativen Häufigkeit
definiert. Implizit setzt dies voraus, daß mehr als ein Ereignis möglich ist. Alle möglichen
Ergebnisse z.B. eines Versuchs oder Experiments definieren den sogenannten Ereignisraum. Ein Ereignisraum kann sich aus endlichen, unendlichen, diskreten oder kontinuierlichen Ereignissen zusammensetzen.

Die Einflußlinie für die Schnittgröße eines Trägers auf zwei Stützen bildet z.B. einen kontinuierlichen Ereignisraum. Unterschiedliche Ereignisse sind in diesem Fall durch verschiedene Werte der Schnittgrößen gekennzeichnet.

Mit Hilfe der sogenannten Venndiagramme lassen sich die wichtigsten Operationen mit Ereignissen graphisch veranschaulichen.

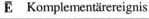

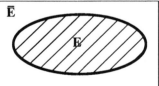

Bild A2.1a: Komplementäre Ereignisse   Bild A2.1b: Vereinigungsmenge

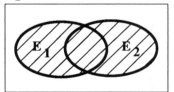

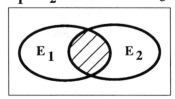

Bild A2.1c: Durchschnittsmenge

Als komplementäres Ereignis $\bar{E}$ bezeichnet man alle Ereignisse, die zum Ereignisraum, aber nicht zu E gehören (Bild A2.1a). Die Vereinigungsmenge definiert die Verknüpfung bzw. den Zusammenschluß von zwei Teilmengen des Ereignisraumes (Bild A2.1b). Von Bedeutung ist ferner der Durchschnitt zweier Teilmengen, wobei es sich um die Ereignisse handelt, die gleichzeitig zur Teilmenge E_1 und E_2 gehören (Bild A2.1c).

Aus Gründen der Vollständigkeit müssen noch einige weitere Grundregeln und Definitionen erwähnt werden, die für die Rechnung mit Wahrscheinlichkeiten benötigt werden. Ein unmögliches Ereignis ist die leere Teilmenge (0) des Ereignisraumes, während mit S das sichere Ereignis, also der gesamte Bereich des Ereignisraumes bezeichnet wird. Bei der Berechnung der Durchschnittsmenge ist es von Bedeutung, ob die Ereignisse einander ausschließen (Bild A2.2).

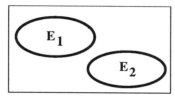

Bild A2.2: Einander ausschließende Ereignisse

Einander ausschließende Ereignisse verfügen über keinen Durchschnitt, d.h. $E_1 \cap E_2$ ist gleich der leeren Menge (0).

Die Verwendung von Baustellenbeton oder Transportbeton bilden z.B. zwei einander ausschließende Ereignisse bei der Herstellung einer Betonkonstruktion. Bildet die Vereinigung von zwei oder mehreren Ereignissen den gesamten Ereignisraum, so wird von *sich vollständig erschöpfenden Ereignissen* gesprochen. Alle möglichen Lastfälle für ein Tragwerk bilden zum Beispiel den Ereignisraum der Einwirkung.

Dieses Beispiel mag trivial erscheinen, doch bei näherer Betrachtung ist es bei komplexen Tragwerken z.T. recht schwierig, alle Lastfälle zu formulieren, wenn außerdem unterschiedliche Bauzustände betrachtet werden müssen.

Allein das Bewußtsein darüber, daß der Ereignisraum nicht vollständig untersucht werden kann oder worden ist, führt zu einer kritischeren Sicherheitsbetrachtung. Als operative Regeln zur Verknüpfung verschiedener Ereignisse gelten die Gesetze der Mengenlehre:

Kommunativgesetz:

$$E_1 \cup E_2 = E_2 \cup E_1$$
$$E_1 \cap E_2 = E_2 \cap E_1 \qquad\qquad\qquad (A2.5)$$

Assoziativgesetz:

$$(E_1 \cup E_2) \cup E_3 = E_1 \cup (E_2 \cup E_3)$$
$$(E_1 \cap E_2) \cap E_3 = E_1 \cap (E_2 \cap E_3) \qquad\qquad (A2.6)$$

Distributivgesetz:

$$(E_1 \cup E_2) \cap E_3 = (E_1 \cap E_3) \cup (E_2 \cap E_3)$$
$$(E_1 \cap E_2) \cup E_3 = (E_1 \cup E_3) \cap (E_2 \cup E_3) \qquad\qquad (A2.7)$$

Formel von de Morgan:

$$\overline{E_1 \cup E_2} = \bar{E}_1 \cap \bar{E}_2 \qquad\qquad\qquad (A2.8)$$

Die erwähnten Gesetze lassen sich im übrigen alle mit Hilfe von Venndiagrammen anschaulich darstellen. Falls keine Klammern gesetzt werden, ist in der Hierarchie der Operationen *Durchschnitt* ($\cap$) der *Vereinigung* ($\cup$) vorangestellt. In der Literatur wird häufig das Zeichen für *Durchschnitt* ($\cap$) ähnlich wie das Multiplikationszeichen nicht ausgeschrieben, so daß das Distributivgesetz (A2.7) auch wie folgt notiert wird:

$$(E_1 \cup E_2)\, E_3 = (E_1 E_2) \cup (E_2 \cap E_3)$$
$$(E_1 E_2) \cup E_3 = (E_1 \cup E_3)\,(E_2 \cup E_3)$$

Der Übergang zur Wahrscheinlichkeitsrechnung gelingt, wenn man den Ereignissen Wahrscheinlichkeiten zuordnet. Hierdurch läßt sich dann die Wahrscheinlichkeit für das Auftreten eines Ereignisses abschätzen.

A2.3 Regeln der Wahrscheinlichkeitsrechnung

Alle Regeln der Wahrscheinlichkeitsrechnung basieren auf den in Abschnitt 1 erläuterten, von Kolmogoroff aufgestellten Axiomen (Gl. A2.1 - A2.3). In direkter Anwendung der Axiome ergibt sich die Additionsregel für einander ausschließende Ereignisse zu

$$P(A \cup B) = P(A) + P(B), \tag{A2.9}$$

wobei P(...) immer für die Wahrscheinlichkeit des in Klammern angeführten Ausdrucks steht. Für den allgemeinen Fall allerdings - einander nicht ausschließende Ereignisse - muß Gl. (A2.9) erweitert werden:

$$P(A \cup B) = P(A) + P(B) - P(AB) \tag{A2.10}$$

Schematisch anschaulich darstellen läßt sich Gl. (A2.10) wiederum mittels eines Venn-Diagrammes (Bild A2.3).

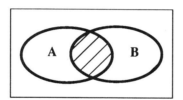

Bild A2.3: Additionsregel

Die schraffierte Fläche stellt die Wahrscheinlichkeit des gleichzeitigen Auftretens der beiden Ereignisse A und B dar. Eine Operation nach Gl. (A2.9) würde diesen Bereich doppelt berücksichtigen, daher wird er gemäß Gl. (A2.10) subtrahiert.

●   Beispiel A2.1:

    Die Tragsicherheit einer auf drei Pfählen gegründeten Konstruktion ist dann nicht mehr gegeben, wenn einer der Pfähle versagt. Das Versagen der einzelnen Pfähle ist im statistischen Sinn unabhängig vom Verhalten der übrigen Pfähle. Gesucht ist die Versagenswahrscheinlichkeit der Gesamtkonstruktion. Die Versagenswahrscheinlichkeit der einzelnen Pfähle beträgt $P(P1) = 0.007$, $P(P2) = 0.009$, $P(P3) = 0.008$. Das gleichzeitige Versagen von jeweils zwei Pfählen bzw. drei Pfählen berechnet sich mit:

$$P(P1\ P2) = P(P1)\ P(P2) = 6.3 \cdot 10^{-5}$$
$$P(P1\ P3) = P(P1)\ P(P3) = 5.6 \cdot 10^{-5}$$
$$P(P2\ P3) = P(P2)\ P(P3) = 7.2 \cdot 10^{-5}$$
$$P(P1\ P2\ P3) = P(P1)\ P(P2)\ P(P3) = 5.04 \cdot 10^{-7}$$

Durch Erweiterung der Additionsregel für drei Ereignisse mit Hilfe des Distributivgesetzes läßt sich schreiben:

$$P(P1 \cup P2 \cup P3) = P(P1) + P(P2) + P(P3)$$
$$- P(P1\ P2) - P(P1\ P3) - P(P2\ P3) + P(P1\ P2\ P3)$$

Somit ergibt sich die Versagenswahrscheinlichkeit der Konstruktion zu:

$$P(P1 \cup P2 \cup P3) = 0.02381$$

Im übrigen läßt sich das Ergebnis ebenso mit Hilfe von Gl. (A2.8) ermitteln.

In zahlreichen praktischen Fällen der Sicherheitsbeurteilung ist die Auftretenswahrscheinlichkeit eines Ereignisses an das Auftreten eines anderen Ereignisses gebunden. Dieser Sachverhalt wird als bedingte Wahrscheinlichkeit bezeichnet. Die Wahrscheinlichkeit des Auftretens von Ereignis A, vorausgesetzt daß Ereignis B bereits eingetreten ist, wird wie folgt notiert:

$$P(A|B) = \frac{P(AB)}{P(B)} \qquad\qquad (A2.11)$$

Der Nachweis für die Konsistenz von Gl. (A2.11) in bezug auf die grundsätzlichen Axiome der Wahrscheinlichkeitstheorie findet sich in [A2.2]. Zum besseren Verständnis sei das Prinzip der bedingten Wahrscheinlichkeit an folgendem Beispiel erläutert.

• Beispiel A2.2:
Die Wahrscheinlichkeit, daß die tatsächliche Einwirkung auf ein Bauteil die Bemessungsgröße um 10% überschreitet, ist mit $P(U) = 0.002$ gegeben. Ferner sei die Wahrscheinlichkeit des Bauteilversagens bei eingetretener 10%iger Überschreitung der Bemessungsgröße $P(V|U) = 0.04$. Für die Sicherheitsbeurteilung des Entwurfsingenieurs ist allerdings das Wissen um die Wahrscheinlichkeit des gleichzeitigen

Überschreitens der Einwirkungsgröße und Versagen des Bauteils von Bedeutung. Durch Umstellung von Gl. (A2.11) ergibt sich

$$P(V\ U) = P(V|U) \cdot P(U) = 8 \cdot 10^{-5}.$$

Mit Hilfe der umgestellten Gl. (A2.11)

$$P(A\ B) = P(A|B)\ P(B) \tag{A2.12}$$

läßt sich außerdem der Einfluß von statistischer Abhängigkeit anschaulich erläutern. Im Fall von statistischer Unabhängigkeit der Ereignisse A und B ergibt sich

$$P(A|B) = P(A) \tag{A2.13}$$

und somit wird Gl. (A2.12):

$$P(A\ B) = P(A)\ P(B) \tag{A2.14}$$

Aus diesen Erläuterungen wird offensichtlich, daß die allgemeine Multiplikationsregel zweier Ereignisse durch Gl. (A2.12) gegeben ist, während für den Sonderfall der statistischen Unabhängigkeit eine Vereinfachung zu Gl. (A2.14) erfolgt.

•   Beispiel A2.3 [A2.3]:
    Eine zugbeanspruchte Kette mit zwei Elementen A und B verfügt über eine Element-versagenswahrscheinlichkeit von $P(A) = P(B) = 0.05$. Gesucht ist die Versagens-wahrscheinlichkeit der Gesamtkette.

$$P(A \cup B) = P(A) + P(B) - P(A\ B)$$

mit $P(A\ B) = P(A|B) \cdot P(B)$

ergibt sich

$$P(A \cup B) = P(A) + P(B) - P(A|B) \cdot P(B)$$

Die Lösung, d.h. die Gesamtversagenswahrscheinlichkeit der Kette ist vom Grad der statistischen Abhängigkeit der Einzelelemente bestimmt.

Annahme a):   Das Versagen der Einzelelemente ist statistisch unabhängig

somit ist $P(A|B) = P(A) = 0.5$

und $P(A \cup B) = 0.05 + 0.05 - 0.05 \cdot 0.05 = 0.0975.$

Annahme b):   Das Versagen der Einzelelemente ist statistisch vollständig abhängig

somit wird $P(A|B) = 1.0$

und $P(A \cup B) = 0.1 - 0.05 \cdot 1.0 = 0.05.$

Aus diesem Beispiel ist zu erkennen, daß bei vollständig abhängigen Elementeigenschaften die Versagenswahrscheinlichkeit des Systems gleich derjenigen des Einzelelementes ist. Für statistisch unabhängige Elementeigenschaften ist die Versagenswahrscheinlichkeit fast doppelt so groß wie für statistisch abhängige Elementeigenschaften.

Es ist zu erkennen, daß die bedingte Wahrscheinlichkeit direkt vom Korrelationsgrad (vgl. Anhang A3) der beteiligten Elemente abhängig ist.

Eine weitere wichtige Regel in der Wahrscheinlichkeitsrechnung ist der Satz über die *vollständige Wahrscheinlichkeit*. Die Bedeutung dieses Satzes liegt darin, daß das Auftreten eines Ereignisses A oft an das gleichzeitige Auftreten eines anderen Ereignisses B gekoppelt ist. Daher kann die Auftretenswahrscheinlichkeit $P(A)$ nicht direkt bestimmt werden. Betrachtet man n einander ausschließende Ereignisse A_i - die außerdem den gesamten Ereignisraum vollständig bestimmen (vollständige Ereignisdisjunktion) - mit den Wahrscheinlichkeiten $P(A_i) > 0$, so gilt für die Wahrscheinlichkeit des im gleichen Ereignisraum gelegenen Ereignisses B

$$P(B) = P(B|A_1)\, P(A_1) + P(B|A_2)\, P(A_2) + \dots + P(B|A_n)\, P(A_n) \qquad (A2.15)$$

$$P(B) = \sum_{i=1}^{n} P(B|A_i)\, P(A_i). \qquad (A2.16)$$

Ein ausführlicher Beweis für die Gültigkeit des Satzes über die vollständige Wahrscheinlichkeit ist in [A2.2] dargestellt.

• Beispiel A2.4:

In einem Fertigteilwerk wurden 100 Stück eines bestimmten Bauteils gefertigt. Aus langjährigen Qualitätsbeobachtungen ist bekannt, daß 4% der Produktion den Qualitätsanforderungen nicht entsprechen. Für ein Bauvorhaben müssen kurzfristig zwei Fertigteile geliefert werden. Zwei Elemente werden willkürlich ausgesucht und auf ihre Qualität untersucht. Ereignis A sei, "das zuerst ausgewählte Element ist brauchbar" und B, "das zuletzt gewählte Element ist brauchbar". Die Wahrscheinlichkeit, daß das bei der zweiten Wahl untersuchte Element brauchbar ist, soll festgestellt werden.

$$P(A) = \frac{96}{100}; \quad P(\bar{A}) = 1 - P(\bar{A}) = 0.04$$

$$P(B|A) = \frac{95}{99}; \quad P(B|\bar{A}) = \frac{96}{99}$$

$$P(B) = P(B|A) \cdot P(A) + P(B|\bar{A}) \, P(\bar{A})$$

$$P(B) = \frac{95}{99} \cdot 0.96 + \frac{96}{99} \cdot 0.04 = 0.96$$

Wie aus dem angeführten Beispiel zu erkennen ist, ergibt sich die Bedeutung des Satzes von der *vollständigen Wahrscheinlichkeit* aus den in praktischen Fragestellungen verfügbaren Informationen: bedingte Wahrscheinlichkeiten und bestimmte Einzelwahrscheinlichkeiten.

Eng verknüpft mit der vollständigen Wahrscheinlichkeit ist die sogenannte Bayessche Formel, die in bereits bekannte Wahrscheinlichkeiten neue Informationen einzubeziehen und zu aktualisieren gestattet. Es bietet sich somit die Möglichkeit, auch subjektive Informationen (z.B. Erfahrungswerte) mit wahrscheinlichkeitstheoretischen Methoden zu verarbeiten. Unter Beibehaltung der Voraussetzungen für den Satz der *vollständigen Wahrscheinlichkeit* und durch Anwendung von Gl. (A2.12) für das Auftreten von AE_i ergibt sich:

$$P(A|E_i) \, P(E_i) = P(E_i|A) \, P(A) \qquad (A2.17)$$

und

$$P(E_i|A) = \frac{P(A|E_i) \, P(E_i)}{P(A)} \quad . \qquad (A2.18)$$

Ersetzt man den Nenner in Gl. (A2.18) durch den entsprechenden Ausdruck des Satzes der *vollständigen Wahrscheinlichkeit*, so wird Gl. (A2.18) zu:

$$P(E_i|A) = \frac{P(A|E_i)\ P(E_i)}{\displaystyle\sum_{j=1}^{n}\ (PA|E_j)\ P(E_j)} \qquad\qquad (A2.19)$$

- Beispiel A2.5:

  Im Bezirk einer Straßenbaudirektion sind drei Arbeitsgruppen mit der Feststellung von Brückenschäden beschäftigt. 50% aller Brücken werden von der ersten (T1), 30% von der zweiten (T2) und 20% von der dritten Arbeitsgruppe (T3) überprüft. Aufgrund von Irrtümern und Gerätefehlern ist bekannt, daß 2% der Ergebnisse von T1, 4% von T2 und 7% von T3 in der Regel falsch sind. Von allen Brücken, die untersucht wurden, wird eine zufällig ausgewählt und erneut überprüft, wobei sich das erste Ergebnis als falsch herausstellte. Wie groß ist die Wahrscheinlichkeit, daß das falsche Ergebnis von Gruppe T1, T2 oder T3 ermittelt wurde?

Wahrscheinlichkeiten, daß die zufällig ausgesuchte Brücke von Arbeitsgruppe T1, T2 oder T3 untersucht wurde:

$$P(T1) = 0.5, \qquad P(T2) = 0.3, \qquad P(T3) = 0.2$$

Wahrscheinlichkeit, daß jede einzelne Gruppe ein falsches Ergebnis (F) feststellt:

$$P(F|T1) = 0.02; \qquad P(F|T2) = 0.04; \qquad P(F|T3) = 0.07$$

Dann ergeben sich mit

$$P(T_i|F) = \frac{P(F|T_i)\ P(T_i)}{P(F|T1)P(T1)+P(F|T2)P(T2)+P(F|T3)P(T3)}$$

die Wahrscheinlichkeiten für die Verantwortlichkeit einer jeden Gruppe:

$$P(T1|F) = 0.277; \qquad P(T2|F) = 0.333; \qquad P(T3|F) = 0.388$$

A2.4 Zusammenfassung

Im Anhang A2 wurden zunächst die Definitionen und Axiome der Wahrscheinlichkeitsrechnung vorgestellt. Anschließend erfolgte die Erläuterung der grundsätzlichen Regeln für Operationen mit Ereignissen. Schließlich wurde an Hand verschiedener Beispiele die Verknüpfung von Ereignissen, bedingten Ereignissen etc. demonstriert. Mit diesem Wissen ist nun eine differenzierte Betrachtung von Ereignissen und ihrer Beziehungen untereinander möglich. Anhang A2 stellt die Grundlage zum Verständnis von Anhang A3 dar, in dem Ereignisse numerischen Werten zugeordnet werden.

Literatur

[A2.1]   Kolmogoroff, A.: Grundbegriffe der Wahrscheinlichkeitsrechnung, Ergeb. Math. und ihrer Grenzgeb., Bd. 2, Springer Verlag, Berlin 1933

[A2.2]   Papoulis, A.: Probability, Random Variables and Stochastic Processes, McGraw-Hill, Singapore, 2nd Ed., 1985

[A2.3]   Ang, A.H.-S.; Tang, W.T.: Probability Concepts in Engineering Planning and Design, Vol. I - Basic Principles, John Wiley & Sons, New York 1975

A 3   Zufallsvariablen und ihre Beschreibung

A 3.1 Einführung

In Anhang A2 wurden im Zusammenhang mit Wahrscheinlichkeiten zufällige Ereignisse betrachtet. Es ist im allgemeinen jedoch vorteilhaft, zufällige Ereignisse in Form numerischer Werte auszudrücken. Eine Zuordnung von zufälligen Ereignissen zu reellen Zahlenwerten ergibt *zufällige* Werte, daher werden diese Größen auch Zufallsvariablen genannt. Alle bisher beschriebenen Arten von Ereignissen (z.B. einander ausschließende Ereignisse etc.) müssen sich in entsprechenden numerischen Werten der Zufallsvariablen wiederspiegeln. Da der Wert oder das Intervall einer Zufallsvariablen für bestimmte Ereignisse steht, ist dessen Auftreten mit einer bestimmten Wahrscheinlichkeit verbunden. Mathematische Hilfsmittel zur Beschreibung von Wahrscheinlichkeiten einer Zufallsvariablen sind die sogenannten Wahrscheinlichkeitsverteilungen. Ist X die betrachtete Zufallsvariable, so läßt sich deren Wahrscheinlichkeitsverteilung mit Hilfe der *Summenhäufigkeitsverteilung* $F_X(x)$ beschreiben:

$$F_X(x) \equiv P(X \leq x) \tag{A3.1}$$

Der Wert der Funktion $F_X(a)$ bezeichnet also die Wahrscheinlichkeit, mit der die Variable X kleiner oder gleich der Größe a ist. Kann die Zufallsvariable nur diskrete Werte annehmen, so wird die Wahrscheinlichkeitsverteilung von X mit Hilfe der *Wahrscheinlichkeitsfunktion* ausgedrückt (Gl. A3.2):

$$F_X(x) = P(x \leq x) = \sum_{\text{alle } x_i \leq x} p_X(x_i) \tag{A3.2a}$$

mit

$$p_X(x_i) \equiv P(X = x) \tag{A3.2b}$$

Gl. (A3.2) stellt gleichzeitig den Zusammenhang zwischen Summenhäufigkeitsverteilung und Wahrscheinlichkeitsfunktion dar (vgl. Bild A3.1).

Analog läßt sich für kontinuierliche Werte einer Zufallsvariablen eine *Wahrscheinlichkeitsdichtefunktion* $f_X(x)$ formulieren. Zwischen Summenhäufigkeit $F_X(x)$ und Dichtefunktion besteht folgende Beziehung:

$$F_X(x) = P(X \leq x) = \int_{-\infty}^{x} f_X(a)\, da \tag{A3.3}$$

Die entsprechende graphische Darstellung der Zusammenhänge findet sich in Bild A3.2.

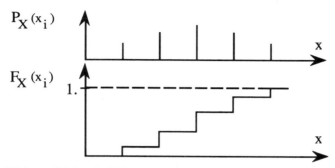

Bild A3.1: Diskrete Wahrscheinlichkeitsverteilung und Summenhäufigkeitsfunktion

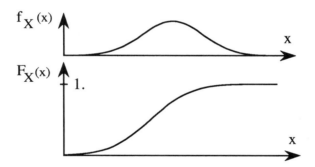

Bild A3.2: Kontinuierliche Dichtefunktion und Summenhäufigkeitsfunktion

Jede Funktion, die verwendet wird, um die Wahrscheinlichkeitsverteilung einer Zufallsvariablen darzustellen, muß gewissen Gesetzen genügen, die auf die Kolmogoroff-Axiome (vgl. Anhang A2) zurückgehen.

(I) $F_X(-\infty) = 0;\quad F_X(+\infty) = 1.0$ (A3.4)

(II) $F_X(x) \geq 0$ und monoton nicht abnehmend (A3.5)

(III) $F_X(x)$ ist linksseitig stetig (A3.6)

• Beispiel A3.1:

Eine untergeordnete Straße mit einem mittelgroßen Brückenbauwerk muß für den Abtransport des Erdaushubs mit schweren Lastkraftwagen einer größeren Baustelle genutzt werden. Die Brücke darf normalerweise nicht von LKW befahren werden. Aufgrund von Informationen über den bestehenden Verkehr und den zu erwartenden LKW-Verkehr sind die Wahrscheinlichkeiten für die gleichzeitig auf der Brücke befindlichen LKW bekannt (Bild A3.3). Für die geplanten Verstärkungsmaßnahmen an der Brücke benötigt der Entwurfsingenieur die Wahrscheinlichkeit, mit der drei oder mehr LKW gleichzeitig auf der Brücke sind P(X ≥ 3).

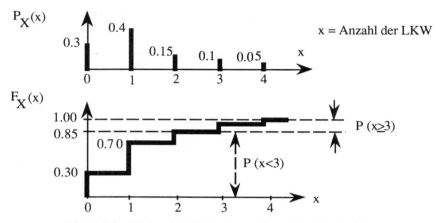

Bild A3.3: Wahrscheinlichkeitsverteilung für gleichzeitig
sich auf der Brücke befindende LKW

Die Wahrscheinlichkeit von weniger als drei LKW auf dem Brückenbauwerk ist:

$$F_X(2) = P(X \leq 2) = \sum_{x_i=0}^{2} p_X(x_i) = 0.85$$

Somit wird

$$P(X \geq 3) = 1 - P(X \leq 2) = 0.15.$$

Das folgende Beispiel soll den Umgang mit kontinuierlichen Zufallsvariablen erläutern.

• Beispiel A3.2:
   Der Riß des Fahrdrahtes einer Eisenbahnstrecke von 100 km ist über die gesamte Streckenlänge gleich wahrscheinlich. Dichtefunktion und Summenhäufigkeit dieses Sachverhaltes sind in Bild A3.4 dargestellt.

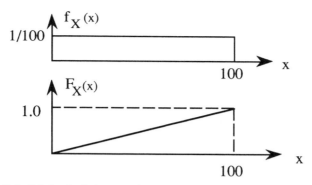

Bild A3.4: Dichtefunktion und Summenhäufigkeit des Fahrdrahtrisses

Da die Konsequenzen eines Fahrdrahtrisses zwischen Kilometer 40 und 60 besonders schwerwiegend sind, ist die Eisenbahngesellschaft an der Auftretenswahrscheinlichkeit des Risses in diesem Intervall interessiert. Aus diesen Angaben ergibt sich:

$$f_X(x) = \frac{1}{100}$$

$$P(40 < x \leq 60) = \int\limits_{40}^{60} \frac{1}{100} \, dx = \frac{1}{5}$$

oder mit Hilfe der Summenhäufigkeit

$$P(40 < x \leq 60) = F_X(60) - F_X(40) = \frac{3}{5} - \frac{2}{5} = \frac{1}{5}$$

A3.2 Parameter zur Beschreibung der Wahrscheinlichkeitsverteilung von Zufallszahlen

Es kommt häufig vor, daß die Wahrscheinlichkeitsverteilung einer Zufallsvariablen nicht oder nur unvollständig bekannt ist. Es gibt daher Möglichkeiten, die Zufallsvariablen näherungsweise mit gewissen Parametern zu charakterisieren. Der Mittelwert (μ_X) - auch als gewichtetes Mittel bezeichnet - ist der bedeutendste unter den im folgenden erläuterten Parametern (Gl. A3.7):

Diskrete Zufallsvariable:

$$\mu_X = E[X] = \sum_{\text{alle } i} x_i \, p_X(x_i) \tag{A3.7a}$$

Kontinuierliche Zufallsvariable:

$$\mu_X = E[X] = \int_{-\infty}^{+\infty} x \, f_X(x) dx \tag{A3.7b}$$

Der Mittelwert (μ_X) einer Verteilung wird häufig auch als mathematischer Erwartungswert bezeichnet, daher die Schreibweise E[X]. Ausgehend von der Formulierung für kontinuierlich verteilte Zufallsvariablen läßt sich der Erwartungswert einer beliebigen mathematischen Funktion (g(x)) angeben mit:

$$E[g(x)] = \int_{-\infty}^{+\infty} g(x) \, f_X(x) dx. \tag{A3.8}$$

Als anschauliche Erläuterung wird der Erwartungswert für Beispiel A3.1 ermittelt. Mit E[X]=1.2 erkennt man unmittelbar, daß der Erwartungswert einer diskreten Zufallsvariablen nicht unbedingt ein Funktionswert der Zufallsvariablen sein muß.

Durch Anwendung von Gl. (A3.7b) läßt sich, unter Beachtung der geänderten Integrationsgrenzen für Beispiel A3.2, der Erwartungswert mit E[X] = 50 berechnen.

Der Modalwert bezeichnet den häufigsten Wert einer betrachteten Dichtefunktion.

Median x_M wird der Wert einer Dichtefunktion genannt, für den die Wahrscheinlichkeit aller kleineren Werte gleich der Wahrscheinlichkeit aller größeren Werte ist (F_X(Median)=0.5). In Bild A3.5 ist dieser Sachverhalt schematisch dargestellt.

Im allgemeinen nehmen Mittelwert, Modalwert und Median unterschiedliche Größen an. Ist jedoch eine Dichtefunktion symmetrisch, so haben alle drei Parameter den gleichen Wert. Dies ist z.B. bei der im nächsten Abschnitt dieses Anhangs erläuterten Normalverteilung der Fall.

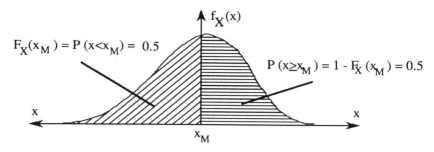

Bild A3.5: Schematische Erläuterung des Medians

Die Varianz einer Zufallsvariablen vermittelt ein Maß, mit der eine Zufallsvariable um den Mittelwert streut oder zentriert ist. Für diskrete Zufallsvariablen errechnet sich die Varianz mit

$$\text{Var}(X) = \sum_{\text{alle } x_i} (x_i - \mu_x)^2 \, p_X(x_i) \tag{A3.9a}$$

oder

$$\text{Var}(X) = E[X^2] - \mu_X^2. \tag{A3.9b}$$

Der Beweis für die Äquivalenz von Gl. (A3.9a) und Gl. (A3.9b) kann in [A3.1] nachvollzogen werden. Für kontinuierliche Zufallsvariablen erfolgt die Berechnung der Varianz analog mit:

$$\text{Var}(X) = \int_{-\infty}^{+\infty} (x - \mu_X)^2 \, f_X(x) \, dx \tag{A3.9c}$$

Neben der Varianz wird häufig die Standardabweichung (σ_X) als Streuungsmaß verwendet. Der Zusammenhang zwischen Varianz und Standardabweichung ist durch Gl. (A3.10) gegeben:

$$\sigma_X = \sqrt{\text{Var}(X)} \tag{A3.10}$$

Da Streuungsgrößen sinnvoll sind in Relation zum jeweiligen Zentralwert (Mittelwert), hat sich der dimensionslose Wert des Variationskoeffizienten (V) eingebürgert (Gl. A3.11):

$$V = \frac{\sigma_x}{\mu_x} \qquad\qquad (A3.11)$$

Berechnet man Varianz, Standardabweichung und Korrelationskoeffizient für die Beispiele A3.1 und A3.2, so ergibt sich für die diskrete Problemstellung $Var(X) = 1.26$, $\sigma_X = 1.12$ und $V = 0.933$, während beim Beispiel mit kontinuierlicher Zufallsvariabler die Parameter mit $Var(X) = 833.33$, $\sigma_X = 28.86$ und $V = 0.5773$ bestimmt werden können. Aus dem Vergleich der beiden Beispiele wird deutlich, daß der Variationskoeffizient für den Streuungsvergleich zwischen verschiedenen Datensätzen besser geeignet ist. Anzumerken ist allerdings, daß der Variationskoeffizient in einigen Fällen nicht definiert ist, z.B. für $\mu_X = 0$. Auch wenn der Erwartungswert nahe bei Null liegt, kann die Angabe des Variationskoeffizienten irreführend sein. In diesen Situationen bleibt nur die Verwendung der Varianz oder Standardabweichung. Die Berechnung des Medianwertes ergibt für Beispiel A3.2:

$$\int_0^{x_M} \frac{1}{100}\, dx = 0.5$$

$$x_M = 50$$

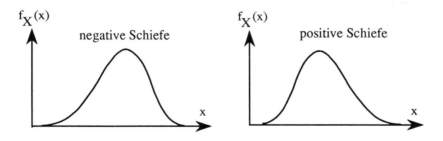

Bild A3.6: Schiefe einer Verteilung

Aus Gründen der Vollständigkeit sei noch die *Schiefe*

$$E\left[(x - \mu_x)^3\right] = \int_{-\infty}^{+\infty} (x - \mu_x)^3\, f_X(x)\, dx \qquad\qquad (A3.12)$$

sowie der Koeffizient der Schiefe

$$\theta = \frac{E[(x-\mu_x)^3]}{\sigma_x^3} \qquad\qquad (A3.13)$$

erwähnt.

Positive Werte von θ bezeichnen eine *linksseitige* Schiefe, negative Werte *rechtsseitige* Schiefe (vgl. Bild A3.6). Vergleicht man den formalen Aufbau von Gl. (A3.12) und (A3.9c) so ist die Ähnlichkeit unmittelbar erkennbar. Mit Bezug auf den jeweiligen Exponenten wird die Varianz auch *zweites zentrales Moment* und die Schiefe *drittes zentrales Moment* genannt. Die Varianz einer Zufallsvariablen wird auch häufig mit Hilfe des Erwartungswertes formuliert, so daß sich Gl. (A3.9c) zu

$$E[(x - \mu_x)^2] = Var\,(X) \qquad\qquad (A3.9d)$$

ergibt.

Lassen sich alle höheren Momente einer Wahrscheinlichkeitsverteilung berechnen, so ist die Verteilung eindeutig bestimmt. Leider ist dies in vielen Fällen auf Grund zu hohen Rechenaufwandes nicht möglich. Bei der Beschreibung einer Dichtefunktion mit Hilfe von statistischen Momenten ist die erzielte Genauigkeit direkt von der Anzahl der Momente abhängig. Die eingeschränkte Genauigkeit wirkt sich insbesondere auf die äußeren Äste der Dichtefunktion aus.

Statistische Momente lassen sich außerdem über Reihenentwicklungen näherungsweise bestimmen. In Abschnitt A 3.6 wird diese Berechnungsmethode näher erläutert.

A3.3 Gebräuchliche Wahrscheinlichkeitsverteilungen

Wie bereits in der Einführung erläutert, kann jede Funktion zur Beschreibung einer Zufallsvariablen herangezogen werden, wenn sie den Anforderungen aus den Gleichungen (A3.4) bis (A3.6) genügt. Für praktische Anwendungen von Verteilungsmodellen muß allerdings außerdem gefordert werden, daß Wahrscheinlichkeitsverteilungen bestimmte physikalisch begründete Randbedingungen oder Zusammenhänge erfüllen.

Betrachtet man die Festigkeitsuntersuchung von Betonwürfeln, bei der die Wahrscheinlichkeitsverteilung der Druckfestigkeit gesucht wird, so ist offensichtlich, daß keine negativen Werte auftreten können. Eine ausgewählte Wahrscheinlichkeitsverteilung sollte somit
im unteren Wertebereich möglichst eindeutig beschränkt bleiben, d.h. Werte kleiner als 0
sollten nicht zugelassen werden.

Zur Auswahl eines theoretischen Verteilungsmodells müssen weiterhin Messungen oder
Beobachtungen zur Verfügung stehen, die die Wahl rechtfertigen. Die Methoden zur Be-
stimmung der geeignetsten Verteilung auf Grund vorliegender Daten sind im Anhang A1
beschrieben. Die Darstellungen in diesem Abschnitt beschränken sich somit auf die
Vorstellung und Diskussion verbreiteter Wahrscheinlichkeitsverteilungen, die im
Ingenieurbereich für Sicherheitsanalysen Anwendung finden.

Normalverteilung
Die Normalverteilung oder Gaußverteilung gehört wohl zu den bekanntesten Verteilungsmodellen. Die Dichtefunktion dieser Verteilung ist definiert mit:

$$f_X(x) = \frac{1}{\sqrt{2\pi}\cdot\sigma} \exp\left[-0.5\left(\frac{x-\mu}{\sigma}\right)^2\right] \qquad (A3.14)$$

Parameter der Normalverteilung sind μ (Mittelwert) und σ (Standardabweichung), womit
diese Verteilung zur Klasse der zweiparametrischen Wahrscheinlichkeitsverteilungen gehört. Zur Berechnung der Auftretenswahrscheinlichkeit einer normalverteilten Zufallsvariablen ist gemäß Gl. (A3.3) die Integration der Dichtefunktion (Gl. A3.14) erforderlich. Leider ist die Dichtefunktion der Normalverteilung nicht geschlossen integrierbar, weswegen
üblicherweise auf numerische Berechnungen oder auf die in mathematischen Handbüchern
(z.B. [A3.2]) tabellierten Werte zurückgegriffen wird. Tabellierte Werte beziehen sich auf
die Standard-Normalverteilung, die durch die Parameter $\mu=0$ und $\sigma=1$ definiert ist. Jede
Normalverteilung mit beliebigen Parametern läßt sich durch lineare Transformation auf
Standardform reduzieren, wodurch die Anwendung der Tabellen immer möglich ist. Substi-
tuiert man bei der Integration zur Bestimmung der Auftretenswahrscheinlichkeit der Variablen X in einem Intervall x_1, x_2

$$F_X(x_2) - F_X(x_1) = P(x_1 < X \leq x_2) = \frac{1}{\sqrt{2\pi}\cdot\sigma} \int_{x_1}^{x_2} \exp\left[-0.5\left(\frac{x-\mu}{\sigma}\right)^2\right] dx \quad (A3.15)$$

mit

$$s = \frac{x-\mu}{\sigma} \qquad (A3.16)$$

und

$$dx = \sigma\, ds, \qquad (A3.17)$$

so ergibt sich:

$$P(x_1 < X \le x_2) = \frac{1}{\sqrt{2\pi}} \int\limits_{(x_1-\mu)/\sigma}^{(x_2-\mu)/\sigma} \exp\left[-0.5\ s^2\right] ds \qquad (A3.18)$$

Es läßt sich erkennen, daß Gl. (A3.18) die Integration der standard-normalverteilten Variablen s zwischen den genannten Grenzen darstellt. Dies wird häufig in verkürzter Form notiert:

$$P(x_1 < X \le x_2) = F_X^N(x_2) - F_X^N(x_1) = \Phi\left(\frac{x_2 - \mu}{\sigma}\right) - \Phi\left(\frac{x_1 - \mu}{\sigma}\right) \qquad (A3.19)$$

Hierin kennzeichnet $\Phi(x)$ die Werte der standard-normalen Häufigkeitsverteilung (F_X^N). Da es sich bei der Normalverteilung um eine symmetrische Verteilungsfunktion handelt, sind lediglich positive Werte der Standard-Normalverteilung, N(0,1), tabellarisch dargestellt. Bei negativen Größen ergeben sich die entsprechenden Werte mit Hilfe der Beziehung:

$$\Phi(-x_i) = 1 - \Phi(x_i) \qquad (A3.20)$$

Die Gültigkeit von Gl. (A3.20) läßt sich leicht aus Bild A3.7 erkennen.

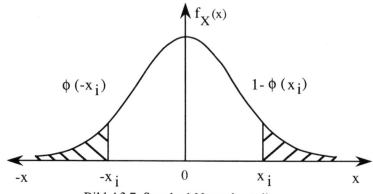

Bild A3.7: Standard-Normalverteilung

Mit Hilfe der Standard-Normalverteilung kann ferner die Rückrechnung von Auftretenswahrscheinlichkeiten zur entsprechenden Größe der Zufallsvariablen erfolgen. Formal ist
dieser Zusammenhang durch Gl. (A3.21) beschrieben (vgl. auch Bild A3.8):

$$a = \Phi^{-1} (P) \tag{A3.21}$$

Hierin bezeichnet Φ^{-1} die Inverse der Summenhäufigkeitsfunktion und p die bekannte
Wahrscheinlichkeit.

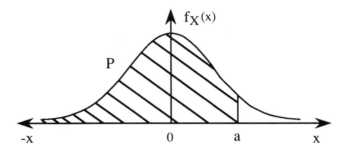

Bild A3.8: Anwendung der Inversen-Summenhäufigkeit

Praktische Anwendung findet Gl. (A3.21) bei der Bestimmung von Fraktilwerten (vgl.
Kapitel 3).

- Beispiel A3.3:
  Die Verkehrslast auf einem einfachen Balken konnte aufgrund von Beobachtungen
  als normalverteilt bestimmt werden. Parameter der Verteilung sind Mittelwert (μ)
  50kN und Standardabweichung (σ) 10kN. Für die Bemessung und die Sicherheitsbeurteilung wird die Auftretenswahrscheinlichkeit der Verkehrslast im Intervall
  40kN, 60kN gesucht.

$$P(40 < x \le 60) = \Phi \left(\frac{60-50}{10} \right) - \Phi \left(\frac{40-50}{10} \right)$$

$$= \Phi (1.0) - \Phi (-1.0)$$

$$= \Phi (1.0) - [1.0 - \Phi (1.0)]$$

Der benötigte Ausschnitt der tabellierten Standard-Normalverteilung ist in Tabelle
A3.1 dargestellt

z	$\Phi(z)$	z	$\Phi(z)$
0.95	0.8289	1.08	0.8599
0.96	0.8315	1.09	0.8621
0.97	0.8340	1.10	0.8643
0.98	0.8365	1.11	0.8665
0.99	0.8389	1.12	0.8686
1.00	0.8413	1.13	0.8708
1.01	0.8438	1.14	0.8729
1.02	0.8461	.....	
1.03	0.8485	2.44	0.9927
1.04	0.8508	3.30	0.999516
1.05	0.8531	4.15	0.9999834
1.06	0.8554	4.90	0.999999521
1.07	0.8577	5.43	0.999999971

Tabelle A3.1: Standard-Normalverteilung

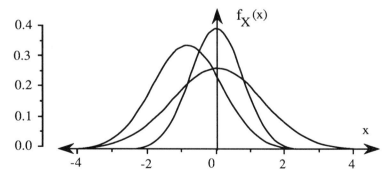

Bild A3.9: Normalverteilung für verschiedene Parametersätze

Somit ergibt sich die Auftretenswahrscheinlichkeit der Verkehrslast im angespro-
chenen Intervall zu:

$$P(40 < x \leq 60) = 0.8413 - (1 - 0.8413) = 0.6826$$

Zur Veranschaulichung der Charakteristika der Normalverteilung sind in Bild A3.9 die Dichtefunktionen für verschiedene Parametersätze dargestellt.

Lognormalverteilung

Die logarithmische Normalverteilung (kurz Lognormalverteilung) ist eine weitere Verteilungsfunktion von herausragender Bedeutung. Ersetzt man in Gl. (A3.14) die Zufallsvariable x durch den natürlichen Logarithmus der Variablen, so ergibt sich direkt die Dichtefunktion der Lognormalverteilung (Gl. A3.22).

$$f_X(x) = \frac{1}{x\xi\sqrt{2\pi}} \exp\left[-0.5 \left(\frac{\ln(x)-\lambda}{\xi}\right)^2\right] \qquad (A3.22)$$

Die Parameter der Lognormalverteilung sind λ und ξ, die in folgender Beziehung zum Erwartungswert und zur Varianz stehen:

$$\lambda = \ln E[X] - \frac{1}{2}\xi^2 \qquad (A3.23)$$

$$\xi = \sqrt{\ln\left(\frac{\mathrm{Var}(X)}{E^2[X]} + 1\right)} \qquad (A3.24)$$

Sind also Varianz und Erwartungswert einer lognormalen Zufallsvariable bekannt, so können die notwendigen Parameter der Verteilung direkt bestimmt werden. Zur Berechnung von Wahrscheinlichkeiten für lognormalverteilte Zufallsvariablen wird wiederum auf die tabellierten Werte der Standard-Normalverteilung zurückgegriffen. Dies wird ermöglicht durch die Transformation mit

$$s = \frac{\ln(x) - \lambda}{\xi}, \qquad (A3.25)$$

so daß sich die Auftretenswahrscheinlichkeit einer lognormalen Zufallsvariable durch

$$P(a < X \leq b) = \Phi\left(\frac{\ln b - \lambda}{\xi}\right) - \Phi\left(\frac{\ln a - \lambda}{\xi}\right) \qquad (A3.26)$$

bestimmen läßt. Während der Definitionsbereich normalverteiler Zahlen nicht eingeschränkt ist, läßt die Lognormalverteilung nur positive Werte zu. Für die Beschreibung bestimmter physikalischer Sachverhalte, z.B. Festigkeiten, Lebensdauer, Erdbebenintensitäten etc., ist daher die Lognormalverteilung aus physikalischen Überlegungen der Normalverteilung vorzuziehen.

Neben anderen Entscheidungskriterien ist dieser Aspekt selbstverständlich nur eine Komponente zur Auswahl der geeignetsten Wahrscheinlichkeitsverteilung (vgl. Anhang A1). Die Charakteristik der Lognormalverteilung ist für verschiedene Parametersätze in Bild A3.10 und A3.11 dargestellt.

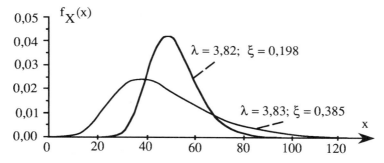

Bild A3.10: Dichtefunktionen der Lognormalverteilung

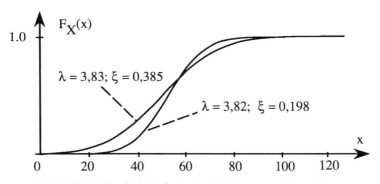

Bild A3.11: Häufigkeitsfunktion der Lognormalverteilung

• Beispiel A3.4:

Die Aufgabenstellung aus Beispiel A3.3 ist dahingehend modifiziert, daß die Verkehrslast als lognormalverteilt angenommen wird. Erwartungswert und Varianz werden wie im vorherigen Beispiel mit E[X] = 50 kN und Var(X) = 100 kN^2 vereinbart.

Zunächst müssen die Parameter der Lognormalverteilung mit Gl. A3.24 und Gl. A3.25 ermittelt werden:

$$\xi = \sqrt{\ln\left(\frac{100}{50^2} + 1\right)} = 0.198$$

$$\lambda = \ln 50 - \frac{1}{2} \cdot 0.198^2 = 3.892$$

$$P(40 < x \le 60) = \Phi\left(\frac{\ln 60 - 3.892}{0.198}\right) - \Phi\left(\frac{\ln 40 - 3.892}{0.198}\right)$$

$$= \Phi(1.02) - \Phi(-1.025) = 0.6930$$

Vergleicht man diese Lösung mit der aus Beispiel A3.3, so erkennt man, daß sich die Ergebnisse nicht sehr wesentlich unterscheiden.

Gleichverteilung

Gleichverteilte Zufallsvariablen sind in der direkten Ingenieurpraxis von untergeordneter Bedeutung. Allerdings benötigt man diese Art von Zufallszahlen zur Erzeugung anderer Verteilungstypen, insbesondere im Zusammenhang mit numerischen Simulationen (vgl. Anhang B1). Dichte- und Häufigkeitsfunktion der allgemeinen Gleichverteilung sind definiert durch Gl. A3.27 und A3.28:

$$f_X(x) = \frac{1}{b-a}; \qquad\qquad a \le x \le b \qquad\qquad (A3.27)$$

$$F_X(x) = \frac{x-a}{b-a} \qquad\qquad\qquad\qquad (A3.28)$$

Die Parameter a,b der Gleichverteilung können mit der im allgemeinen verfügbaren Information über E[X] und Var(X) hergeleitet werden:

$$a = \frac{1}{2}\left(2\,E[X] - \sqrt{Var(X) \cdot 12}\,\right) \qquad\qquad (A3.29a)$$

$$b = \sqrt{Var(X) \cdot 12} + a \qquad\qquad\qquad (A3.29b)$$

Ein Sonderfall der Gleichverteilung ist die Standard-Gleichverteilung mit den Parametern a = 0 und b = 1. Diese Verteilung stellt die Ausgangsverteilung bei Simulation der meisten übrigen Verteilungen dar. Wie leicht zu erkennen ist, ergibt sich der Erwartungswert der

Standard-Gleichverteilung zu 0.5. Die Varianz läßt sich mit b = 1 und der Beziehung in Gl. (A3.29b) zu 1/12 ermitteln. Im einführenden Beispiel A3.2 wurde die Anwendung der allgemeinen Gleichverteilung bereits demonstriert.

Zur Diskussion weiterer Typen von Wahrscheinlichkeitsverteilungen muß zunächst eine Differenzierung zwischen verschiedenen Arten von Zufallsexperimenten (Ereignissen) vorgenommen werden. Der Begriff des *Bernoulli-Experimentes,* nach dem Mathematiker Jakob Bernoulli benannt, bezeichnet Zufallsereignisse oder Experimente, die nur zwei mögliche Ergebnisse zulassen (z.B. Auftreten und Nicht-Auftreten), mit gleicher Wahrscheinlichkeit in jedem Experiment. Zusätzlich wird verlangt, daß die Ereignisse statistisch unabhängig sind. Nennt man die zugelassenen Ereignisse A_1, A_2 und die zugehörigen Wahrscheinlichkeiten P_1 und P_2, so lassen sich die beiden ersten Anforderungen an Bernoulli-Experimente formal mit

$$A_1 \quad = A \tag{A3.30}$$
$$A_2 \quad = \bar{A} \tag{A3.31}$$
$$P_2(A_1) = p \tag{A3.32}$$
$$P_2(A_2) = 1 - p \tag{A3.33}$$

darstellen.

Binomialverteilung, Polynomialverteilung und Geometrische Verteilung sind einige der Wahrscheinlichkeitsverteilungen, die im Zusammenhang mit Bernoulli-Ereignissen entwickelt wurden. Aufgrund der Definition von Bernoulli-Experimenten handelt es sich hierbei um diskrete Wahrscheinlichkeitsverteilungen.

Binomialverteilung
Die Binomialverteilung, auch Bernoulli-Verteilung genannt, ist mit Gl. (A3.34) definiert:

$$P(X = x) = \binom{n}{x} p^x (1 - p)^{n-x} \qquad x = 0,1,2,...,n \tag{A3.34}$$

Parameter dieser Verteilung sind die Wahrscheinlichkeit p und die Anzahl der Versuche n. Die Beziehung der Parameter zu Erwartungswert und Varianz sind gegeben durch:

$$E[X] = np \tag{A3.35}$$

$$Var(X) = np \, (1 - p) \qquad\qquad\qquad\qquad (A3.36)$$

Der Name Binomialverteilung ergibt sich aus dem Faktum, daß die Wahrscheinlichkeit p die Glieder der Binomialentwicklung von $[p+(1-p)]^n$ darstellt (vgl. [A3.3]). Die Summenhäufigkeit ergibt sich konsequenterweise zu:

$$F_X(x) = \sum_{x=0}^{m} \binom{n}{x} \, p^x \, (1 - p)^{n-x} \qquad m \leq x < m + 1 \qquad (A3.37)$$

Zur weiteren Erläuterung ist die Binomialverteilung für verschiedene Parametersätze in Bild A3.12 dargestellt.

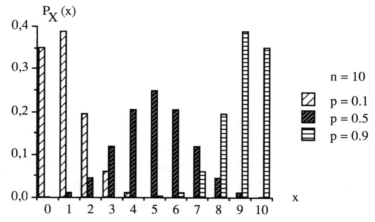

Bild A3.12: Binomialverteilung für n = 10 und p = 0.1, 0.5 und 0.9

•   Beispiel A3.5:

Die Windkräfte beim Entwurf eines Schornsteins werden mit einer Wahrscheinlichkeit von p = 0.02 in einem Jahr überschritten. Für eine Sicherheitsanalyse wird die Wahrscheinlichkeit des einmaligen Überschreitens im Zeitraum von zehn Jahren gesucht.

$$P(X = 1) = \binom{10}{1} \, (0.02)^1 \, (0.98)^9 = 0.1667$$

Ist bei Sicherheitsuntersuchungen neben dem erstmaligen Auftreten eines Ereignisses auch das folgende zweite Auftreten von Interesse, so muß die negative Binomialverteilung verwendet werden. Für Hinweise und Erläuterungen hierzu wird auf die Darstellung in [A3.4] verwiesen.

Geometrische Verteilung

Die Anzahl der Versuche - in einer Bernoulli-Sequenz - für das erste Auftreten eines bestimmten Ereignisses wird durch die geometrische Verteilung charakterisiert:

$$P(X = x) = p(1 - p)^{x-1} \qquad\qquad x = 0,1,...,n \qquad\qquad (A3.38)$$

Das Verhältnis des Parameters p zu Erwartungswert und Varianz ist:

$$E[X] = \frac{1}{p} \qquad\qquad\qquad (A3.39)$$

$$Var(X) = \frac{1-p}{p^2} \qquad\qquad\qquad (A3.40)$$

Auf Grund der Definition von Bernoulli-Ereignissen ist das Bezugszeitintervall für die Auftretenswahrscheinlichkeit p eines einzelnen Ereignisses festgelegt. Dieser Sachverhalt eignet sich für die Einführung des Begriffs der *Rückkehrperiode*. Unter der Voraussetzung von statistisch unabhängigen Ereignissen läßt sich mit p als der Wahrscheinlichkeit eines Ereignisses in einem Zeitintervall die mittlere Rückkehrperiode T eines Ereignisses mit

$$T = \frac{1}{p} \qquad\qquad\qquad (A3.41)$$

berechnen. Ist z.B. eine Konstruktion für die größte Windstärke in 50 Jahren ausgelegt, so ergibt sich deren Auftretenswahrscheinlichkeit in einem Jahr mit p = 1/T = 0.02. Die Überschreitenswahrscheinlichkeit im x-ten Jahr nach Fertigstellung der Konstruktion läßt sich nun mit Hilfe der Geometrischen Verteilung (Gl. (A3.38)) berechnen.

Poisson-Verteilung

Für kontinuierliche Ereignisse in Raum oder Zeit wird die Binomialverteilung durch die Poisson-Verteilung ersetzt. Man spricht in diesem Zusammenhang auch von Poisson-Ereignissen oder Poisson-Prozeß. Im Gegensatz zu Bernoulli-Ereignissen sind Poisson-Ereignisse nicht an eine Versuchssequenz geknüpft, sondern an kleine Intervalle. Generell werden Ereignisse als Poisson-Ereignisse bezeichnet, wenn ihr Auftreten zu jedem Zeitpunkt (Raumpunkt) möglich sowie das Auftreten in den Intervallen unabhängig ist. Ferner ist die Auftretenswahrscheinlichkeit proportional zur Größe des betrachteten Zeitintervalls. Die mittlere Auftretensrate v pro Zeiteinheit wird dabei als konstant angenommen. Aus diesen Annahmen ergibt sich die Definition der Poisson-Verteilung:

$$P(X_t = x) = \frac{(v\,t)^x}{x!}\ e^{-v\,t} \qquad\qquad x = 0,1,... \qquad\qquad (A3.42)$$

In Gl. (A3.42) bedeutet v die mittlere Auftretensrate je Zeitintervall t, x die Anzahl der betrachteten Ereignisse. Mittelwert und Varianz dieses Verteilungstyps sind von gleichem Wert, nämlich $\lambda = v \cdot t$. Sind die Ereignisse eines Intervalls statistisch abhängig, müssen andere Prozeßdefinitionen (z.B. Markov-Prozeß) Eingang in die Untersuchungen finden. Für die Diskussion und Erläuterung von stochastischen Prozessen und ihre Anwendung wird auf Anhang A5 verwiesen.

Exponentialverteilung

Die Exponentialverteilung definiert die Wartezeit bis zum ersten Auftreten eines Ereignisses für einen Poisson-Prozeß. Dichte- und Häufigkeitsfunktion dieser kontinuierlichen Verteilung sind durch Gl. (A3.43) und (A3.44) definiert.

$$f_X(x) = \lambda\,e^{-\lambda x}\ ; \qquad\qquad x \geq 0 \qquad\qquad (A3.43)$$

$$F_X(x) = 1 - e^{-\lambda\,x} \qquad\qquad (A3.44)$$

Ist die mittlere Auftretensrate pro Zeiteinheit (λ) unabhängig von der Variablen x, so ergibt sich die Rückkehrperiode für ein Ereignis zu

$$T_R = \frac{1}{\lambda} \qquad\qquad (A3.45)$$

- Beispiel A3.6:

  Aus historischen Daten sei bekannt, daß in den vergangenen 200 Jahren 17 Erdbeben in einer Region beträchtlichen Schaden verursacht haben. Wie groß ist die Wahrscheinlichkeit, daß in den nächsten drei Jahren ein Erdbeben ähnlicher Größenordnung auftritt?

$$\lambda = \frac{17}{200} = 0.085$$

$$p = 1 - \exp(-0.085\,(3))$$

$$P = 0.225$$

Wie groß ist außerdem die Wahrscheinlichkeit, daß in den nächsten 30 Jahren kein Erdbeben dieser Stärke auftritt?

$$P(T_1 \le 30) = 1 - (1 - \exp(-0.085 \cdot 30)) = 0.078$$

Verschobene Exponentialverteilung
Für manche Anwendungen ist es notwendig, von einer verschobenen Exponentialverteilung auszugehen, wenn z.B. aufgrund der Problemstellung der untere Grenzwert größer als 0 ist. Dichte- und Häufigkeitsfunktion lauten dann:

$$f_X(x) = \lambda\, e^{-\lambda\,(x-a)} \; ; \qquad\qquad x \ge a \qquad\qquad\qquad (A3.46)$$

$$F_X(x) = 1 - e^{-\lambda\,(x-a)} \qquad\qquad\qquad\qquad (A3.47)$$

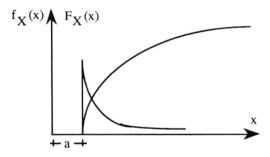

Bild A3.13: Exponentialverteilung

Liegen Mittelwert und Varianz vor, so lassen sich die Parameter der Exponentialverteilung mit Hilfe der folgenden Ausdrücke ermitteln.

$$a = E[X] - \frac{1}{\lambda} \qquad\qquad\qquad\qquad (A3.48)$$

$$\lambda = \frac{1}{\sqrt{Var(X)}} \qquad\qquad\qquad\qquad (A3.49)$$

Die graphische Darstellung der Funktionen aus Gl. (A3.46) und Gl. (A3.47) ist in Bild A3.13 vorgenommen worden.

Für die Zuverlässigkeitsanalyse im Ingenieurbau sind insbesondere Extremwerte von Einwirkungen und Widerständen bedeutend. Zur Beschreibung dieser Größt- bzw. Kleinstwerte sind besondere Verteilungsfunktionen notwendig, die als die Gruppe der Extremwertverteilungen bezeichnet werden.

Die aus verschiedenen Stichproben ausgewählten Größtwerte/Kleinstwerte ein und derselben Grundgesamtheit sind natürlich wiederum Zufallsvariablen. Extremwertverteilungen zur Beschreibung dieser Größen sind von den Eigenschaften der Verteilungsfunktion der Grundgesamtheit abhängig. Für die Herleitung von Extremwertverteilungen betrachtet man n Datensätze einer Grundgesamtheit. Aus jedem Datensatz wird z.B. der Größtwert y_i herausgesucht. Unter der Voraussetzung statistischer Unabhängigkeit läßt sich dann die Häufigkeitsfunktion der Größtwerte herleiten:

$$F_{Yn}(y) \equiv P\,(Y_n \leq y) \tag{A3.50}$$

$$F_{Yn}(y) = P(y_1 \leq y;\ y_2 \leq y;\ y_3 \leq y \dots y_n \leq y) \tag{A3.51}$$

$$F_{Yn}(y) = [F_{Yi}(y)]^n \tag{A3.52}$$

In ähnlicher Weise läßt sich die entsprechende Dichtefunktion (Gl. (A3.53)) herleiten (vgl. [A3.4]).

$$f_{Yn}(y) = n[F_{Yi}(y)]^{n-1}\, f_{Yi}(y) \tag{A3.53}$$

Betrachtet man beispielhaft eine exponentialverteilte Grundgesamtheit (Gl. A3.43), so ergeben sich Summenhäufigkeit und Dichtefunktion der Größtwerte mit obigen Ansätzen zu:

$$F_{Yn}(y) = (1 - e^{-\lambda\, y})^n\,; \qquad\qquad y \geq 0 \tag{A3.54}$$

$$f_{Yn}(y) = \lambda\, n\, (1 - e^{-\lambda\, y})^{n-1}\, e^{-\lambda\, y} \tag{A3.55}$$

Es läßt sich leicht erkennen, daß die Anzahl n der betrachteten Stichproben der Grundgesamtheit entscheidenden Einfluß auf die Extremwertverteilung ausübt.

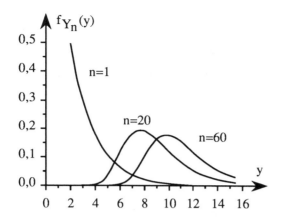

Bild A3.14a: Extremwertverteilung (Dichtefunktion)
a=2; λ=0.5 in Abhängigkeit von n

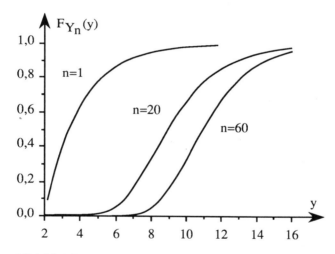

Bild A3.14b: Extremwertverteilung (Häufigkeitsfunktion)
in Abhängigkeit von n

In den Bildern A3.14 ist der dominante Einfluß von n für Dichte- und Häufigkeitsfunktion anschaulich dargestellt. Für n = 1 entspricht die Extremwertverteilung der ursprünglichen Exponentialverteilung. Aus dieser Herleitung läßt sich erkennen, daß das Hauptproblem zur Entwicklung einer Extremwertverteilung die Verfügbarkeit von zahlreichen Stichproben ist. Die jährlichen Maxima von Windgeschwindigkeiten lassen sich z.B. aufgrund von Messungen einiger Jahrzehnte festlegen und zur Ableitung einer entsprechenden Extremwertverteilung verwenden. Problematischer wird es bei Daten für Maximalwerte von Erdbebenintensitäten, für die kaum Messungen über längere Zeiträume vorliegen.

Theoretische Untersuchungen zur Beschreibung von Extremwertverteilungen für $n \rightarrow \infty$ wurden von R.A. Fisher und L.H.C. Tippett (1928) ([A3.5]) und Gnedenko (1943) ([A3.6]) durchgeführt und führten zur Definition von asymptotischen Formen. Der Klassifizierung von Gumbel ([A3.7]) folgend, lassen sich die asymptotischen Extremwertverteilungen in drei Gruppen gliedern:

Typ I: Doppelt-Exponentiale Form

Typ II: Exponentiale Form

Typ III: Exponentiale Form mit oberem Grenzwert

Gumbel-Verteilung

Die Gumbel-Verteilung gehört zu den Typ I-Verteilungen. Für Maximalwerte lauten Dichte- und Häufigkeitsfunktion:

$$f_X(x) = \alpha \cdot \exp[-\alpha (x-\beta)] \cdot \exp [-\exp (-\alpha (x-\beta))] \tag{A3.56}$$

$$F_X(x) = \exp [- \exp (-\alpha (x-\beta))] \tag{A3.57}$$

Die Parameter dieser Verteilung lassen sich mit Hilfe von Mittelwert und Varianz der Ausgangsverteilung berechnen:

$$\beta = E[X] - \frac{0.577}{\alpha} ; \tag{A3.58}$$

$$\alpha = \frac{\pi}{\sqrt{Var(X) \cdot 6}} ; \qquad \alpha \geq 0 \tag{A3.59}$$

Für Minimalwerte ergeben sich formal ähnliche Ausdrücke.

$$f_X(x) = \alpha \exp [\alpha(x-\beta)] \cdot \exp (-\exp (\alpha (x-\beta))) \tag{A3.60}$$
$$F_X(x) = 1 - \exp [-\exp (\alpha (x-\beta))] \tag{A3.61}$$

$$\beta = E[X] + \frac{0.577}{\alpha} \tag{A3.62}$$

$$\alpha = \frac{\pi}{\sqrt{Var(X) \cdot 6}} \; ; \qquad\qquad \alpha \geq 0 \qquad\qquad\qquad (A3.63)$$

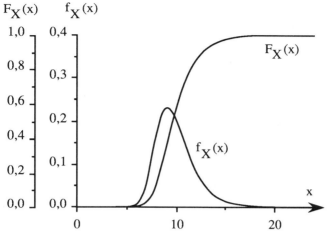

Bild A3.15a: Gumbel-Verteilung (Kleinstwerte) β=10.9; α=0.641

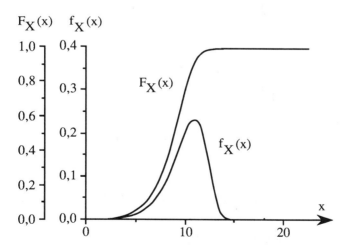

Bild A3.15b: Gumbel-Verteilung (Größtwerte) β=9.1; α=0.641

Fréchét-Verteilung

Ein Beispiel für eine Typ II-Verteilung ist die Fréchét-Verteilung.

$$f_X(x) = \frac{k}{v} \left(\frac{v}{x}\right)^{k+1} \exp\left[\left(\frac{v}{x}\right)^k\right]; \qquad\qquad x \geq 0 \qquad\qquad (A3.64)$$

$$F_X(x) = \exp\left[-\left(\frac{v}{x}\right)^k\right] \tag{A3.65}$$

$$E[X] = v\,\Gamma\left(1 - \frac{1}{k}\right) \tag{A3.66}$$

$$Var(X) = v^2\left(\Gamma\left(1 - \frac{2}{k}\right)\Gamma^2\left(1 - \frac{1}{k}\right)\right) \tag{A3.67}$$

Aus den Gl. (A3.66) und (A3.67) läßt sich erkennen, daß bei dieser Verteilung die Parameter v und k nur auf iterativem Weg gewonnen werden können.

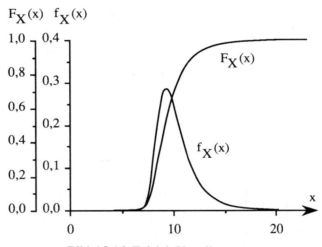

Bild A3.16: Fréchét-Verteilung

Weibull-Verteilung

Als letztes Beispiel der Extremwertverteilung sei die Weibull-Verteilung (Kleinstwerte) vom Typ III genannt. Aufgrund der notwendigen Festlegung eines Grenzwertes handelt es sich hierbei um eine dreiparametrische Verteilung.

$$f_X(x) = \frac{k}{w} - \varepsilon\left[\frac{(x - \varepsilon)}{(w - \varepsilon)}\right]^{k-1} \cdot \exp\left[\frac{(x - \varepsilon)}{(w - \varepsilon)}\right]^k \qquad x > \varepsilon \tag{A3.68}$$

$$F_X(x) = 1 - \exp\left[\frac{(x - \varepsilon)}{(w - \varepsilon)}\right]^k \qquad k > 0 \tag{A3.69}$$

$$E[X] = \varepsilon + (w - \varepsilon)\, \Gamma\!\left(1 + \frac{1}{k}\right) \tag{A3.70}$$

$$Var(X) = (w - \varepsilon)^2 \left[\Gamma\!\left(1 + \frac{2}{k}\right) - \Gamma^2\!\left(1 - \frac{1}{k}\right)\right] \tag{A3.71}$$

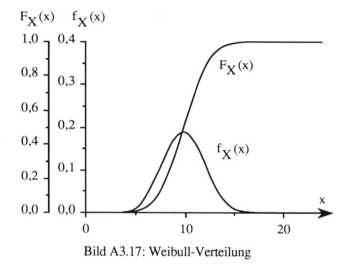

Bild A3.17: Weibull-Verteilung

Auch bei der Weibull-Verteilung müssen die Parameter über eine iterative Berechnung ermittelt werden.

A3.4 Mehrdimensionale Problemstellungen

Zur Diskussion der Eigenschaften und Beschreibung von Zufallsvariablen wurden bisher nur eindimensionale Darstellungen und Problemstellungen betrachtet. Durch Erweiterung der erläuterten Regeln und Definitionen lassen sich Wahrscheinlichkeitsverteilungen auch für zwei und mehr Zufallsvariablen entwickeln. Ereignisse werden zu diesem Zweck auf die Achsen eines mehrdimensionalen Koordinatensystems transformiert, wodurch gleichzeitig jedem Ereignis ein numerischer Wert zugeordnet wird. Aus Darstellungsgründen beschränken sich die folgenden Ausführungen auf zwei Dimensionen. Fragestellungen mit höheren Dimensionen lassen sich in mathematisch gleicher Vorgehensweise bearbeiten. Das gleichzeitige Auftreten zweier Ereignisse X und Y wird wie folgt angegeben:

Diskrete Zufallsvariablen

$$[(X = x) \cap (Y = y)] \tag{A3.72a}$$

oder in vereinfachter Schreibweise:

$$(X = x;\ Y = y) \tag{A3.72b}$$

Ähnliche Notationen gelten für die Beschreibung von Intervallen (*kontinuierliche Zufallsvariablen*):

$$[(X \leq x) \cap (Y \leq y)] \tag{A3.73a}$$

oder

$$(X \leq x;\ Y \leq y) \tag{A3.73b}$$

Da X und Y Zufallsvariablen darstellen, kann jedem Wertepaar x,y eine Wahrscheinlichkeit zugeordnet werden. Dies kann über eine mehrdimensionale Dichtefunktion (*Verbund-Wahrscheinlichkeitsfunktion*) geschehen:

$$F_{XY}(x,y) = P(X \leq x;\ Y \leq y) \tag{A3.74}$$

Gl. (A3.74) stellt eine zweidimensionale Summenhäufigkeitsfunktion für das gemeinsame Ereignis von $X \leq x$; $Y \leq y$ dar. Selbstverständlich müssen Wahrscheinlichkeitsverteilungen mehrdimensionaler Probleme ebenso den Kolmogoroffschen Axiomen (vgl. Gl. (A3.4) - (A3.6)) genügen. Allerdings bedarf das zweite Axiom einer gewissen Anpassung an die erweiterte Dimensionszahl:

$$F_{XY}(-\infty,y) = 0;\ F_{XY}(\infty,y) = F_Y(y) \tag{A3.75}$$

$$F_{XY}(x,-\infty) = 0;\ F_{XY}(x,\infty) = F_X(x) \tag{A3.76}$$

Für Zufallsvariablen mit diskreten Werten ist die Verbundwahrscheinlichkeitsfunktion:

$$P_{XY}(x,y) = P(X=x;\ Y=y) \tag{A3.77}$$

Durch Summation aller Wahrscheinlichkeiten im betrachteten Bereich ergibt sich die Verbundhäufigkeitsverteilung zu:

$$F_{XY}(x,y) = \sum_{(x_i \leq x; y_i \leq y)} P_{XY}(x_i, y_i) \tag{A3.78}$$

Die Wahrscheinlichkeit $P(X=x)$ kann auch abhängig von y sein. Zur Erfassung dieses Zusammenhanges wird eine sogenannte bedingte Wahrscheinlichkeitsverteilung konstruiert. Unter Anwendung der in Gl. (A2.11) eingeführten Definition ergibt sich die bedingte Wahrscheinlichkeitsverteilung als

$$P_{X|Y}(x|y) \equiv P(X=x \mid Y=y) = \frac{P_{XY}(x,y)}{P_Y(y)} \tag{A3.79}$$

für $P_Y(y) \neq 0$

In Gl. (A3.79) bezeichnet der Zähler die eingeführte Verbundwahrscheinlichkeit und der Nenner die Randverteilung von y, d.h. die eindimensionale Wahrscheinlichkeitsverteilung von y. Ist y abhängig von x, so ergibt sich in entsprechender Weise

$$P_{Y|X}(y|x) \equiv P(Y=y \mid X=x) = \frac{P_{XY}(x,y)}{P_X(x)} \tag{A3.80}$$

Die Randverteilung läßt sich ausgehend vom Satz über die vollständige Wahrscheinlichkeit (Gl. A2.15) durch Einsetzen der Definition für die bedingte Wahrscheinlichkeit (Gl. A3.79) mit

$$P_X(x) = \sum_{\text{alle } y_i} P_{XY}(x,y_i) \tag{A3.81}$$

herleiten. Sind die beteiligten Zufallsvariablen unabhängig voneinander, so vereinfacht sich Gl. (A3.77) und (A3.79) zu

$$P_{XY}(x,y) = P_x(x) \cdot P_Y(y) \tag{A3.82}$$

$$P_{X|Y}(x|y) = P_Y(y) \tag{A3.83}$$

- Beispiel A3.7:

Ein Unternehmen stellt Stahlseile unterschiedlicher Tragfähigkeit her. Die Seile werden an Bauunternehmungen zum Einbau in Kräne geliefert. Aufgrund von Rückmel-
dungen der Baufirmen liegen nach einiger Zeit Daten über die tatsächlich aufgebrachten Lasten vor. Die Tragfähigkeiten (Nominalwerte) der Seile seien mit R, die
tatsächlich aufgebrachten Lasten mit S bezeichnet. Die Werte der verfügbaren Daten
sind in Tabelle A3.2 zusammengestellt.

R, S [in kN]	Relative Häufigkeit
60, 50	0.09
60, 70	0.16
60, 90	0.05
70, 50	0.2
70, 70	0.3
70, 90	0.1
80, 50	0.02
80, 70	0.06
80, 90	0.02

Tabelle A3.2: Relative Häufigkeit der Kombination von Beanspruchung
und Beanspruchbarkeit der Stahlseile

Die Werte der Tabelle sind anschaulich in Form einer Verbundwahrscheinlichkeit in
Bild A3.18 dargestellt.

Die Randverteilung für die Zufallsvariable S ergibt sich mit Gl. (A3.81) zu

$$P_S(s) = \sum_{(r=60,70,80)} P_{S,R}(s,r)$$

$$P_S(50) = 0.09 + 0.2 + 0.02 = 0.31.$$

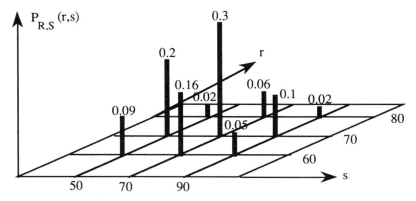

Bild A3.18: Verbund-Wahrscheinlichkeit

In Bild A3.19 ist die vollständige Randverteilung für S dargestellt.

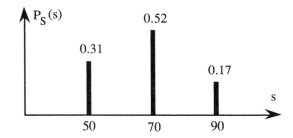

Bild A3.19: Randverteilung der Variablen S

In gleicher Weise berechnet sich die Randverteilung für R (Bild A3.20).

Aus den berechneten Randverteilungen ist zu erkennen, daß auch diese den Kolmogoroffschen Axiomen genügen.

Für die Bestimmung der Sicherheitsmarge der Seile ist es von Bedeutung, mit welcher Wahrscheinlichkeit 90 kN aufgebracht werden, wenn ein Seil mit Nominalkapazität von 70 kN vorliegt. Diese Fragestellung muß mit der Definition über die bedingte Wahrscheinlichkeit (Gl. A3.80) bearbeitet werden.

$$P_{S|R}(90|70) = \frac{P_{RS}(70,90)}{P_R(70)} = 0.167$$

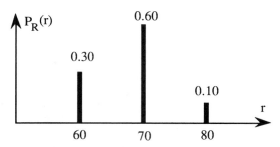

Bild A3.20: Randverteilung der Variablen R

Die vollständig bedingte Wahrscheinlichkeit für die nominale Seilkapazität ist in Bild A3.21 zusammengestellt.

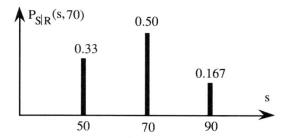

Bild A3.21: Bedingte Wahrscheinlichkeit von $P_{S/R}$ (s,70)

In mathematischer Hinsicht bedeutet die bedingte Wahrscheinlichkeit, daß die Wahrscheinlichkeit von S auf die Wahrscheinlichkeit von $P_R(70)$ bezogen wird.

Da Seile in Erwartung eines bestimmten Lastbereiches ausgewählt werden, sind die Zufallsvariablen in statistischem Sinn voneinander abhängig. Wären R und S absolut unabhängig voneinander, so ließe sich obige Rechnung nicht in dargestellter Weise durchführen (vgl. Gl. (A3.83)).

Ähnlich wie bei eindimensionalen Problemstellungen, lassen sich die bisher erläuterten Beziehungen für diskrete Verbundverteilungen auf kontinuierliche Zufallsvariablen übertragen. Die Verbunddichtefunktion ist definiert durch

$$f_{XY}(x,y)dxdy = P(x<X\leq x+dx; y<Y\leq y+dy). \qquad (A3.84)$$

Durch Integration läßt sich dann die Verbundhäufigkeitsfunktion ermitteln.

$$F_{XY}(x,y) = \int\limits_{-\infty}^{x_1} \int\limits_{-\infty}^{y_1} f_{XY}(x,y)\, dxdy \qquad\qquad (A3.85)$$

Die allgemeine Definition der Auftretenswahrscheinlichkeit für zwei Variablen ergibt sich damit zu:

$$P(a<X\leq b;\ c<Y\leq d) = \int\limits_{a}^{b} \int\limits_{c}^{d} f_{XY}(x,y)\, dxdy \qquad\qquad (A3.86)$$

Anschaulich formuliert bezeichnet Gl. (A3.86) den Rauminhalt unter der Verbunddichte f_{XY} in dem durch die Grenzen a,b,c,d definierten Bereich.

Auch die bedingte Wahrscheinlichkeitsdichte kontinuierlicher Zufallsvariablen ist in formaler Hinsicht gleich der diskreter Variablen

$$f_{X|Y}(x|y) = \frac{f_{XY}(x,y)}{f_Y(y)} \qquad\qquad (A3.87)$$

und

$$f_{XY}(x,y) = f_{X|Y}(x|y)\, f_Y(y). \qquad\qquad (A3.88)$$

Mit Hilfe des Satzes über die vollständige Wahrscheinlichkeit ergibt sich ferner die Randdichtefunktion zu:

$$f_X(x) = \int\limits_{-\infty}^{\infty} f_{X|Y}(x|y)\, f_Y(y)\, dy \qquad\qquad (A3.89)$$

$$f_X(x) = \int\limits_{-\infty}^{\infty} f_{XY}(x,y)\, dy \qquad\qquad (A3.90)$$

Die bisher erläuterten Zusammenhänge lassen bereits erkennen, daß eine der Hauptaufgaben zur Berechnung von Wahrscheinlichkeiten in der Integration der Verbunddichte besteht (vgl. Gl. (A3.86)). Da in vielen Fällen keine geschlossenen Lösungen zur Verfügung stehen, bedarf es meist numerischer Methoden zur Berechnung der betreffenden Wahrscheinlichkeiten (vgl. Abschnitt 2.1).

Auch bei mehrdimensionalen Verbunddichten können Parameter berechnet werden, die die jeweilige Dichte charakterisieren. Die gemischten zweiten Momente lassen sich allgemein in Anlehnung an Ausführungen über den eindimensionalen Fall wie folgt darstellen:

$$E[XY] = \int\limits_{-\infty}^{\infty} \int\limits_{-\infty}^{\infty} xy \, f_X(x) \, f_Y(y) \, dx \, dy \qquad\qquad (A3.91)$$

Für den Sonderfall der statistischen Unabhängigkeit reduziert sich Gl. (A3.91) zu

$$E[XY] = E[X] \, E[Y] \qquad\qquad (A3.92)$$

Zur Beurteilung des Grades der statistischen Abhängigkeit zwischen den beteiligten Zufallsvariablen ist die sogenannte Kovarianz definiert (Gl. A3.93):

$$\text{Cov}(X,Y) = E[(x-\mu_x)(y-\mu_y)] = E[XY] - E[X] \, E[Y] \qquad\qquad (A3.93)$$

Die Kovarianz zwischen zwei Zufallsvariablen bezeichnet streng genommen nur den Grad der linearen Abhängigkeit. Sind die Variablen nichtlinear miteinander verknüpft, so kann sich die Kovarianz weiterhin zu Null ergeben. Eine grundsätzliche Aussage über Abhängigkeit oder Unabhängigkeit ist somit mit Hilfe der Kovarianz nicht zu treffen, sondern bezieht sich nur auf lineare Aspekte.

In physikalischer Hinsicht zieht bei großer Kovarianz ein großer Wert für X einen ähnlich großen Wert für Y nach sich. Um den Grad der Abhängigkeit zwischen verschiedenen Variablen vergleichen zu können, ist eine *normalisierte* Kovarianz, der sogenannte Korrelationskoeffizient ρ definiert.

$$\rho = \frac{\text{Cov}(X,Y)}{\sigma_x \, \sigma_y} \qquad\qquad (A3.94)$$

Der Korrelationskoeffizient läßt sich graphisch anschaulich über die Isolinien der Dichtefunktion darstellen (A3.22).

Direkt erkennbar ist der Wertebereich des Korrelationskoeffizienten zwischen $-1 \leq \rho \leq 1$.

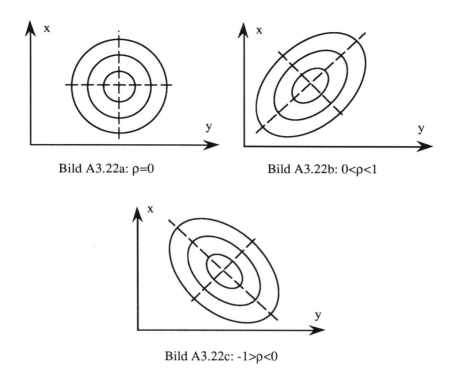

Bild A3.22a: $\rho=0$ Bild A3.22b: $0<\rho<1$

Bild A3.22c: $-1>\rho<0$

Bei vielen Problemstellungen ist die Beurteilung des Korrelationsgrades äußerst schwierig, da entsprechendes Datenmaterial kaum verfügbar ist. Häufig wird daher von unkorrelierten Variablen ausgegangen.

Eine Korrelationsanalyse kann insbesondere bei Lastkombinationen von Bedeutung sein. Das gleichzeitige Auftreten von Maximalwerten, z.B. von üblichen Verkehrslasten (Wind, Schnee etc.), muß auf Grund von Beobachtungen für die meisten Standorte als unwahrscheinlich angesehen werden. Zur Berücksichtigung dieses Zusammenhanges erscheint die Einführung eines negativen Korrelationskoeffizienten geeignet.

Beispielhaft für die Definition von mehrdimensionalen Dichtefunktionen sei an dieser Stelle lediglich die zweidimensionale Normalverteilung genannt:

$$f_{XY}(x,y) = \frac{1}{2\pi\ \sigma_X\ \sigma_Y\ \sqrt{1-\rho^2}}\ \cdot$$

$$\exp\left[\frac{-1}{2(1-\rho^2)}\left\{\left(\frac{x-\mu_X}{\sigma_X}\right)^2 - 2\rho\left(\frac{x-\mu_X}{\sigma_X}\right)\left(\frac{y-\mu_Y}{\sigma_Y}\right) + \left(\frac{y-\mu_Y}{\sigma_Y}\right)^2\right\}\right] \qquad (A3.95)$$

$-\infty < x < \infty$

$-\infty < y < \infty$

Ist der Korrelationskoeffizient gleich 0, so erkennt man, daß sich Gl. (A3.95) auf Gl. (A3.96) reduzieren läßt.

$$f_{XY}(x,y) = f_X(x) \cdot f_Y(y) \tag{A3.96}$$

Für Ausführungen insbesondere zur Korrelation in Form von Erläuterung des bedingten Mittelwertes etc. wird auf die weiterführende Literatur verwiesen ([A3.1], [A3.4]).

Das folgende Beispiel soll die Behandlung von Problemstellungen mit korrelierten Variablen demonstrieren.

•   Beispiel A3.8:
      Der Fußpunkt einer in Bild A3.23 modellhaft dargestellten Überdachungskonstruktion soll untersucht werden. Mittelwerte und Standardabweichung der Kräfte P_1 und P_2 stehen zur Verfügung.

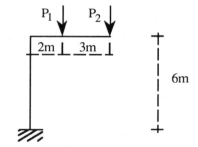

Bild A3.23: Überdachungskonstruktion

Normalkraft und Moment am Fußpunkt ergeben sich zu:

$$N = P_1 + P_2; \qquad\qquad M = 2 \cdot P_1 + 5 \cdot P_2$$

Mittelwerte und Varianz von N und M lassen sich, wie im nächsten Abschnitt erläutert, berechnen mit:

$$\mu_N = \mu_{P1} + \mu_{P2}; \qquad\qquad \sigma_N^2 = \sigma_{P1}^2 + \sigma_{P2}^2$$

$$\mu_M = 2\mu_{P1} + 5\mu_{P2}; \qquad \sigma_M^2 = (2\sigma_{P1})^2 + (5\sigma_{P2})^2$$

Die aufgebrachten Kräfte sind als statistisch unabhängig zu betrachten. Eine große Normalkraft bewirkt in der betrachteten Konstruktion immer auch ein großes Biegemoment, daher müssen N und M als korreliert angesehen werden. Mit Hilfe von Gl. (A3.93) läßt sich der Grad der statistischen Abhängigkeit von M und N bestimmen:

$$Cov(M\ N) = E[M\ N] - \mu_M \cdot \mu_N$$
$$E[M\ N] = E[(2P_1 + 5P_2)\ (P_1 + P_2)] = 2E\ [P_1^2] + 7E[P_1\ P_2] + 5E[P_2^2]$$

Da P_1 und P_2 statistisch unabhängig sind ergibt sich:

$$E[M\ N] = 2\left((\mu_{P1})^2 + (\sigma_{P1})^2\right) + 5\left((\mu_{P2})^2 + (\sigma_{P2})^2\right) + 7\mu_{P1}\mu_{P2}$$

$$= 2(\sigma_{P1})^2 + 5(\sigma_{P2})^2 + \mu_N\mu_M$$

Somit wird

$$Cov(M\ N) = 2(\sigma_{P1})^2 + 5(\sigma_{P2})^2.$$

Mit Gl. (A3.94) läßt sich dann der Korrelationskoeffizient bestimmen:

$$\rho_{MN} = \frac{2(\sigma_{P1})^2 + 5(\sigma_{P2})^2}{\sqrt{(\sigma_{P1}^2 + \sigma_{P2}^2)\left[(2\sigma_{P1})^2 + (5\sigma_{P2})^2\right]}}$$

Bei bekannten Standardabweichungen für P_1 und P_2 läßt sich nun der Korrelationskoeffizient für N und M berechnen. Da bei stochastischen Variablen σ immer ungleich und größer 0 wird, nimmt der Korrelationskoeffizient immer einen positiven Wert an.

Die Einbeziehung von vorhandenen Korrelationen kompliziert den Rechenaufwand; daher versucht man bei der Sicherheitsbeurteilung, sofern es möglich ist, auf Variablen zurückzugreifen, die unabhängig sind. In bezug auf das vorangehende Beispiel würde daher eine Sicherheitsbeurteilung auf der Lastebene (Einwirkungen) der auf Schnittkraftebene vorgezogen.

A3.5 Funktionen von Zufallszahlen

Aufgrund der mechanischen Modellierung zur Berechnung und Konstruktion eines Tragwerkes sind Ingenieure meist mit funktionalen Zusammenhängen zwischen Einwirkungspa-
rametern und Tragwerksgrößen befaßt. Handelt es sich z.B. bei den Einwirkungsgrößen
um Zufallsvariablen (stochastische Variablen), so muß konsequenterweise das Ergebnis der
das mechanische Modell beschreibenden Funktion (Beanspruchung) ebenfalls eine Zufallsvariable sein.

Zur Beurteilung der Sicherheitsmarge zwischen der Zufallsvariablen der Beanspruchung
und der der Beanspruchbarkeit ist es notwendig, die statistische Verteilung der Beanspru-
chungsvariablen zu kennen. Generell stellt sich also die Frage, wie eine Funktion statistische Eigenschaften einer Eingangsvariablen auf die Ausgangsvariable (Ergebnis) abbildet.

In diesem Abschnitt wird die umrissene Fragestellung nicht mit numerischen Methoden
(Simulation) bearbeitet, sondern mit Hilfe analytischer Ansätze. Für die Anwendung von
Simulationsverfahren wird auf die Darstellungen in den Abschnitten 2.1 und 4.3 verwiesen.
Ziel ist die Erläuterung grundlegender Zusammenhänge. Simulationsmethoden dagegen
werden immer dann verwendet, wenn analytische Verfahren, z.B. bei komplizierten Pro-
blemstellungen, nicht anwendbar sind.

Betrachtet wird zunächst der eindimensionale Fall

$$Y = g(X) \qquad\qquad\qquad (A3.97)$$

mit in statistischer Hinsicht bekannter Zufallsvariabler X, g(.) als einer bestimmten Funk-
tion und Y als der Ausgangszufallsvariablen. Nimmt man außerdem an, daß es sich bei der
Funktion g(.) um eine in X monoton ansteigende Funktion handelt, die über eine eindeutige
Inverse $g^{-1}(y)$ verfügt, so ergibt sich:

$$P(Y{=}y) = P[X = g^{-1}(y)] \qquad\qquad\qquad (A3.98)$$

$$P(Y{\leq}y) = P[X \leq g^{-1}(y)] \qquad\qquad\qquad (A3.99)$$

Bei kontinuierlicher Häufigkeitsfunktion gilt:

$$F_Y(y) = F_X\big(g^{-1}(x)\big) \qquad\qquad\qquad (A3.100)$$

Die rechte Seite von Gl. (A3.100) kann auch mit Hilfe der als bekannt vorausgesetzten Dichtefunktion $f_X(x)$ ausgedrückt werden:

$$F_Y(y) = \int_{-\infty}^{g^{-1}(x)} f_X(x) \, dx \tag{A3.101}$$

Durch Substitution der Integrationsvariablen ergibt sich hieraus:

$$F_Y(y) = \int_{-\infty}^{y} f_X(g^{-1}(y)) \, \frac{dg^{-1}(y)}{dy} \, dy \tag{A3.102}$$

Der direkte Zusammenhang zwischen der Dichtefunktion $f_Y(y)$ und $f_X(x)$ ist somit:

$$f_Y(y) = f_X(g^{-1}(y)) \, \frac{dg^{-1}(y)}{dy} \tag{A3.103}$$

Verzichtet man auf die eingangs dargestellten Annahmen der Monotonie von $g(\cdot)$ in x und der eindeutigen Inverse für $g(\cdot)$, so wird Gl. (A3.103) zu (vgl. [A3.1], [A3.4]):

$$f_Y(y) = \sum_{i=1}^{k} f_X(g_i^{-1}(y)) \left| \frac{dg^{-1}(y)}{dy} \right| \tag{A3.104}$$

Die Summe muß also über alle k-Wurzeln der Funktion $g(\cdot)$ durchgeführt werden.

● Beispiel A3.9:

Die Variable X sei lognormalverteilt mit den Parametern λ und ξ. Welche Verteilung besitzt die Variable $Y = \ln X$?

$$x = g^{-1}(y) = e^y \, ; \qquad\qquad \frac{dg^{-1}(y)}{dy} = e^y$$

$$f_X(x) = \frac{1}{x\xi\sqrt{2\pi}} \, \exp\left[-0.5 \left(\frac{\ln x - \lambda}{\xi} \right)^2 \right]$$

Somit ergibt sich die Dichtefunktion von Y zu:

$$f_Y(y) = \frac{1}{\xi\sqrt{2\pi}} \, \exp\left[-0.5 \left(\frac{y-\lambda}{\xi} \right)^2 \right] \qquad .$$

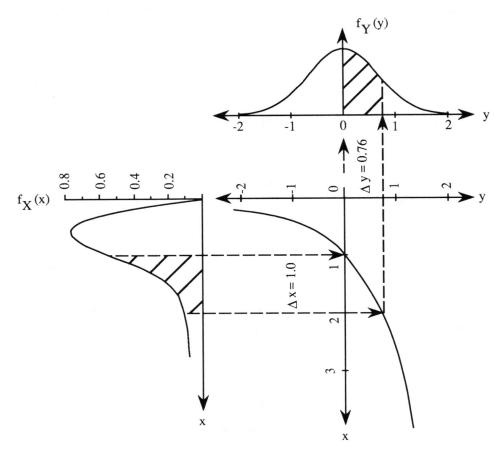

Bild A3.24: Geometrische Darstellung der Transformation
zur Dichtefunktion $f_Y(y)$

Aus der Gleichung für die Dichtefunktion für $f_Y(y)$ ist leicht zu erkennen, daß Y normalverteilt ist mit Mittelwert λ und Varianz ξ^2. Legt man die Parameter der Variablen X mit $\lambda= 0$ und $\xi = 0.7$ fest, so ergibt sich die in Bild A3.24 dargestellte Transformation zur Ermittlung der Dichtefunktion von Y. Die in beiden Dichtefunktionen für das Intervall $x_1=1$, $x_2=2$ schraffierten Flächen sind gleich groß.

Für Funktionen mit mehr als einer Zufallsvariablen, z.B. $Z = g(X,Y)$, lassen sich die vorgestellten Zusammenhänge ausgehend von Gl. (A3.101) entsprechend erweitern. Mit der inversen Funktion $g^{-1}(Z,Y)$ ergibt sich somit

$$F_Z(z) = \int_{-\infty}^{\infty} \int_{-\infty}^{g^{-1}(z,y)} f_{XY}(x,y) \; dx \, dy. \tag{A3.105}$$

Durch Substitution der Integrationsvariablen wird die Häufigkeitsverteilung

$$F_Z(z) = \int_{-\infty}^{\infty} \int_{-\infty}^{z} f_{XY}(g^{-1}(z,y); \, y) \; \left| \frac{dg^{-1}(z,y)}{dz} \right| dz \, dy \tag{A3.106}$$

und die entsprechende Dichtefunktion

$$f_Z(z) = \int_{-\infty}^{\infty} f_{XY}(g^{-1}(z,y); \, y) \; \left| \frac{dg^{-1}(z,y)}{dz} \right| dy. \tag{A3.107}$$

Die Auswertung von Gl. (A3.106) bzw. (A3.107) ist im allgemeinen schwierig oder sehr rechenaufwendig. Außerdem müssen Informationen über die Verbunddichte f_{XY} zur Verfügung stehen, die häufig nicht vorliegen.

Im folgenden werden daher Lösungen für einige Sonderfälle dargestellt, die für die Sicherheitsbeurteilung für Ingenieurtragwerke von Bedeutung sind.

Ist die betrachtete Funktion $g(X;Y)$ durch die Summe zweier Zufallsvariablen definiert

$$Z = g(X,Y) = x + y, \tag{A3.108}$$

so ergibt sich die inverse Funktion zu

$$g^{-1}(Z,Y) = x = z - y \tag{A3.109}$$

und die Dichtefunktion f_Z gemäß Gl. (A3.107) zu

$$f_Z(z) = \int_{-\infty}^{\infty} f_{XY}(z-y, \, y) \; dy \qquad . \tag{A3.110}$$

Sind die Zufallsvariablen X und Y voneinander unabhängig, so ist mit Gl. (A3.96):

$$f_Z(z) = \int\limits_{-\infty}^{\infty} f_X(z-y)\, f_Y(y)\, dy \qquad\qquad (A3.111)$$

Dieser Ausdruck für die Verbunddichte wird auch als Faltungsintegral bezeichnet. Sind zwei Zufallsvariablen unabhängig, so wird die Dichtefunktion ihrer Summe durch Faltung der beteiligten Dichtefunktionen ermittelt.

Nimmt man weiterhin an, daß X und Y normalverteilte Zufallsvariablen sind, so wird mit Gl. (A3.95) und (A3.110):

$$f_Z(x,y) = \frac{1}{2\pi\, \sigma_X\, \sigma_Y} \cdot \int\limits_{-\infty}^{\infty} \exp\left[-\frac{1}{2}\left\{\left(\frac{z-y-\mu_X}{\sigma_X}\right)^2 + \left(\frac{y-\mu_Y}{\sigma_Y}\right)^2\right\}\right] dy \qquad (A3.112)$$

Mit Hilfe von Substitutionen und einiger algebraischer Operationen kann die Dichtefunktion f_Z weiter vereinfacht werden.

$$f_Z(z) = \frac{1}{\sqrt{2\pi\left(\sigma_X^2 + \sigma_Y^2\right)}} \exp\left[-\frac{1}{2}\left\{\frac{z-(\mu_X+\mu_Y)}{\sqrt{\sigma_X^2 + \sigma_Y^2}}\right\}^2\right] \qquad (A3.113)$$

Es läßt sich leicht erkennen, daß Gl. (A3.113) ebenso eine Normalverteilung bezeichnet mit Mittelwert

$$\mu_Z = \mu_X + \mu_Y \qquad\qquad (A3.114)$$

und Varianz

$$\sigma_Z^2 = \sigma_X^2 + \sigma_Y^2 \, . \qquad\qquad (A3.115)$$

Die Summe normalverteilter unabhängiger Zufallsvariablen ist somit wiederum eine normalverteilte Variable, deren Parameter durch Gl. (A3.114) und (A3.115) bestimmt werden. Von diesem Sachverhalt wurde bereits in Beispiel (A3.8) Gebrauch gemacht.

Gleiches gilt für die Differenz zweier unabhängiger Zufallsvariablen, wobei sich die Parameter mit

$$\mu_Z = \mu_X - \mu_Y \tag{A3.116}$$

$$\sigma_Z^2 = \sigma_X^2 + \sigma_Y^2 \tag{A3.117}$$

berechnen. Es läßt sich weiterhin zeigen, daß eine Funktion der Form

$$Z = \sum_{i=1}^{n} a_i \, X_i \tag{A3.118}$$

mit der Konstanten a_i und den unabhängigen normalverteilten Zufallsvariablen X_i ebenso zu einer normalverteilten Variablen Z führt.

$$\mu_Z = \sum_{i=1}^{n} a_i \, \mu_{Xi} \tag{A3.119}$$

$$\sigma_Z^2 = \sum_{i=1}^{n} a_i^2 \, \sigma_{Xi}^2 \tag{A3.120}$$

Allgemein gilt, daß jede lineare Funktion mit unabhängig normalverteilten Variablen wiederum eine normalverteilte Zufallsvariable erzeugt, deren Parameter mit den dargestellten Gleichungen berechnet werden.

Ein weiterer Sonderfall behandelt unabhängig lognormalverteilte Zufallsvariablen. Produkte oder Quotienten dieser Variablen führen wieder zu einer lognormalverteilten Zufallsvariablen (Z). Deren Parameter sind mit den folgenden Gleichungen berechenbar:

$$\lambda_Z = \sum_{i=1}^{n} \lambda_{Xi} \tag{A3.121}$$

$$\xi_Z^2 = \sum_{i=1}^{n} \xi_{Xi}^2 \tag{A3.122}$$

Ein Erläuterungsbeispiel zur Anwendung der erwähnten Regeln ist in Abschnitt 2.1 dargestellt.

Die Erläuterungen für Summen von Zufallsvariablen führen bei Grenzwertbetrachtungen
d.h. n=∞ zum sogenannten *zentralen Grenzwertsatz*. Dieser besagt, daß bei einer großen
Zahl von Zufallsvariablen die Summe dieser Variablen sich einer Normalverteilung nähert,
unabhängig von der Verteilungsfunktion der Einzelvariablen. In gleicher Weise läßt sich ein
entsprechender Satz für Produkte (= Summe der Logarithmen) einer großen Anzahl von
Variablen formulieren, die sich einer Lognormalverteilung annähern.

Theoretisch kann mit den bisher erläuterten Zusammenhängen die Dichtefunktion jeder
Funktion von Zufallsvariablen hergeleitet werden. Geschlossene Lösungen sind allerdings
nicht für alle Fälle mit vertretbarem Aufwand abzuleiten. Numerische Methoden, die im allgemeinen problemlos anzuwenden sind, werden daher häufig vorgezogen (vgl. Abschnitt
4.3).

Die Beschreibung von Dichtefunktionen für Funktionen von Zufallsvariablen kann auch,
ausgehend von den Momenten der beteiligten Variablen, über statistische Momente vorgenommen werden. Mit der Definition in Gl. (A3.8) ergibt sich für den Erwartungswert einer
linearen Funktion $Z = aX + b$.

$$E[Z] = E[aX + b] = \int_{-\infty}^{\infty}(ax + b)\, f_X(x)\, dx \qquad (A3.123)$$

Da a und b Konstante sind, läßt sich Gl. (A3.123) vereinfachen:

$$E[Z] = a \int_{-\infty}^{\infty} f_X(x)dx + b \int_{-\infty}^{\infty} f_X(x)dx$$

$$E[Z] = a\, E[X] + b$$

Mit ähnlicher Vorgehensweise läßt sich die Varianz ermitteln:

$$Var(Z) = E[(z - \mu_z)^2] \qquad (A3.124)$$

$$Var(Z) = E[(a\,X + b - a\,\mu_z - b)^2] \qquad (A3.125)$$

$$Var(Z) = a^2 \int\limits_{-\infty}^{\infty} (x - \mu_X)^2 \, f_X(x) \, dx \qquad (A3.126)$$

$$Var(Z) = a^2 \, Var(X) \qquad (A3.127)$$

Wie bereits zu Anfang von Anhang A3 erwähnt, ist die Dichtefunktion mit Momenten nur dann genau beschrieben, wenn alle Momente berechnet werden. Auf Grund der notwendigen Integration von unter Umständen auftretenden Mehrfachintegralen bei allgemeinen Funktionen kann auch dieses Vorgehen recht aufwendig sein. Selbst bei der Beschränkung auf niedere Momente und der damit verbundenen fehlerhaften Beschreibung der Dichtefunktion bleibt der Berechnungsaufwand bei nichtlinearen Funktionen unvertretbar groß.

Für die Bearbeitung von Sicherheitsfragen im Ingenieurwesen wird daher oft eine weitere Vereinfachung vorgenommen. Die ersten beiden Momente einer Funktion von Zufallsvariablen werden näherungsweise mit Reihenansätzen berechnet.

A3.6 Näherungsweise Berechnung der Momente allgemeiner Funktionen stochastischer Variablen

Die näherungsweise erfolgende Berechnung der Momente allgemeiner Funktionen mit Hilfe von Reihenansätzen ist in der Sicherheitsbeurteilung von Ingenieurtragwerken weit verbreitet. Dieser Ansatz bildet die Grundlage der Methode der zweiten Momente (vgl. Abschnitt 2.1) und ist außerdem die Basis zur Entwicklung probabilistischer Normen.

Taylor-Reihenansätze sind insbesondere geeignet, Mittelwert und Varianz einer allgemeinen Funktion g(x) abzuschätzen. Die Reihenentwicklung wird am Mittelwert μ_X durchgeführt und bereits nach den linearen Ausdrücken abgebrochen.

$$g(x) \cong g(\mu_X) + g'(\mu_X) \cdot (x - \mu_X) \qquad (A3.128)$$

Der Ausdruck $g'(\mu_X)$ bezeichnet die Ableitung der Funktion g(x) am Mittelwert μ_X. Gl. (A3.128) kann direkt in Gl. (A3.8) eingesetzt werden.

$$E[g(x)] \cong \int\limits_{-\infty}^{\infty} [g(\mu_X) + g'(\mu_X) \cdot (x - \mu_X)] \, f_X(x) \, dx \qquad (A3.129)$$

$$E[g(x)] \cong \int_{-\infty}^{\infty} g(\mu_X) \, f_X(x) \, dx \; + \int_{-\infty}^{\infty} g'(\mu_X) \, x \, f_X(x) \, dx \; -$$

$$- \int_{-\infty}^{\infty} g'(\mu_x) \, \mu_X \, f_X(x) \, dx \tag{A3.130}$$

$$E[g(x)] \cong g(\mu_X) \tag{A3.131}$$

Auf die detaillierte Herleitung zur Abschätzung der Varianz für g(x) wird verzichtet. Für eine weitergehende Darstellung zu diesem Themenbereich wird auf [A3.1] verwiesen.

$$Var(g(x)) \cong [g'(\mu_X)]^2 \cdot \sigma_X^2 \tag{A3.132}$$

Bei der Behandlung von linearen und schwach nichtlinearen Funktionen sind die Abschätzungen für Mittelwert und Varianz in ihrer Genauigkeit ausreichend. Ausgeprägtere Nichtlinearitäten verlangen ggf. bessere Abschätzung durch Berücksichtigung der Ausdrücke II. Ordnung in der Taylor-Reihenentwicklung. Die entsprechenden Gleichungen ergeben sich dann zu:

$$E[g(x)] \cong g(\mu_X) + \frac{1}{2} \sigma_X^2 \, [g''(\mu_X)]^2 \tag{A3.133}$$

$$Var(g(x)) \cong \sigma_X^2 \, [g'(\mu_X)]^2 - \frac{1}{4} \sigma_X^2 \, [g''(\mu_X)]^2 +$$

$$E \, [(x-\mu_X)^3] \, g'(\mu_X) \, g''(\mu_X) + \frac{1}{4} \, E \, [(x-\mu_X)^4] \, [g''(\mu_X)]^2 \tag{A3.134}$$

Aus Gl. (A3.134) ist der beträchtlich vergrößerte Rechenaufwand zu erkennen, da bereits das vierte Moment für die Varianz einbezogen werden muß.

Für mehrdimensionale Fragestellungen genügt eine formale Erweiterung von Gl. (A3.131) und Gl. (A3.132) zu:

$$g(\underline{x}) = g(x_1, x_2, x_3, \ldots x_n) \tag{A3.135}$$

$$E[g(\underline{x})] \cong g(\mu_{x1} \ldots \mu_{xn}) \tag{A3.136}$$

$$\text{Var } g(\underline{x}) \cong \sum_{i=1}^{n} \left(\frac{\partial g}{\partial x_i} \right)^2 \sigma_{Xi}^2 + \sum_{i=1}^{n} \sum_{j=1, i \neq j}^{n} \left(\frac{\partial g}{\partial x_i} \right) \left(\frac{\partial g}{\partial x_j} \right) \text{Cov}(x_i \, x_j) \qquad \text{(A3.137)}$$

Gl. (A3.137) wird auch als Fehlerfortpflanzungsgesetz bezeichnet und findet insbesondere weite Verbreitung im Vermessungswesen [A3.8]. Sind die beteiligten Variablen statistisch unabhängig, so sind die Kovarianzen gleich 0, und das letzte Glied in Gl. (A3.137) entfällt.

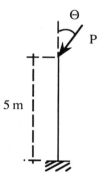

Bild A3.25: Stütze mit Belastung

- Beispiel A3.10 ([A3.4]):

  Auf eine Stütze (h=5m) wird eine unter dem Winkel θ angreifende Last P aufge−bracht (vgl. Bild A3.25). Für die Sicherheitsbeurteilung sollen Mittelwert und Vari−anz des Einspannmomentes am Fußpunkt ermittelt werden. Die Parameter der Zu−fallsvariable konnten mit

  $$\mu_P = 100 \text{ kN}; \qquad \sigma_P = 20 \text{ kN}$$

  $$\mu_\theta = 30°; \qquad \sigma_\theta = 5° = 0.087 \text{ rad}$$

  festgelegt werden. Das Einspannmoment ergibt sich mit

  $$M = P \cdot h \cdot \sin \theta.$$

  Durch Anwendung von Gl. (A3.136) und (A3.137) ergibt sich dann:

  $$\mu_M \cong 100 \cdot 5.0 \cdot \sin 30 = 250 \text{ kNm}$$

$$\sigma_M^2 = \sigma_P^2 \ (\text{h} \sin \theta)^2 \cdot \sigma_\theta^2 \ (\text{h} \ \mu_P \cos \theta)^2$$

$$\sigma_M^2 = 20^2 \ (5 \cdot \sin 30°)^2 + 0.087^2 \cdot (5 \cdot 100 \cos 30°)^2$$

$$\sigma_M^2 = 3920 \ (\text{kNm})^2$$

Es läßt sich zeigen ([A3.4]), daß durch Berücksichtigung von Ausdrücken II. Ordnung in der Reihenentwicklung der Schätzwert des Mittelwertes lediglich auf den Wert von 249 kNm verbessert werden kann.

A3.7 Zusammenfassung

Anhang A3 diente der Erläuterung der Parameter zur Beschreibung von Wahrscheinlichkeitsverteilungen für Zufallszahlen. Darauf aufbauend wurden die gebräuchlichsten Modelle für Wahrscheinlichkeitsverteilungen vorgestellt.

Für die Anwendung in der Sicherheitsbeurteilung von Ingenieurtragwerken wurden ferner Dichtefunktionen für einige Sonderfälle von stochastischen Funktionen hergeleitet. Die eingeschränkten Möglichkeiten zur geschlossenen Ableitung der Dichtefunktionen führte zur näherungsweisen erfolgenden Beschreibung der Dichtefunktion über die Momente der beteiligten Zufallsvariablen. Auch bei dieser Methode konnten nur bestimmte Klassen von Funktionen mit vertretbarem Aufwand bearbeitet werden. Zur Verarbeitung allgemeiner Funktionen wurde schließlich die Näherung mit Hilfe der Reihenentwicklung vorgestellt, die die Grundlage für zahlreiche Verfahren der Sicherheitsanalyse im Ingenieurbau darstellt.

Die Lösung einer ähnlichen Aufgabenstellung wie Beispiel A3.10 wird mit Hilfe von numerischer Simulation in Abschnitt 4.1 erläutert.

Literatur

[A3.1]   Papoulis, A.: Probability, Random Variables and Stochastic Processes, McGraw-Hill, Singapore, 2nd Ed., 1985

[A3.2]   Bronstein, I.N.; Semendjajew, K.A.: Taschenbuch der Mathematik, Harri Deutsch Verlag, Frankfurt, 21.Aufl., 1981

[A3.3]   Bosch, K.: Elementare Einführung in die Wahrscheinlichkeitsrechnung, Vieweg Verlag, Braunschweig 1986

[A3.4]   Ang, A. H.-S.; Tang, W.H.: Probability Concepts in Engineering Planing and Design, Vol. I - Basic Principles, John Wiley & Sons, New York 1975

[A3.5]   Fisher, R.A.; Tippet, L.H.C.: Limiting Forms of the Frequency Distribution of the Largest or Smallest Number of a Sample, Proc. Cambridge Philosophical Society, XXIV, Part II, 1928, pp. 180-190

[A3.6]   Gnedenko, B. W.: Lehrbuch der Wahrscheinlichkeitsrechnung, 3. Aufl. Akademie-Verlag, Berlin 1962

[A3.7]   Gumbel, E.: Statistics of Extremes, Columbia Univ. Press, New York 1958

[A3.8]   Jordan, W.; Eggert, O.; Kneisl, M.: Handbuch der Vermessungskunde, Bd. 1, J.B. Metzlersche Verlagsbuchhandlung, Stuttgart 1961

A4   Erzeugung von Zufallszahlen

A4.1 Allgemeines

Wie in Abschnitt 2.1 bereits erwähnt, treten bei Simulationsrechnungen Zufallszahlen - also künstlich erzeugte Zahlen - an die Stelle real gemessener physikalischer Größen oder dienen zu deren Ergänzung. Vor Beginn einer jeden Simulation müssen die Verteilungsfunktionen der beteiligten Zufallsvariablen festgelegt werden. Mit Hilfe von Transformationsbeziehungen lassen sich Zahlen der meisten theoretischen Verteilungsfunktionen auf standard-gleichverteilte Zahlen zurückführen. Daher vollzieht sich die Erzeugung von beliebig verteilten Zufallszahlen immer in zwei Schritten:

a) Erzeugung von standard-gleichverteilten Zahlen,

b) Transformation der standard-gleichverteilten Zahlen in Zahlen der gewünschten Verteilungsfunktion.

Als standard-gleichverteilte Zahlen werden Zahlen bezeichnet, die zwischen 0 und 1 gleichverteilt sind, d.h. mit gleicher relativer Häufigkeit auftreten.

Ein wichtiger Aspekt im Zusammenhang mit der Erzeugung von Zufallszahlen ist die Tatsache, daß es sich bei den generierten Zahlen immer nur um einen Teil der Grundgesamtheit, d.h. eine Stichprobe, handelt. Die generierten Zahlen sollten das Merkmal der Zufälligkeit aufweisen, damit bei wiederholter Simulation nicht immer derselbe Teil der Grundgesamtheit erzeugt wird.

Natürlich sind die durch moderne EDV-Anlagen erzeugten Zufallszahlen im strengen mathematischen Sinne nicht zufällig und werden daher auch als Pseudozufallszahlen bezeichnet. Im allgemeinen ist es jedoch kaum möglich, eine Folge von Pseudozufallszahlen - erzeugt durch einen Digitalrechner - von wirklichen Zufallszahlen zu unterscheiden, wenn man die entsprechenden statistischen Eigenschaften miteinander vergleicht.

A4.2 Erzeugung von standard-gleichverteilten Zufallszahlen

In der Vergangenheit wurde häufig neben den in EDV-Anlagen abgespeicherten Tafeln von Zufallszahlen als eines der frühen Verfahren die *Mittelquadratmethode* ([A4.1]) angewendet. Diese Methode ist allerdings, besonders in Hinblick auf die erforderliche hohe Rechenzeit, wenig effizient. Deshalb wurden sogenannte Kongruenzmethoden über eine zahlentheoretische Betrachtungsweise entwickelt. Die Attraktivität der Kongruenzmethoden liegt vor allem in der Zugänglichkeit für theoretische Untersuchungen zur Abschätzung der Qualität der generierten Zahlen.

Die unterschiedlichen Varianten der Kongruenzmethoden sind in [A4.2], [A4.3] und [A4.4] ausführlich erläutert.

Das hier dargestellte Verfahren zur Erzeugung standard-gleichverteilter Zufallszahlen basiert auf einem gemischt multiplikativen Kongruenzverfahren und läßt sich mit nachfolgender Gleichung (A4.1) beschreiben.

$$X_i = (\alpha X_0 + \beta) \ (\mathrm{mod} \ m) \tag{A4.1}$$

Die Parameter α, X_0 und β müssen in geeigneter Weise als Anfangswerte festgelegt werden, damit der Zufallszahlengenerator die gewünschten Eigenschaften erhält. Da die meisten Rechenanlagen auf einem binären System aufbauen, wird der Modul m als Potenz von 2 mit 2^γ gewählt, worin γ die tatsächliche Wortlänge in Bits der jeweiligen Maschine bezeichnet. Der Modul m bestimmt die maximale Periodizität der erzeugten Zufallszahlen, d.h. die Anzahl von Zahlen, nach der sich die Zufallszahlenfolge wiederholt. Unter tatsächlicher Wortlänge wird in diesem Zusammenhang nicht die rein physikalische Wortlänge verstanden, sondern die Wortlänge, die letztlich durch den verwendeten Compiler verarbeitet wird. Bei Personal-Computern kann dies häufig die zweifache physikalische Wortlänge sein. Da das Ergebnis in Gl. (A4.1) - X_i - eine ganze Zahl darstellen soll, ist es offensichtlich, daß die Variable α und das Inkrement β, ebenso wie der Modul m nur ganzzahlige nicht negative Werte annehmen dürfen. Die mathematische Formulierung in Gl. (A4.1) bezeichnet die rekursive Berechnung des Moduls m durch eine lineare Transformation. Diese Operation ist durch folgenden Ausdruck definiert:

$$X_i = \alpha \cdot X_0 + \beta - m \left[\frac{\alpha \ X_0 + \beta}{m} \right] \tag{A4.2}$$

worin [·] den jeweils größten ganzzahligen Wert bezeichnet. Die für Simulationstechniken benötigten standard-gleichverteilten Zahlen im Intervall (0,1) erhält man durch entsprechende Normalisierung mit Hilfe des Moduls m

$$U_i = \frac{X_i}{m} \ .$$ (A4.3)

Zur Veranschaulichung der erläuterten Zusammenhänge wird die Generierung der standard-gleichverteilten Zufallszahlen an folgendem Beispiel demonstriert.

• Beispiel A4.1:

Die Parameter des Zufallszahlengenerators sind wie folgt festgelegt:

$$\alpha = 3.0, \qquad \beta = 11, \qquad m = 7, \qquad X_0 = 13$$

Mit Hilfe von Gl. (A4.2) und (A4.3) ergibt sich dann:

$$X_1 = 3 \cdot 13 + 11 - 7 \left[\frac{3 \cdot 13 + 11}{7} \right]$$

$$X_1 = 50 - 49 = 1.0$$

$$U_1 = 0.1428$$

$$X_2 = 3 + 11 - 7 \left[\frac{3 \cdot 1 + 11}{7} \right]$$

$$X_2 = 14 - 14 = 0$$

$$U_2 = 0 \qquad \text{usw.}$$

Die weiteren Elemente dieser Zahlenfolge bis zur vollständigen Periode sind in Tabelle A4.1 zusammengestellt.

i	X_i	U_i
1	1.0	0.1428
2	0	0
3	4	0.5714
4	2	0.2857
5	3	0.4286
6	6	0.8571
Ende der Periode		
7	1	0.1428
8	0	0

Tabelle A4.1: Vollständige Periode der Zufallszahlenfolge

Auf Grund der rekursiven Berechnung der Pseudozufallszahlen unterliegen die so erzeugten
Zahlenfolgen einer gewissen Periodizität. Die maximale Periode einer nach Gl. (A4.1)
ermittelten Folge von Zufallszahlen ist durch die Größe des Moduls m festgelegt. Der Modul m wird bei fast allen bekannten Zufallszahlengeneratoren so gewählt, daß eine maximale
Anzahl von unabhängigen Zahlen berechnet werden kann. Bei der Entwicklung des hier behandelten Generators ([A4.4]) standen jedoch Qualitätsüberlegungen in Hinblick auf inge-
nieurwissenschaftlichte Anwendung im Vordergrund. Verschiedene Tests haben gezeigt,
daß die Qualität der gleichverteilten Zufallszahlen verbessert werden kann, wenn der Modul
m - d.h. die maximale Periodenlänge - aus der geforderten Anzahl von Zufallszahlen (NN)
ermittelt wird. Zur Sicherstellung der statistischen Eigenschaften der zu erzeugenden Zufallszahlen werden nun die notwendigen Parameter wie folgt gewählt:

$$m = 2^{\left[\frac{\ln(NN)}{\ln(2)} + 1\right]} \tag{A4.4}$$

Auch hier bezeichnet [·] die größte positive ganze Zahl. Die übrigen Parameter ergeben sich
dann zu:

$$\alpha = 2^{\left(\left[0.5\frac{\ln(NN)}{\ln(2)}+1\right] + 1\right)} - 19 \tag{A4.5}$$

und:

$$X_0 = 2\,(2^{\left[\frac{\ln(NN)}{\ln(2)}\right]} - 2) + 1 \tag{A4.6}$$

Es bedarf theoretischer Untersuchungen, die bestätigen, daß in jedem Fall die gewünschte
Periode durch die formulierte Parameterwahl gewährleistet ist ([A4.2], [A4.3], [A4.4]).

Das Inkrement β (Gl. A4.1) kann bei dem vorliegenden Generator in deterministischer
Weise festgelegt werden - zur Reproduzierbarkeit der Zahlenfolgen - oder aber mit Hilfe der
Systemzeit. Im allgemeinen wird der Bestimmung des Inkrements über die Systemzeit der
Vorzug gegeben, wobei zur Qualitätssicherung ungerade Werte gewählt werden sollten. Der
vorgeschlagene Zufallszahlengenerator eignet sich insbesondere für die in den Ingenieur-
wissenschaften übliche kleinere bis mittlere Stichprobenzahl und wurde in seinen Parame-

tern speziell auf diese Anwendung hin entwickelt. Hierdurch kann selbst bei kleinerem Stichprobenumfang ein hohes Maß an Qualität gewährleistet werden.

Für manche Anwendungsbereiche ist es notwendig, Vektorsimulationen durchzuführen, wobei bei mit üblichen Generatoren Korrelationen zwischen den Vektorkomponenten (Schichtungsproblematik) auftreten können (vgl. [A4.5], [A4.6]), die unter Umständen zu unbrauchbaren Rechenergebnissen führen. Die mögliche Korrelation zwischen einzelnen Komponenten kann recht einfach vermieden werden, wenn bei mehrdimensionalen Problemen jede Koordinatenrichtung getrennt mit einem unterschiedlichen Generator simuliert wird, d.h., die notwendigen Eingangsparameter der einzelnen Generatoren werden getrennt berechnet und zur Simulation abgespeichert.

A4.3 Programmtechnische Realisation des Zufallszahlengenerators

```
          FUNCTION UNIFOR(NN, MC, RN1, N, IBIT)
C
          INTEGER ALFA,G,RN,RN1,MP,MC,NT,MT,N
          DOUBLE PRECISION RSTN,RSTN1,Z,ANN,UNIFOR
          DATA ALFA/0/MP/0/
C
C         Purpose:
C         Generation of standard equal distributed random numbers by a mixed congruential method
C
C         Reference:
C         BOURGUND,U.:"Nichtlineare zuverlaessigkeitsorientierte Optimierung von Tragwerken unter
C         stochastischer Beanspruchung",Institut für Mechanik, Univers. Innsbruck, Dissertation,
C         Bericht 18-88
C-------------------------------------------------------------------------------------------------
C         Input:
C         NN............. TOTAL NO. OF REQUIRED SIMULATIONS
C                           UNCHANGED ON EXIT
C         MC............ CONSTANT ON USER INPUT
C                           UNCHANGED ON EXIT
C         RN1.......... WORKING VARIABLE
C                           RESET BY ROUTINE
C         N............... ACTUAL NO. OF RANDOM NUMBERS
C                           RESET BY ROUTINE
C         IBIT.......... NUMBER OF BITS PER WORD ON SPECIFIC MACHINE
C         Output:
C         THE RANDOM NUMBER IS RETURNED BY THE FUNCTION NAME
C-------------------------------------------------------------------------------------------------
          IP3=IBIT
          N  = N+1
          IF ( N .EQ. 1) THEN
            ANN     = DBLE(NN)
            IA2     =IDINT ((DLOG(ANN))/(DLOG(2.D0)))
            IF ((2**IA2).EQ.NN)THEN
                IP              = IA2
```

```
          ELSE
              IP                = IA2+1
          END IF
          IP2                   = IP/2
          IP4                   = (IP*3)/2
          IF (IP4.GT.(IP3-1)) THEN
              IP                = (2*IP3)/3
              IP2 = IP/2
          ENDIF
          MP                    = 2**IP
          ALFA                  = (2**((IP2)+1)-19)
          RN1                   = (2*(2**(IP-1)-2)+1)
          MCT                   = 2**(IP3-1) - ALFA*(MP-1)
          IF ( MC .GT. MCT) THEN
              MC                = (MCT/2)*2 - 1
          ENDIF
          IF ((ABS(ALFA*RN1)) .LT. 0) THEN
                              IF ((ABS(MC)).LT.(ABS(ALFA*RN1))) THEN
                                    MC = (MC*100) - 1
                              END IF
              END IF
          END IF
C---------------------------------------------------------------------------------
C         GENERATION OF STANDARD EQUAL DISTR. NUMBERS
C---------------------------------------------------------------------------------
          NT                    = (ALFA*RN1) + MC
          MT                    = NT/MP
          MT                    = NT-(MT*MP)
          RSTN                  = DBLE(MT*DBLE(MP-1)+0.3D0)/DBLE(MP-1)
          RSTN                  = RSTN+(1.D0-0.3D0)/2.0D0
          RSTN                  = RSTN/MP
          IF (RSTN .LT. 0.0D0) THEN
                      RSTN=1.D0+RSTN
          ENDIF
          UNIFOR      = RSTN
          RN1         = MT
          RETURN
          END
```

A4.4 Erzeugung von Zufallszahlen bekannter Dichtefunktionen

Zur Erzeugung von Zufallszahlen bekannter Dichtefunktionen (z.B. Normalverteilung, Lognormalverteilung, Exponentialverteilung, usw.) werden zunächst standard-gleichverteilte Zahlen generiert. In einem zweiten Schritt werden diese Zahlen mittels inverser Transformation in die gewünschte Verteilung überführt. Das Verfahren der inversen Transformation ist nur anwendbar, wenn die Inverse der jeweiligen Verteilungsfunktion existiert. Außerdem wird verlangt, daß die Verteilungsfunktion selbst streng monoton steigend ist, damit eine eindeutige Transformationsbeziehung existiert. Bei den üblicherweise verwendeten Dichtefunktionen ist diese Bedingung meist erfüllt.

Die inverse Transformation läßt sich anschaulich mit Hilfe von Bild A4.1 erläutern. Ausgehend vom Wert der Verteilungsfunktion $F_u(u_i)$ (Standardgleichverteilung) wird der Wert x_i gesucht, der den gleichen Wert hinsichtlich der Verteilungsfunktion $F_x(x_i)$ ergibt. Die Werte x_i gehorchen in diesem Fall der Dichtefunktion $f_X(x)$. Betrachtet man zum Beispiel die Exponentialverteilung mit der Verteilungsfunktion

$$U = F_u(u) = F_X(x) = 1 - \exp[-\lambda x]; \qquad x > 0, \tag{A4.7}$$

so läßt sich die Inverse unmittelbar darstellen als:

$$x = F_X^{-1}(x) = \frac{-1}{\lambda} \cdot (\ln(1 - u)). \tag{A4.8}$$

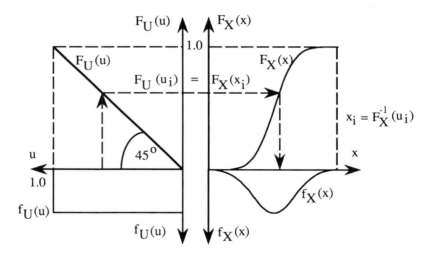

Bild A4.1: Inverse Transformation

Im folgenden sind die Transformationsbeziehungen der wichtigsten Verteilungen angegeben, die zur Erzeugung des jeweiligen Verteilungstypen herangezogen werden können. Die Ausgangsverteilung für die Transformationsgleichungen ist immer eine Standard-Gleichverteilung, d.h. ein entsprechender Wert der Variablen u.

a. Gleichverteilung (nicht standardisiert):

$$x = u\,(b\text{-}a) + a \tag{A4.9}$$

b. Exponentialverteilung (allgemeine):

$$x = \frac{-1}{\lambda} \cdot (\ln (1 - u)) + x_a \qquad\qquad (A4.10)$$

c. Rayleigh-Verteilung (allgemeine):

$$x = x_0 + \sqrt{(2 \cdot \alpha^2) \cdot (- \ln (1 - u))} \qquad\qquad (A4.11)$$

d. Gumbel-Verteilung (Typ I - Größtwerte):

$$x = \frac{\ln (-\ln u)}{(- \alpha)} + \beta$$

$$(A4.12)$$

e. Gumbel-Verteilung (Typ I - Kleinstwert):

$$x = \frac{\ln (-\ln (1 - u))}{\alpha} + \beta \qquad\qquad (A4.13)$$

f. Fréchét-Verteilung (Typ II - Größtwert):

$$x = \frac{\nu}{(- \ln(u))^{1/k}} \qquad\qquad (A4.14)$$

g. Weibull-Verteilung:

$$x = (w - \varepsilon) \cdot (- \ln (1 - u))^{1/k} + \varepsilon \qquad\qquad (A4.15)$$

Für die Definition und Erläuterung der einzelnen Parameter der Verteilungsfunktionen wird auf Anhang A3.3 verwiesen.

Da sich für die beiden häufigsten Verteilungsfunktionen - Normalverteilung und Lognormalverteilung - keine explizite Transformationsbeziehung angeben läßt, wird vielfach auf numerische Transformationsverfahren zurückgegriffen (vgl. [A4.7]).

Weniger aufwendig hinsichtlich einer direkten Anwendung erscheint das in [A4.8] vorge-
stellte Verfahren zur Transformation auf normalverteilte Zufallszahlen. Ausgehend von zwei
unabhängigen standard-gleichverteilten Zahlen U_1 und U_2, ergeben sich mit

$$S_1 = (- 2 \ln U_1)^{1/2} \cos 2\pi U_2 \qquad\qquad\qquad (A4.16a)$$

$$S_2 = (- 2 \ln U_1)^{1/2} \sin 2\pi U_2 \qquad\qquad\qquad (A4.16b)$$

zwei unabhängige standard-normalverteilte Zahlen S_1, S_2. Der Nachweis, daß diese Transformation tatsächlich zu normalverteilten Zahlen führt, läßt sich mit der Jakobi-Transforma-
tion (vgl. [A4.10]) sowie einigen weiteren Rechenoperationen erbringen (vgl. [A4.9]).

Mit Hilfe der standard-normalverteilten Zahlen S_1 und S_2 lassen sich nun beliebige Normalverteilungen erzeugen (Gl. (A4.17a), (A4.17b)).

$$x_1 = \mu + \sigma \sqrt{-2\ln U_1} \, \cos 2\pi U_2 \qquad\qquad\qquad (A4.17a)$$

$$x_2 = \mu + \sigma \sqrt{-2\ln U_1} \, \sin 2\pi U_2 \qquad\qquad\qquad (A4.17b)$$

- Beispiel A4.2:
  Die in Beispiel A4.1 erzeugten standard-gleichverteilten Zufallszahlen werden nun
  verwendet, um normalverteilte Zufallszahlen mit $\mu=10.0$ und $\sigma=1.0$ zu erzeugen.

  Mit Hilfe von Gl. (A4.17a) und (A4.17b) ergibt sich:

$$x_1 = 10 + 1.0 \sqrt{(-2 \ln 0.1428)} \, \cos(2\pi \; 0)$$
$$x_2 = 10 + 1.0 \sqrt{(-2 \ln 0.1428)} \, \sin(2\pi \; 0)$$

$$x_1 = 11.9729$$
$$x_2 = 10.0$$

  Die weiteren Elemente dieser Zahlenfolge bis zur vollständigen Periode sind in Tabelle A4.1 zusammengestellt.

Auf Grund der engen Beziehung zwischen Normal- und Lognormalverteilung (vgl. Anhang A3.3) lassen sich ebenso lognormalverteilte Zahlen unmittelbar aus normalverteilten berechnen.

i	U_i	x_i
1	0.1428	11.9729
2	0	10.0
3	0.5714	9.765
4	0.2857	11.03
5	0.4286	10.81
6	0.8571	8.982

Tabelle A4.2: Normalverteilte Zufallszahlen (Beispiel A4.2)

Sind diskret-verteilte Zufallszahlen für eine Simulation notwendig, so werden wie bei kontinuierlichen Verteilungsfunktionen zunächst standard-gleichverteilte Zufallszahlen erzeugt. Im zweiten Schritt muß dann herausgefunden werden, in welchem Intervall [$F_x (x_i)$, $F_x(x_{i+1})$] die betrachtete Zufallszahl u_i auftritt. Hieraus ergibt sich dann die diskrete Zufallszahl x_i. Für die Simulation der Auftretenswahrscheinlichkeit von sechs verschiedenen Lastfällen ist die erläuterte Vorgehensweise in Bild A4.2 dargestellt.

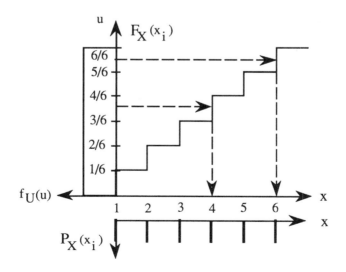

Bild A4.2: Diskrete Zufallszahlen

Ist $U_1 = 0.6$, so ergibt sich

$$F_x(3) < U_1 \leq F_x(4) \tag{A4.18}$$

womit x_1 den Wert 4 annimmt. Mit gleicher Vorgehensweise ergibt sich

$$U \leq \frac{1}{6} \qquad \rightarrow x = 1 \tag{A4.19}$$

$$\frac{1}{6} < U \leq \frac{2}{6} \qquad \rightarrow x = 2 \quad \text{usw.} \tag{A4.20}$$

Für eine größere Anzahl von auftretenden diskreten Werten kann die beschriebene Vorgehensweise durch die notwendige Suchprozedur recht aufwendig werden. Zur Verbesserung der Effizienz ist es daher ratsam, auf speziell für die EDV-Anwendung entwickelten Verfahren ([A4.11], [A4.7]) zurückzugreifen.

A4.5 Erzeugung von Zufallszahlen mehrdimensionaler Dichtefunktionen

Die bisher erläuterten Verfahren zur Erzeugung von eindimensionalen Zufallszahlen werden im wesentlichen bei der *einfachen* Monte-Carlo-Simulation zur Anwendung gebracht. Eine Erzeugung von mehrdimensionalen Zufallszahlen ist nicht notwendig, da bei der Monte-Carlo-Simulation lediglich die Anzahl der Versuche im Versagensbereich für die Berechnung der Versagenswahrscheinlichkeit benötigt wird (vgl. Abschnitt 2.1). Für varianzreduzierende Techniken, zum Beispiel der gewichteten Simulation (vgl. Abschnitt 4.3), ist neben der Versuchszahl im Versagensbereich auch das Verhältnis der Originalverbunddichte zur Simulations-Verbunddichte in der Berechnung der Versagenswahrscheinlichkeit von Bedeutung.

Die mehrdimensionale Dichtefunktion von statistisch unabhängigen Variablen läßt sich direkt über die Multiplikation der Werte der Einzeldichten - auch Randdichtefunktionen genannt - aller beteiligten Variablen berechnen (Gl. A4.21):

$$f_{X_1,X_2,\ldots X_n}(x_1,x_2,\ldots x_n) = \prod_{i=1}^{n} f_{X_i}(x_i) \tag{A4.21}$$

Sind die beteiligten Variablen statistisch abhängig, so ist eine direkte Anwendung von Gl. (A4.21) nicht möglich.

Bei der Definition der Abhängigkeitsverhältnisse zwischen beteiligten Variablen in Form einer Korrelationsmatrix und bekannten Randverteilungen ist, insbesondere für eine strukturierte EDV-Berechnung, das in [A4.12] dargestellte Verfahren sehr effizient ([A4.13]). Es werden hierbei zunächst unabhängige Zufallszahlen generiert, deren Produkt mit Hilfe eines aus der Korrelationsmatrix hergeleiteten Korrekturfaktors modifiziert wird.

A4.6 Zusammenfassung

Die Simulation von Ereignissen und komplexen Zusammenhängen ist eine der wichtigsten Methoden der Zuverlässigkeitsbeurteilung im Ingenieurbau. Alle Simulationstechniken benötigen in ihrem ersten Schritt standard-gleichverteilte Zufallszahlen, für die in diesem Anhang sowohl der grundlegende Hintergrund als auch eine entwickelte Software erläutert worden ist. Die diskutierten Transformationen auf verschiedene wichtige Verteilungsfunktionen ermöglichen einen vielfältigen Einsatz der Monte-Carlo-Simulation. Erläuterungen zur Simulation von mehrdimensionalen Problemstellungen wurden in Hinblick auf die Anwendung in varianzreduzierenden Simulationstechniken vorgenommen.

Literatur

[A4.1]   Von Neumann, J.: Various Techniques Used in Connection with Random Digits, U.S. Nat. Bur. Stand. Appl. Math. Ser. No. 12, 1951, S.36-38

[A4.2]   Knuth, D. E.: The Art of Computer Programming Seminumerical Algorithms, Vol. 2, Addision Wesley, Reading Massachusetts 1969

[A4.3]   Allard, J.L.; Dobell, A.R.; Hull, T.E.: Mixed Congruential Random Number Generators for Decimal Machines, J. Assoc. Comp. Mach., 10, 1966, pp. 131-141

[A4.4]   Bourgund, U.: Nichtlineare zuverlässigkeitsorientierte Optimierung von Tragwerken unter stochastischer Beanspruchung, Dissertation, Institut für Mechanik, Universität Innsbruck, Dez. 1987, Bericht 18-88

[A4.5]   MacLaren, M.D.; Marsaglia, G.: Uniform Random Number Generators, J. ACM 12, pp. 83-89, 1965

[A4.6]   Daglas Christiansen, H.: Random Number Generation in Several Dimensions. Theory, Tests and Examples, Report, IMSOR, Techn. Univ. of Denmark, Lyngby 1975

[A4.7]   Abramowitz, M.; Stegun, I.A. (Hrsg.): Handbook of Mathematical Functions, Dover Publications, New York 1970

[A4.8]   Box, G.E.P.; Müller, M.E.: A Note on the Generation of Random Deviates, Annals of Math. Stat., 29, 1958, pp. 610-611

[A4.9]   Ang, A.H.-S.; Tang, W.T.: Probability Concepts in Engineering Planning and Design, Vol. II, Decision, Risk and Reliability, John Wiley & Sons, New York 1984

[A4.10] Papoulis, A.: Probability, Random Variables and Stochastic Processes, McGraw-Hill, 2. Auflage, Singapore 1984

[A4.11] Marsaglia, G.: Random Variables and Computers, Proc. Third Prague Conference in Probability Theory, 1962

[A4.12] Liu, P.-L.; Der Kiureghian, A.: Multivariate Distribution Models with Prescribed Marginals and Covariances, Probabilistic Eng. Mech., Vol. 1, No. 2, 1986, pp. 105-112

[A4.13] Bourgund, U.; Bucher, C.G.: Importance Sampling Procedure Using Design Points - ISPUD, A User's Manual, Report 8/86, Institut für Mechanik, Universität Innsbruck 1986

A5 Stochastische Prozesse

Die Realisierung einer stochastischen Variablen erfolgt zu verschiedenen Zeitpunkten. Die Zuordnung des Werts einer stochastischen Variablen zu dem Zeitpunkt ihrer Realisation ergibt einen stochastischen Prozeß. Werden nur die Werte der stochastischen Variablen ohne Berücksichtigung des Zeitpunktes der Realisierung betrachtet, so ergibt sich die Dichte, bzw. die Verteilungsfunktion einer stochastischen Variablen. In Bild A5.1 sind stochastische Prozesse und zugehörige relative Häufigkeiten der auftretenden Werte einander gegenübergestellt.

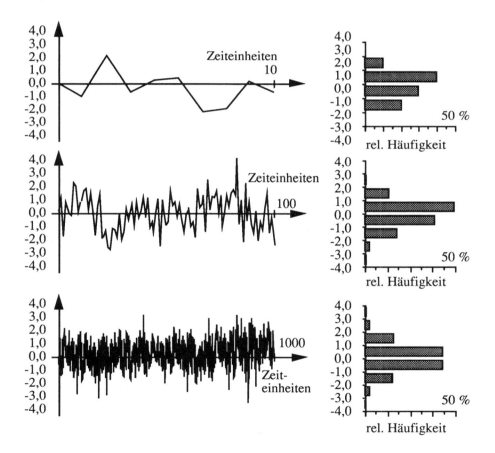

Bild A5.1: Stochastische Prozesse und Histogramme der aufgetretenen Werte

Ein solcher stochastischer Prozeß ist zum Beispiel die Verkehrsbelastung einer Straßenbrücke, aber auch die Windgeschwindigkeit an einem bestimmten Ort (vgl. Abschnitt 5.2).

Verkehrsbelastung oder auch Windgeschwindigkeit sind kontinuierliche eindimensionale stochastische Prozesse. Kontinuierlich, da jedem Zeitpunkt ein Wert zugeordnet ist, eindimensional, da nur eine Variable betrachtet wird.

Wird außer der Windgeschwindigkeit noch die zugehörige Windrichtung zum gleichen Zeitpunkt erfaßt, so handelt es sich um einen zweidimensionalen Prozeß.

Mit steigender Anzahl der Werte bzw. größer werdendem untersuchten Zeitbereich konvergiert die relative Häufigkeit zur für die stochastische Variable charakteristischen Dichte der Grundgesamtheit (vgl. Anhang A3).

Als Beispiel wird ein stochastischer Prozeß mit standard-normalverteilten Zufallszahlen erzeugt. Die relativen Häufigkeiten (Histogramme) der aufgetretenen Werte des Prozesses aus 10 bzw. 100 Zufallszahlen zeigen erhebliche Abweichungen von der Dichte der Normalverteilung. Erst bei 1000 Zufallszahlen ergibt sich eine Annäherung an die Werte der Normalverteilung (Bild A5.1).

Werden nur Größt- oder Kleinstwerte bestimmter Zeitintervalle statistisch erfaßt, so ergibt sich eine Extremwertverteilung. Die Größe der Zeitintervalle spielt hierbei eine wesentliche Rolle. Je größer das Intervall ist, desto größer (kleiner) sind die Extremwerte.

Zum Beispiel ergibt sich jeweils eine andere Verteilungsfunktion für die Windgeschwindigkeiten, je nachdem, ob jährliche oder zehnjährige Maxima betrachtet werden.

- Beispiel A5.1:
  Zur Veranschaulichung wird eine Simulation durchgeführt, indem ein stochastischer Prozeß mit Hilfe standard-normalverteilter Zufallszahlen erzeugt wird (Gaußscher Prozeß, mit Mittelwert "Null", Varianz/Standardabweichung "Eins", siehe Anhang A4).

  Es werden 10 000 Zufallszahlen jeweils äquidistanten Zeitpunkten zugeordnet. Der Abstand der Zeitpunkte beträgt hier eine Zeiteinheit. Der gesamte Prozeß hat also eine Dauer von 10 000 Zeiteinheiten (Sekunden, Tage, Jahre).

  Beginnend bei Null, wird der stochastische Prozeß eingeteilt in Intervalle von je 100 Zeiteinheiten. Die Maximalwerte in diesen Intervallen bilden eine neue stochastische Variable, die zugehörige Verteilungsfunktion ist also eine Extremwertverteilung.

Bei einer Vergrößerung des Zeitintervalls auf 1000 Zeiteinheiten entsteht wiederum eine neue stochastische Variable mit einer zugehörigen Extremwertverteilung.

In Bild A5.2 sind die relativen Häufigkeiten der Grundgesamtheit (alle Werte) den relativen Häufigkeiten der Extremwerte der 100 Zeiteinheiten sowie der Extremwerte der 1000 Zeiteinheiten gegenübergestellt.

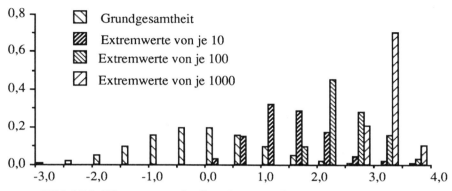

Bild A5.2: Histogramme der Grundgesamtheit und der Extremwerte

Bei n unabhängigen Realisationen einer stochastischen Variablen x ist die Wahrscheinlichkeit, daß ihr Wert kleiner ist als ein vorgegebener Wert, x*

$$P_n(x<x^*) = (P(x<x^*))^n, \qquad (A5.1)$$

mit $P(x<x^*) = F(x^*)$ gilt

$$F_n(x^*) = (F(x^*))^n \qquad (A5.2)$$

mit   F(x):   Verteilungsfunktion der Grundgesamtheit,
       $F_n(x)$: Extremwertverteilung der Maxima bei n Zeiteinheiten.

Eine Extremwertverteilung ergibt sich somit aus der Verteilung der Grundgesamtheit.

Bei realen stochastischen Prozessen muß berücksichtigt werden, daß Extremwerte nicht zu jedem Zeitpunkt mit gleicher Wahrscheinlichkeit auftreten. Z.B. sind Spitzenwerte der Verkehrsbelastung samstags nachts wenig wahrscheinlich, maximale Pegelstände von Flüssen sind vorwiegend im Zusammenhang mit der Schneeschmelze zu erwarten, in den Monaten

Mai/Juni ist die Auftretenswahrscheinlichkeit für Extremwerte größer als in der übrigen Jahreszeit.

Der Ermittlung einer Extremwertverteilung müssen somit die Extremwerte aus entsprechend großen Intervallen zugrunde gelegt werden, so daß in jedem Intervall die gleiche Auftretenswahrscheinlichkeit besteht (Verkehrsbelastung - 1 Woche, Pegelstand - 1 Abflußjahr).

Werden nur die Extremwerte als Daten festgehalten, kann aus diesen Daten keine Verteilung der Grundgesamtheit bestimmt und nach Gl. A5.2 die Wahrscheinlichkeit für das Auftreten der Extremwerte für beliebige Intervalle berechnet werden. Je nach der Natur des Geschehens wird von einem Typ der Verteilungsfunktion der Grundgesamtheit ausgegangen. Für die Extremwerte ergibt sich dann ein entsprechender Typ der Verteilungsfunktionen (siehe Anhang A3). Die Extremwerte bilden so eine eigene Grundgesamtheit.

Die Beschreibung durch die Verteilungsfunktion wird um so genauer, je mehr Werte vorliegen, d.h. je größer der Zeitraum ist, in dem Daten gesammelt wurden. Vor allem für die Auftretenswahrscheinlichkeit extremer Werte ist der betrachtete Zeitraum entscheidend, wie an einem Beispiel demonstriert wird.

- Beispiel A5.2:

  Wird ein stochastischer Prozeß mit standard–normalverteilten Zufallszahlen (vgl. Beispiel A5.1) simuliert, so ergibt sich der jeweilige Maximalwert für eine zugehörige Anzahl von Realisationen:

10 Werte	: 1.40
100 Werte	: 3.11
1000 Werte	: 3.31
10000 Werte	: 3.96

  Vorstehende Werte ergeben sich für jeweils ein einziges Intervall, welches zufällig gewählt wurde (Startintervall). Werden die Mittelwerte von Extremwerten betrachtet, so ergibt sich:

10 Werte	: 1.53	(1000 Stichproben)
100 Werte	: 2.53	(100 Stichproben)
1000 Werte	: 3.16	(10 Stichproben)
10000 Werte	: 3.96	(1 Stichprobe)

Der Einfluß der Zeit einer Datenerfassung ist vor allem immer dann deutlich, wenn bestimmte meteorologische Werte außergewöhnlich sind. Eine Aussage wie "der wärmste März" (1989) muß immer mit dem Zusatz "seit Beginn der wissenschaftlichen Klimaerfassung" versehen werden (vgl. entsprechende Mitteilungen in der Tagespresse, z.B. [A5.5]).

Erst bei Untersuchung aller vorhandenen Klimadaten kann beurteilt werden, ob die gemessenen Temperaturen ungewöhnlich und besorgniserregend sind, d.h. einem Trend unterliegen (Treibhauseffekt), oder ob es sich um einen Vorgang handelt, der sich aus der Natur des stochastischen Prozesses ergibt. Mit fortschreitender Zeit der Datenerfassung muß immer wieder ein Extremwert auftreten, der alle bislang gemessenen übertrifft.

Für die Bemessung interessieren gerade diese möglichen extremen Werte. Eine statistische Datenerfassung existiert in der Regel jedoch nur über einen endlichen Zeitraum, so daß nicht zu erwarten ist, daß die physikalisch möglichen extremen Werte erfaßt wurden. Es ist also erforderlich, aus den vorhandenen Daten auf die bemessungsrelevanten möglichen Werte zu extrapolieren.

Ist eine Extremwertverteilung $F_n(x)$ als Wahrscheinlichkeit, daß der Wert der stochastischen Variablen X kleiner ist als x, gegeben, also

$$P(X<x) \;=\; F_n(x) \,, \tag{A5.3}$$

so gilt für die Wahrscheinlichkeit, daß X größer als x wird, der komplementäre Wert

$$P(X>x) \;=\; G_n(x) \;=\; 1 - F_n(x). \tag{A5.4}$$

Der Kehrwert dieser Funktion

$$T(x) = 1/G_n(x) \tag{A5.5}$$

wird als Wiederkehrperiode des Wertes x bezeichnet. Die Wiederkehrperiode ist ein Vielfaches der Zeiteinheit, auf die sich die Extremwertverteilung (meist 1 Jahr) bezieht. Während der Wiederkehrperiode T wird der Wert x im Durchschnitt einmal überschritten.

Es ist zu beachten, daß die Wahrscheinlichkeit, daß während der Wiederkehrperiode der Wert x mindestens einmal überschritten ist, nicht gleich eins ist, also ein "sicheres Ereignis", sondern für diese Wahrscheinlichkeit gilt

$$P_T(X>x) \; = \; G_{nT}(x) \; = \; 1 - (F_n(x))^T \,. \qquad\qquad (A5.6)$$

• Beispiel A5.3:

Gegeben ist die Verteilungsfunktion des Gaußschen Normalprozesses F(x), wobei x die jeweils jährlich auftretenden Werte sind.

Es interessieren die Extremwertverteilung für die zehnjährigen Maxima sowie die Wiederkehrperiode für die Überschreitung eines bestimmten Wertes.

Die Extremwertverteilung der Maxima aus zehn Zeiteinheiten ergibt sich zu

$$F_{10}(x) \; = \; (F(x))^{10}.$$

Für eine Standardnormalverteilung ist die Wahrscheinlichkeit, daß der Wert $x^*=\bar{x}+3\cdot\sigma=3.0$ in zehn Zeiteinheiten nicht überschritten wird

$$F_{10}(3.0) \; = \; (F(3.0))^{10} \; = \; 0.98658.$$

Das Komplement hierzu, die Wahrscheinlichkeit, daß bei zehn Realisationen einmal das Ereignis X>x eintritt, ist

$$G_{10}(x^*) \; = \; 1 - F_{10}(x^*) \; = \; 0.01342.$$

Die Wiederkehrperiode für den Wert x* ist somit

$$T_{10}(x^*) \; = \; 1/G_{10}(x^*) \; = \; 74.531.$$

In T_{10}-fachen von jeweils 10 Zeiteinheiten (also 745.31 Jahre) wird der Wert x*=3.0 im Durchschnitt einmal überschritten. Im Durchschnitt heißt aber auch, daß ein Wert x*=3.0 oder größer in einem beliebigen Zeitintervall der Größe $T_{10}\cdot10$ (745.31 Jahre) nicht auftreten muß.

Die Wahrscheinlichkeit, daß der Wert x^* in der Wiederkehrperiode T_{10} wenigstens einmal überschritten wird, ist

$$P_{T10}(X>x^*) \; = \; G_{T10}(x^*) \; = \; 1 - ((F(x^*))^{10})T10$$
$$= \; 0.63460.$$

Die Bestimmung von Bemessungswerten für Lasten, die durch einen stochastischen Prozeß beschrieben werden, ist nur möglich, wenn die Zeitabhängigkeit berücksichtigt wird.

Ausgehend von der Verteilung der Grundgesamtheit oder einer Extremwertverteilung können statistische Parameter wie Auftretenswahrscheinlichkeit, Überschreitenswahrscheinlichkeit oder Wiederkehrperiode nur mit Bezug zu gegebenen Zeitdauern, bzw. der Anzahl von Realisationen der betreffenden stochastischen Variablen angegeben werden.

In der Praxis des konstruktiven Ingenieurbaus bedeutet dies, daß die Bauwerke mit Bezug auf zeitabhängige Lasten für eine gegebene Lebensdauer berechnet werden.

Im Rahmen eines Sicherheitskonzeptes mit 95%-Fraktilen für die Belastung muß also aus einer gegebenen statistischen Charakteristik eines stochastischen Prozesses ein Wert ermittelt werden, der während der Standzeit oder Lebensdauer des Bauwerks mit 95%-iger Wahr-scheinlichkeit nicht überschritten wird.

- Beispiel A5.4:

    Gegeben ist die Verteilungsfunktion des Gaußschen Normalprozesses $F(x)$, wobei x die jeweils jährlich auftretenden Werte sind.

    Gesucht ist ein Bemessungswert als 95%-Fraktilwert für eine Lebensdauer von 50 Jahren:

    $$P(X<x^*) \; = \; 0.95.$$

    Die Wahrscheinlichkeit, daß ein Wert F^* bei 50 Realisationen (d.h. in 50 Jahren) nicht überschritten wird, ist

    $$P(X<x^*) \; = \; F(x^*)^{50}.$$

Aus

$$F(x^*)^{50} = 0.95$$

folgt

$$F(x^*) = 0.9989746.$$

Die zugehörige Wiederholungsperiode ist

$$T = 1/(1-F(x^*)) = 975.287 \text{ (Jahre)}.$$

Eine Bemessungslast als 95%-Fraktile muß bei einer Lebensdauer von 50 Jahren also eine Wiederkehrperiode von nahezu 1000 Jahren aufweisen.

Bei Annahme einer Standard-Normalverteilung ergibt sich der Wert der stochastischen Variablen für die Wiederkehrperiode T = 50 Jahre zu x*=2.054, für eine Wiederkehrperiode T = 975.287 Jahre ergibt sich der Wert der stochastischen Variablen zu x*=3.0828. Der Bemessungswert als 95%-Fraktile ist also ca. 50% höher als der Wert, welcher in 50 Jahren wenigsten einmal durchschnittlich überschritten wird.

Die Wahrscheinlichkeit, daß dieser Wert überschritten wird, beträgt ja auch p=0.63460 (vgl.Beispiel A5.3), während der Bemessungswert lediglich mit einer Wahrscheinlichkeit von p=0.05 überschritten werden darf.

Gegenüber dem kontinuierlichen stochastischen Prozeß sind beim diskreten stochastischen Prozeß nicht jedem Punkt der Zeitachse Werte zugeordnet, sondern Realisationen der stochastischen Variablen treten nur zu bestimmten Zeitpunkten auf (vgl. Bild A5.3).

Der diskrete stochastische Prozeß ist durch den Wert der stochastischen Variablen und die Zeitabstände zwischen den Realisationen - Wartezeiten - gekennzeichnet.

Eine spezielle Form des diskreten stochastischen Prozesses ergibt sich, wenn als Einzelereignis die Überschreitung eines bestimmten Schwellwertes erfaßt wird, also z.B. die Erdbeben mit einer Magnitude größer 5.5 oder Stürme mit Windgeschwindigkeiten über z.B. 25 m/s (=90 km/h) aufgezeichnet werden. Die Ereignisse sind dann jeweils verschiedenen Zeitpunkten der Zeitachse zugeordnet.

Ein solcher stochastischer Prozeß, bei dem lediglich das Auftreten oder Nichtauftreten eines Ereignisses betrachtet wird, ist durch die Verteilungsfunktion der Wartezeiten charakterisiert. Die Wartezeiten sind somit als stochastische Variablen zu betrachten. Der Mittelwert ist als durchschnittliche Wartezeit ein wesentlicher Parameter.

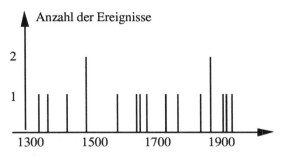

Bild A5.3: Diskreter stochastischer Prozeß

Der Zusammenhang zwischen der Größe der Wartezeiten und ihrer relativen Häufigkeit (= Näherung für die Dichtefunktion) und der Häufigkeit des betrachteten Ereignisses kann über die Simulation eines stochastischen Prozesses erläutert werden.

• Beispiel A5.5:
Wartezeiten und relative Häufigkeit des betrachteten Ereignisses.
Es wird von dem in Beispiel A5.1 behandelten simulierten stochastischen Prozeß ausgegangen.

Der Zeitabstand zwischen den Überschreitungen eines Schwellwertes ist nicht konstant sondern von der zufälligen Realisation der Variablen abhängig und somit eine stochastische Variable.

In Bild A5.4 sind die relativen Summenhäufigkeiten für die jeweilige Überschreitung des 1σ-, 2 σ-, 3σ-Wertes dargestellt.

Für die jeweiligen Schwellwerte ist die Anzahl der Überschreitungen bei den Summenhäufigkeiten angegeben.

Die durchschnittlichen Wartezeiten ergeben sich als Mittelwerte der Wartezeiten für den jeweiligen Schwellwert zu:

1 σ :   6.4747   (6.3030)

2 σ :   40.1486   (43.9558)

3 σ :   581.3529   (740.7967)

In Klammern sind die mit Gl.(A5.5) berechneten Wiederkehrperioden angegeben.

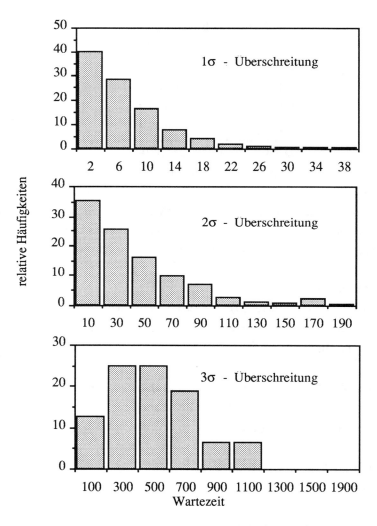

Bild A5.4: Relative Häufigkeiten der Wartezeiten

Je nach Art der durch den diskreten Prozeß darzustellenden Vorgänge ergeben sich charakteristische Verteilungsfunktionen für die Auftretensrate. Für den nach [A5.1] am häufigsten verwendeten Poisson-Prozeß sind die Auftretensraten exponentialverteilt.

• Beispiel A5.6:

Bestimmung eines Bemessungswertes als 95%-Fraktile für 50-jährige Lebensdauer aus der Verteilung der Wartezeiten.

Der Bemessungswert, der mit der Wahrscheinlichkeit 95% in 50 Jahren nicht über-schritten wird, entspricht einem Schwellwert, für den die Wartezeit mit der Wahr-scheinlichkeit 95% größer ist als 50 Jahre, bzw. mit der Wahrscheinlichkeit 5% kleiner als 50 Jahre.

Die Wartezeiten werden als exponentialverteilt angenommen:

$$F_W(t) = 1 - e^{-nt} . \tag{A5.7}$$

Der Parameter n ergibt sich für eine gegebene Stichprobe als Kehrwert der mittleren Wartezeit :

$$n = 1/T.$$

Der Funktionswert $F_W(t^*)$ ist die Wahrscheinlichkeit, daß die Wartezeit für die Über-schreitung des Schwellwertes mit mittlerer Wartezeit T kleiner ist als t^*. Für den gesuchten Bemessungswert gilt

$$P(t<t^*) = P(t<50) = F(50) = 0.05.$$

Aus

$$0.05 = 1 - e^{-n \cdot 50}$$

ergibt sich

$$n = 0.001025865.$$

Bei dem Bemessungswert handelt es sich also um einen Schwellwert mit mittlerer Wartezeit

$$T = 975 \text{ Jahre } .$$

Im Vergleich zu Beispiel A5.4 ist zu erkennen, daß das Vorgehen mit Wartezeiten zum selben Ergebnis führt wie die Berechnung mit einer Extremwertverteilung.

Bei der Bestimmung von sehr kleinen Auftretenswahrscheinlichkeiten für extreme Ereignisse ergibt sich mit dem Konzept der diskreten stochastischen Prozesse eine Möglichkeit, die Zuverlässigkeit von Aussagen zu verbessern.

Oft liegen nur für einen Zeitraum von 10 oder 20 Jahren homogene Daten eines stochastischen Prozesses vor, so daß sie als Grundgesamtheit für die Bestimmung der Parameter einer Extremwertverteilung angesehen werden können. Die Überschreitung eines gewissen Schwellwertes (z.B. Überschwemmungen) wurde jedoch über einen längeren Zeitraum (100, 500 Jahre) aufgezeichnet, so daß eine durchschnittliche Wartezeit für den Schwellwert genügend genau ermittelt werden kann. Die Extrapolation von extremen Werten aus dem zehnjährigen Datenbestand kann über diese durchschnittliche Wartezeit überprüft werden (vgl. Abschnitt 5.2).

Die vorstehend beschriebenen Eigenschaften stochastischer Prozesse gehen davon aus, daß sich die Einzelereignisse gegenseitig und bei ihrer Wirkung auf Tragwerke nicht beeinflussen. Liegt der Abstand zwischen den Einzelwerten (z.B.Maxima) eines stochastischen Prozesses jedoch im Bereich von Eigenperioden eines Tragwerkes, findet eine Filterung statt. Die Tragwerksantwort (also z.B. der Zeitverlauf einer Auslenkung) ist ein stochastischer Prozeß mit einer Charakteristik, die sich aus den Tragwerkseigenschaften und der Charakteristik des einwirkenden Prozesses ergibt.

Der Zusammenhang zwischen dem einwirkenden Prozeß und dem Antwortprozeß ist für eine Übertragungsfunktion $H(\omega)$ gegeben durch

$$S_d(\omega) = |H^2(\omega)| \; S_E(\omega) \, . \tag{A5.8}$$

S_E : Spektrale Dichte der Erregung,

S_d : Spektrale Dichte der Antwort.

Der Antwortprozeß von Zustandsgrößen (Spannungen, Verschiebungen) ergibt sich aus $S_d(\omega)$ durch eine Wichtung über die Eigenformen ([A5.1], [A5.3]).

$H(\omega)$ ist die dynamische Übertragungsfunktion (dynamische Vergrößerungsfunktion):

$$H(\omega) = \frac{1}{\sqrt{(1 - (\frac{\Omega}{\omega})^2)^2 + 4(\frac{D\Omega}{\omega})^2}}. \qquad (A5.9)$$

Ist der Erregungsprozeß normalverteilt, so ist bei einer linearen Filterung der Antwortprozeß wiederum normalverteilt.

Für die Varianz der Antwort gilt damit:

$$\sigma = \int_{0}^{\infty} S_d \, d\omega \qquad (A5.10)$$

In der Bemessung ist nach den extremen Werten der Antwort gefragt. Die Verteilungsfunktion der Extremwerte ergibt sich je nach der Dauer des Prozesses, bzw. der Anzahl der Realisationen der stochastischen Variablen aus Beispiel A5.1.

Da die Verteilung der Extremwerte eine sehr geringe Varianz aufweist, wird oftmals für den Mittelwert der Extremwerte bemessen. Unter Ausnutzung der Eigenschaften eines Poisson-Prozesses und einer Reihenentwicklung kann für den Mittelwert $\bar{d}$ der Extremwerte bei N Realisationen eine Näherungsformel abgeleitet werden (vgl. [A4.1], Anhang A4):

$$\bar{d} = \sigma_d \cdot \sqrt{2 \cdot \ln(N)} + \frac{0.5772}{\sqrt{2 \cdot \ln(N)}}. \qquad (A5.11)$$

Hierbei ist σ_d die nach Gl.(A5.10) berechnete Varianz der Grundgesamtheit.

Diese Vorgehensweise für die Ermittlung der maximalen Tragwerksantwort muß für die Untersuchung von Tragwerken, deren Schwingungsverhalten nicht durch eine dominierende Grundfrequenz beschrieben werden kann, erweitert werden.

Bei voneinander klar zu differenzierenden Eigenfrequenzen kann die Vorgehensweise im Sinne der modalen Analyse auf die jeweilige Eigenschwingung angewandt werden. Liegen die Eigenfrequenzen jedoch eng beieinander, findet eine gegenseitige Beeinflussung statt, so daß bei der Ermittlung des Antwortprozesses die Korrelation zwischen den Schwingungen in verschiedenen Eigenformen berücksichtigt werden muß. Vorschläge zur Lösung dieser komplexeren Problematik sind in [A5.3] und [A5.4] gemacht worden.

Literatur

[A5.1] Schuëller, G. I.: Einführung in die Sicherheit und Zuverlässigkeit von Tragwerken, W. Ernst & Sohn, Berlin 1981

[A5.2] König, G.; Zilch, K.: Ein Beitrag zur Berechnung von Bauwerken im böigen Wind, Mitteilungen aus dem Institut für Massivbau der TH Darmstadt, Heft 15, W. Ernst & Sohn, Berlin 1970

[A5.3] Petersen, C.: Aerodynamische und seismische Einflüsse auf die Schwingungen insbesondere schlanker Bauwerke, Fortschr.-Ber. VDI-Z., Reihe 11, Heft 11, VDI-Verlag, Düsseldorf 1971

[A5.4] Simiu, E.; Scanlan, R.: Wind Effects on Structures, John Wiley & Sons, New York 1978

[A5.5] 1989 war warm und naß, Mannheimer Morgen, 4.1.1990

Anhang B

B 1 Fachwörterverzeichnis

In diesem Abschnitt sind einige Begriffe erklärt, die im Zusammenhang mit den neuen Sicherheitskonzepten häufig verwendet werden. Dem Leser soll die Zusammenstellung ermöglichen, der Diskussion über Sicherheitskonzepte zu folgen und die zugehörige Literatur leichter zu verstehen.

deterministisch	bestimmbare Größe mit einem festen Wert (nicht streuende Größe)
probabilistisch	auf wahrscheinlichkeitstheoretischer Grundlage abgeleitet
	nach Duden: *Probabilismus* Lehre von den bloßen Wahrscheinlichkeiten, zu denen man (im Gegensatz zu sicherer Erkenntnis) in Wissenschaft und Philosophie kommen könnte (philosophischer Begriff)
semiprobabilistisch	(= halbprobabilistisch): wahrscheinlichkeitstheoretisch abgeleitet und durch statistische Methoden und mathematische Wahrscheinlichkeitstheorie in feste Zahlenwerte umgerechnet
semiprobabilistisches Sicherheitskonzept	für die Bemessung zu verwendende feste Sicherheitsbeiwerte wurden wahrscheinlichkeitstheoretisch ermittelt
stochastisch	zufallsabhängig
Basisvariable	bemessungsrelevante stochastische Größe, für die eine Verteilungsfunktion aufgrund einer statistischen Erhebung (Messung) vorliegt; Verteilungsfunktionen anderer bemessungsrelevanter Größen werden aus denen der Basisvariablen mit Hilfe der mathematischen Wahrscheinlichkeitstheorie errechnet (Basisvariable ist z.B. die Fließspannung, deren Verteilungsfunktion aus Versuchen bestimmt ist; das Vollplastische Moment ist keine Basisvariable, da die Verteilungsfunktion aus der Verteilungsfunktion der Fließspannung errechnet wird; Basisvariable ist z. B. die Belastung, deren Verteilungs-

funktion aus statistischen Untersuchungen bestimmt ist;
die Schnittgröße, z.B. Biegemoment in einem Balken, ist
keine Basisvariable, da die Verteilungsfunktion aus der
Verteilungsfunktion der Belastung errechnet wird)

charakteristischer Wert
der Basisvariablen

Bezugsgröße einer Basisvariablen für den Teilsicherheitsbeiwert, meist 5%- oder 95%-Fraktile oder Mittelwert

signifikanter Wert der
Basisvariablen

für die Beschreibung der (Bemessungs-) Wellenhöhe
üblicher charakteristischer Wert

Sicherheitsfaktor

Verhältnis von Beanspruchbarkeit R zu Beanspruchung S

Sicherheitsbeiwert

Multiplikator für Beanspruchbarkeiten und Beanspruchungen, oft auch synonym für Sicherheitsfaktor

Zentraler -

Verhältnis von Mittelwert der Beanspruchbarkeit zu
Mittelwert der Beanspruchung

Fraktilen-

(auch Nennsicherheitsfaktor) Verhältnis einer Fraktile
der Beanspruchbarkeit (meist 5%-Fraktile) zu einer
Fraktile der Beanspruchung (meist 95%-Fraktile)

Teilsicherheitsbeiwert

Multiplikator für Beanspruchbarkeit oder Beanspruchung (charakteristische Werte) zur Umrechnung der
stochastischen Variablen auf Bemessungswerte, Teilsicherheitsbeiwerte werden jeweils für die Beanspruchbarkeit (Festigkeit) und die Beanspruchung (Last) berechnet.

Sicherheitsindex β

Hilfswert zur Berechnung operativer Versagenswahrscheinlichkeiten auf der Grundlage der standardisierten
Normalverteilung

Sicherheitszone

Differenz von Beanspruchbarkeit R und Beanspruchung
S, die zugehörige zentrale Sicherheitszone bezieht sich
auf Mittelwerte, die Fraktilensicherheitszone auf Fraktilen (vgl. Sicherheitsfaktor).

Stufe I (Level I)

Sicherheitskonzept, bei dem alle wahrscheinlichkeitstheoretischen Zusammenhänge in feste Zahlenwerte
(Teilsicherheitsbeiwerte) umgerechnet wurden; der Sicherheitsnachweis wird mit vorgeschriebenen
Teilsicherheitsbeiwerten geführt.

(semiprobabilistisches Sicherheitskonzept)

Stufe II (Level II)   Sicherheitskonzept, bei dem alle wahrscheinlichkeitstheoretischen Zusammenhänge näherungsweise durch Beschreibung in Normalverteilungen beschrieben werden (gegebenenfalls durch Korrekturbeiwerte bzw. Umrechnungen für andere Verteilungsfunktionen), der Sicherheitsnachweis kann über den zulässigen Sicherheitsindex β geführt werden.
(probabilistisches Sicherheitskonzept, β-Methode)

Stufe III (Level III)   Sicherheitskonzept, bei dem alle wahrscheinlichkeitstheoretischen Zusammenhänge berücksichtigt werden, der Sicherheitsnachweis wird über eine zulässige Versagenwahrscheinlichkeit geführt.
(probabilistisches Sicherheitskonzept)

Grenzzustand   Zustand einer Konstruktion zwischen Sicherheit und Unsicherheit

Grenzzustandsbedingung   mathematische Funktion, die den Grenzzustand beschreibt; als Ungleichung (Sicherheitsungleichung, Sicherheitsbedingung) formuliert, wird über die Grenzzustandsbedingung auch der sichere Zustand oder der unsichere Zustand definiert

Risiko   Wagnis, Gefahr, Verlustmöglichkeit bei einer unsicheren Unternehmung, Produkt aus der Wahrscheinlichkeit eines Ereignisses und dem Schaden (Kosten), der durch das Ereignis verursacht wird

Restrisiko   Risiko für eine Konstruktion (Anlage), die nach dem Stand der Technik auf Grund eines sicherheitstheoretisch begründeten Bemessungsverfahrens erstellt wurde; das Restrisiko ergibt sich aus der Unmöglichkeit, alle möglichen zukünftigen Ereignisse zu erfassen.

Weitere Begriffsdefinitionen finden sich in:

NABau: Grundlagen für die Festlegung von Sicherheitsanforderungen für bauliche
       Anlagen, DIN (Hrsg.), Beuth Verlag, Köln-Berlin 1981

ISO 8930: General principles on reliability for structures - List of equivalent terms,
          Deutsche Übersetzung hierzu in ÖNORM ISO 8930, Oktober 1988, Österreichisches
          Normungsinstitut, Heinestr.38, Postfach 130, A-1021 Wien

B 2 Abkürzungen / Organisationen

Eurocode :   Europäische Normenentwürfe, Brüssel 1984
             1 : Grundlagen
             2 : Stahlbetonbau
             3 : Stahlbau
             4 : Verbundkonstruktionen
             5 : Holztragwerke
             6 : Mauerwerksbauten
             7 : Grundbau
             8 : Erdbeben
             9 (X) :   Einwirkungen auf Bauwerke (Lastannahmen)
             zu beziehen über
             Commission of the European Communities
             (Directorate III - C 3), Rue de la Loi 200, B-1049 Brüssel

ICOSSAR :   International Conference on Structural Safety and Reliability
             seit 1977 Konferenzen im 4-Jahresabstand, organisiert von der
             IASSAR International Associaton for Structural Safety and Reliability
             Mehrbändige Proceedings

ICASP :   International Conference on the Application of Statistics and Probability in
             Soil and Structural Engineering,
             seit 1971 Konferenzen im 4-Jahresabstand,
             Proceedings herausgegeben von den Nationalen Gesellschaften für Erd- und
             Grundbau

CEB :   Euro-Internationales Betonkommittee (Comité Euro-International du Béton)
               EPFL - Ecole Polytechnique Federale de Lausanne, Case Postale 88,
               CH-1015 Lausanne

CEN :   Europäische Normenorganisation (Comité Européen de Normalisation),
               Zentralsekretariat : Rue Bréderode 2, B-1000 Brüssel

ISO :   International Organisation of Standardization
               c/o DIN - Deutsches Institut für Normung,
                Burggrafenstraße 7, D-1000 Berlin 30

ESRA :   European Society for Reliability Analysis and Application,
               Herausgeber der unregelmäßig erscheinenden ESRA-Newsletter,
               Veranstalter der EuReData Konferenzen
               (European Reliability Databank Association)
               Commission of the European Communities
               Joint Research Centre, Ispra Establishment,
               I-21020 Ispra (VA) Italien

VDI-Gemeinschaftsausschuß Industrielle Systemtechnik (VDI-GIS)
Ausschuß Technische Zuverlässigkeit (VDI-GIS/ATZ), Düsseldorf

B3   Grundlagenliteratur

Die Zusammenstellung von Fachbüchern erfolgt unter dem Aspekt, daß einerseits in einem Buch über Sicherheitstheorie Aspekte der Wahrscheinlichkeitstheorie sowie der Statistik nicht umfassend behandelt werden können und damit für den interessierten Leser ein Hinweis auf entsprechende Spezialliteratur sinnvoll erscheint, andererseits auch der Lernerfolg aus der Lektüre von Fachbüchern mit subjektiven Komponenten behaftet ist, so daß es angezeigt ist, Literatur zu nennen, die sich mit demselben Thema der Sicherheit von Baukonstruktionen aus jeweils anderem Blickwinkel befassen.

Weiterhin sind die im Literaturverzeichnis zu Kapitel 6 aufgeführten Risikoanalysen noch einmal übersichtlich zusammengefaßt.

B 3.1 Lehrbücher der Statistik und Wahrscheinlichkeitstheorie

Heinhold, J.; Gaede, K.-W.: Ingenieurstatistik, Verlag R. Oldenbourg, München 1972

Kreyszig, E.: Statistische Methoden und ihre Anwendungen, Vandenhoeck und Ruprecht, Göttingen 1968

Rosanow, J.A.: Wahrscheinlichkeitstheorie, Rororo-Vieweg, Reinbeck 1974

B 3.2 Lehrbücher der Sicherheitstheorie und Hauptaufsätze

Ang, A.H.-S.; Tang, W.H.: Probability Concepts in Engineering, Planning and Design, Volume I - Basic Principles, John Wiley & Sons, New York 1975

Ang, A.H.-S.; Tang, W.H.: Probability Concepts in Engineering Planning and Design, Volume II - Decision, Risk and Reliability, John Wiley & Sons, New York 1984

Augusti, G.; Baratta, A.; Casciati, F.: Probabilistic Methods in Structural Engineering, Chapmann and Hall, London 1984

Benjamin, J.R.; Cornell, C.A.: Probability, Statistics and Decision for Civil Engineers, McGraw Hill, New York 1970

Blockley, D.I.: The Nature of Structural Design and Safety, Ellis Horwood, Chichester 1980

Bolotin, V.V.: Wahrscheinlichkeitsmethoden zur Berechnung von Konstruktionen, VEB Verlag für Bauwesen, Berlin 1981

Ditlevsen, O.: Uncertainty Modelling, McGraw-Hill, New York 1981

Elishakoff, I.: Probabilistic Methods in the Theory of Structures, John Wiley & Sons, New York 1983

Freudenthal, A.M.: Safety of Structures, Transactions of ASCE, Vol. 112, 1947, pp. 125-180

Kersken-Bradley, M.; Diamantidis, D.: Sicherheit von Baukonstruktionen, Abschnitt 1.7 in Handbuch der Sicherheitstechnik, Hrsg.: O. A. Peters und A. Myrna, Carl Hanser Verlag, München, Wien 1985

König, G.; Pottharst, R.: Zur Sicherheit von Bauten, in Werners' Baukalender 1974

Madsen, H.O.; Krenk, S.; Lind, N.C.: Methods of Structural Safety, Prentice-Hall, Inc., Englewood Cliffs, New Jersey 1986

Melchers, R.E.: Structural Reliability - Analysis and Prediction, Ellis Horwood Ltd., Halsted Press, John Wiley & Sons, 1987

Murzewski, J.: Sicherheit von Bauwerken, VEB Verlag Berlin 1974

Petersen, C.: Der wahrscheinlichkeitstheoretische Aspekt der Bauwerkssicherheit im Stahl-
     bau, Berichte aus Forschung und Entwicklung, DASt, Heft 4/1977

Rüsch, H.: Einführung in die Begriffe, Methoden und Aufgaben der Sicherheitstheorie,
     Arbeitstagung Sicherheit von Betonbauten, Deutscher Betonverein 1973

Schuëller, G.I.: Einführung in die Sicherheit und Zuverlässigkeit von Tragwerken, Verlag
     W.Ernst & Sohn, Berlin und München 1981

Thoft-Christensen, P.; Baker, M.J.: Structural Reliability Theory and its Applications,
     Springer Verlag, Berlin-Heidelberg, New York 1982

Thoft-Christensen, P.; Murotso, Y.: Application of Structural Systems Reliability Theory,
     Springer Verlag, Berlin-Heidelberg, New York 1986

B3.3 Risikoanalysen

Reactor study - an assessment of accident risks in US Commercial Nuclear Power Plants,
     Wash 1400, Nuclear Regulatory Commission-075/014, Washington 1975

Health and Safety Executive: Canvey: An investigation of potential hazards from operations
     in the Canvey Island / Thurrock Area, Her Majesty's Stationary Office, London 1978

Health and Safety Executive: Canvey - A second report, a review of potential hazards from
     operations in the Canvey Island / Thurrock Area - three years after publication of the
     Canvey report, Her Majesty's Stationary Office, London 1981

Henley, E.J.; Kumamoto, H.: Reliability Engineering and Risk Assessment, Prentice Hall
     Inc., Englewood Cliffs, New Jersey, 1981

Deutsche Risikostudie Kernkraftwerke, Hauptband, Herausgeber: BMFT, Verlag TÜV
     Rheinland 1980

Deutsche Risikostudie Kernkraftwerke, Fachband 2, Zuverlässigkeitsanalysen, Herausge-
     ber: BMFT, Verlag TÜV Rheinland 1981

Hauptmanns, U.; Hertrich, M.; Werner, W.: Technische Risiken - Ermittlung und Beurtei-
     lung, Springer Verlag, Berlin, Heidelberg 1987

Kunreuther, H.; Linneroth, J.: Risikoanalyse und politische Entscheidungsprozesse, Sprin-
     ger Verlag, Berlin 1983

Grob, J.: Risikoanalyse über den Betriebszustand der Wettsteinbrücke in Basel, SIA Nr.47,
     November 1988

Register

Brückendynamik

Winderregte Schwingungen von Seilbrücken

von Uwe Starossek

1992. 262 Seiten mit 40 Abbildungen. Gebunden.
ISBN 3-528-08881-8

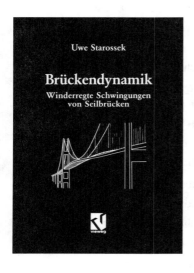

Das Buch beschäftigt sich auf hohem Niveau mit dem dynamischen Verhalten von Brücken. Besonderes Augenmerk wird auf die winderregte Flatterschwingung (angesichts zunehmend kühner gewordener Konstruktionen heutiger Bauwerke von wachsender Bedeutung) gelegt sowie auf die Konstruktionsgattung Flatternismen, die Verifizierung und Verbesserung bekannter Nachweisverfahren sowie, wo erforderlich, die Schaffung neuer mechanisch-mathematischer Kalküle und Aussagen zu einem dynamisch vorteilhaften Entwurf. Die Ergebnisse werden auf reale Brückensysteme, insbesondere auf Schrägseilbrücken übertragen.

Verlag Vieweg · Postfach 58 29 · D-6200 Wiesbaden

Plastizität

Grundlagen und Anwendungen für Ingenieure

von Knut Burth und Wolfgang Brocks

1992. X, 301 Seiten. Gebunden.
ISBN 3-528-08826-5

Nach einer kurzen Einführung in die Phänomenologie des zeitunabhängigen plastischen Werkstoffverhaltens werden zunächst einachsige Spannungszustände behandelt. Hier werden schwerpunktmäßige und zahlreiche Anwendungen aus der Biegetheorie gerader Stäbe dargestellt. Eingeschlossen sind die Grundzüge der Berechnung mit der Theorie II. Ordnung nach den Ansätzen von Engesser, Karman und Shanley sowie nach dem Traglastkonzept. Ziel ist es, den Leser von den Grundgleichungen bis zu den Berechnungsvorschriften in Regelwerken und bis zu Verrechnungsverfahren in der Statistik hinzuführen. Den zweiten Schwerpunkt bildet die Darstellung der elastisch-plastischen Werkstoffgesetze für mehrachsige Spannungszustände. Dazu gehören die Fließbedingungen nach Mises und Tresca, Verfestigungsgesetze sowie Formänderungsgesetze nach Prandtl-Reuss und Hencky. Die Theorie wird durch Anwendungen, wie zum Beispiel Biegung mit Querkraft, rotationssymmetrische Behälter und tordierte Stäbe ergänzt.

Verlag Vieweg · Postfach 58 29 · D-6200 Wiesbaden

Schnittgrößen in Brückenwiderlagern unter Berücksichtigung der Schubverformung in den Wandbauteilen

Berechnungstafeln

von Karl Heinz Holst

1990. 189 Seiten. Gebunden.
ISBN 3-528-08825-7

Das Tragverhalten kastenförmiger Brückenwiderlager ist durch das Verformungsverhalten seiner Scheiben- und Plattenbauteile geprägt. In dem Buch werden Tafeln für die Ermittlung der Bemessungsschnittgrößen in Brückenwiderlagern vorgestellt. Diese wurden mit der Finite-Elemente-Methode unter Berücksichtigung der Biege- und Schubverformung der Wandbauteile, die Platten also nach der Theorie von Reissner, berechnet und hierfür ein hybrides Plattenelement entwickelt. Aus den rechnerischen Untersuchungen ergab sich, daß die Steifigkeit der Scheiben im Verhältnis zu der der Platte klein blieb; hieraus resultieren Scheibenverformungen, die das Formänderungsverhalten des gesamten Tragwerkes entscheidend beeinflussen. Mit der daraus entwickelten Berechnungsmethode lassen sich die Schnittgrößen in den Brückenwiderlagern unter Berücksichtigung der Schubverformung der Wandbauteile ermitteln. Hierdurch wird dem Formänderungsverhalten dicker Wandbauteile besser Rechnung getragen.

Verlag Vieweg · Postfach 58 29 · D-6200 Wiesbaden